U0166949

塑性加工大变形力学

崔振山 编著

科 学 出 版 社

北 京

内 容 简 介

本书以金属材料塑性加工中的力学问题为背景,系统论述了材料大变形的几何学描述、应力应变定义的多样性、各向同性与各向异性材料的屈服准则与本构关系、求解塑性变形问题的上限原理与刚塑性有限元方法、金属热变形特性数学描述与加工图原理,并简要介绍了金属材料塑性变形的微观机制。为强化应用能力,书中还介绍了相关理论在部分工程案例中的应用方法。

本书适用于塑性加工或塑性力学专业的研究生学习,也可供相关领域的工程技术人员和有限元软件开发人员参考使用。

图书在版编目(CIP)数据

塑性加工大变形力学 / 崔振山编著. —北京:科学出版社,2023.6
ISBN 978-7-03-075686-2

Ⅰ.①塑… Ⅱ.①崔… Ⅲ.①金属材料—金属压力加工—塑性变形—力学 Ⅳ.①TG301

中国国家版本馆 CIP 数据核字(2023)第 102158 号

责任编辑:许 健 / 责任校对:谭宏宇
责任印制:黄晓鸣 / 封面设计:殷 靓

科 学 出 版 社 出版
北京东黄城根北街 16 号
邮政编码:100717
http://www.sciencep.com

南京展望文化发展有限公司排版
广东虎彩云印刷有限公司印刷
科学出版社发行 各地新华书店经销

*

2023 年 6 月第 一 版 开本:B5(720×1000)
2024 年 9 月第四次印刷 印张:17
字数:333 000
定价:**80.00 元**
(如有印装质量问题,我社负责调换)

　　塑性加工是材料在力的作用下通过塑性变形而获得零件形状的过程。因此，材料学和力学是塑性加工理论的两个重要支柱。与一般塑性力学或弹塑性力学相比，材料加工面对的多是大变形问题，其与材料塑性变形内在机理的联系更加密切，应力应变关系也更加复杂。这些特点也同样体现在诸如汽车碰撞和物体跌落等问题的分析中，具有一定的工程普遍性。

　　作者20余年来一直开设研究生课程"材料加工力学基础"及其相关课程，本书就是在20年来课程讲义的基础上写成的。塑性力学是材料加工制造业的基础科学，力学逻辑也是工程领域的基本思维方法，其重要性毋庸置疑，但塑性大变形力学之难也让很多初学者望而却步。塑性加工的解析涉及大变形问题的几何描述、应力应变定义的多样性、材料非线性与各向异性等复杂力学问题，热加工还涉及材料的热流变特性描述等。本书力图用容易理解的逻辑和表达方法，化解连续介质力学冗长复杂公式的推导难度，强化大变形力学的理论框架，并使之与工程实践相结合，以激发学习者的兴趣而不再敬而远之。

　　本书首先在绪论中介绍了塑性理论在塑性加工中的作用及其发展过程、力学常用的张量表示方法，以及塑性变形的微观机理。第2章和第3章介绍了大变形特有的物质描述和空间描述方法，给出了不同构形下的应变定义和应力定义，讨论了其相互之间的关系和应用范围。这些内容为开发和应用大变形数值模拟软件提供了背景知识。本着由弹性到塑性的思路，第4章和第5章介绍了各向同性材料和正交各向异性材料的屈服准则和本构关系，并着重阐述了Drucker公设及其在建立流动准则方面的应用，以及大增量步长下应力的计算方法。针对工程上塑性变形问题的求解，第6章重点介绍了上限原理及其应用，其中以长方体坯料锻造和中厚板轧制的科研成果为背景，介绍了应用该原理综合求解变形与成形载荷的解析方法。第7章则介绍了刚塑性有限元理论及其完整的构造方法，这些内容可以支撑刚塑性有限元软件的开发与应用。最后，作为热成形的应用基础，第8章介绍了热变形状态下材料的流动应力模型、动态再结晶动力学模型的建模方法，以及热加工图理论和工程应用实例。

　　本书成书之前的讲义长期在上海交通大学材料加工类研究生教学中使用，其间得到了已故中国工程院院士阮雪榆教授的谆谆教诲与勉励，作者对阮院士充满感激之情。上海交通大学材料学院及塑性成形技术与装备研究院的多位老师都对本课程建设提出了宝贵意见。书中部分内容来自作者指导的博士生、硕士生的论文。本书在撰写和出版过程中得到了上海交通大学研究生课程教材培育经费的赞助。在此对所有的关心和支持谨致谢忱。

　　本书适用于塑性加工或塑性力学专业的研究生学习，也可供相关领域的工程技术人员和有限元软件开发人员参考使用。

　　本书稿在整理过程中，欣逢党的二十大胜利召开。党的二十大针对科教兴国、人才强国、创新驱动发展做出了新的战略部署。作者殷切希望本书能够为读者提供有益的帮助和启发，在践行伟大事业中效尽绵薄之力。限于作者能力，书中难免有不妥之处或错误，敬请批评指正。

作　者

2023 年 2 月

Contents 目录

第 1 章
绪　论

　　塑性，是指材料在外力作用下发生永久变形但不破坏其完整性的能力。塑性成形就是利用材料的塑性变形能力制造零件或毛坯的方法。从远古时代起，人们就开始用施加打击力的方法使一些金属发生变形，以制造简单的生活生产用品或者武器，这就是塑性成形最早期的雏形。"打铁"是手工生产时代人们对塑性成形的概括叫法。在人类历史进程中，"打铁"这个行业对于提高人们的生产生活水平和武器制造能力发挥了重要作用。在工业时代，随着机械动力利用水平的提高，塑性成形由手工业作坊时代进入了大机器装备时代，塑性加工技术得到了空前的发展，已经成为一种主要的零部件制造方式。

　　在塑性成形过程中，材料在力的作用下发生流动，产生变形，材料的变形方式与作用力之间的关系就是塑性大变形力学要研究的主要内容。与铸造成型相比，塑性成形可以显著改善材料的内部组织，提高力学性能，这些材料内部的变化也与成形过程的力学量分布与变化相关，研究塑性变形力学要关注材料内部组织与性能的变化规律。另外，人们总在设法提高材料的成形精度，降低成形力对设备的要求，并通过研发新工艺，使过去难以通过塑性成形加工制造的零件变成能够成形的零件。这些工作都需要有塑性力学的支撑。因此，塑性大变形力学是发展材料塑性加工技术的基础科学。

§1.1　塑性力学在塑性成形中的地位和作用

　　以一部汽车为例，车身覆盖件是钢板或其他板料经过冲压制造的，而钢板是在钢铁厂用轧制的方法生产的，轧制和冲压都是经过材料的塑性变形而获得所需的形状。汽车的传动轴、万向节、发动机活塞等零部件是块体的钢经过锻造成形制成毛坯的，部分轴又是圆棒料经过楔横轧或辊锻制成预锻毛坯，锻造、楔横轧、挤压、辊锻等也都是塑性成形的典型工艺。此外，还有摆碾方法成形饼状毛坯、旋压方法成形薄壁回转零件、环轧方法成形筒形件或圆环件等，都是塑性成形的特殊工艺方法。车身的内饰件通常是高分子材料在热态下压制成形，或者高分子材料在熔融状态经过压力注入成形，这是塑性成形在高分子材料中的典型应用。一般来说，一辆汽车总重75%~80%的零部件或其毛坯都是通过塑性成形方式制造的。在其他领域，如航空航天、交通运输、装备制造等众多行业，塑性成形也都是大多数零部件及其毛坯的制造方式。可见，塑性成形是材料加工制造的最主要方法之一。

塑性成形又分为体积成形和板料成形。体积成形是指块状料、棒料、厚板等非薄板类原料在砧座或模具间的成形，如锻造、挤压、楔横轧等，材料一般在三向应力状态下变形。板料成形则专指薄板料的冲压成形，如拉深、拉延等，薄板成形时厚度方向应力相比于面内应力小很多，一般可以忽略不计，近似表现为平面应力状态。一个零件能不能通过材料的塑性变形而制造出来，取决于两方面的因素：一是材料固有的塑性变形能力，它不仅取决于材料自身的成分，也取决于与温度和变形速度相关的组织状态；二是与工艺参数相关的应力应变变化过程。塑性加工力学就是在充分掌握材料变形性能的基础上，研究材料的屈服规律、流动规律、变形效果和破坏形式的一门科学。将塑性力学方法应用于具体的成形工艺设计，人们就可以分析材料的变形过程，合理设计坯料形状与成形过程的中间环节，提高材料的利用率和生产率，降低能源消耗，从而在工艺设计中减少盲目性，增加对成形结果的科学预见性。

在传统意义上，塑性加工力学可以解决以下问题：

（1）计算材料成形所需要的力，为合理选择成形设备的吨位提供依据；

（2）计算材料的流动状况，预报产品的可成形性；

（3）分析材料流动过程中的应力应变状态，规避易引起材料破坏的流动方式；

（4）计算成形过程模具上的应力分布，为合理设计模具形状、延长模具使用寿命、降低模具制造成本寻找解决方案。

随着力学与材料科学的结合越来越紧密，以及计算技术的发展，大变形力学已经在更多新的领域得到了很好的发展，并成为工程应用的基础。

（1）与材料实验相结合，根据力学分析结果预报成形过程发生缺陷的可能性及其形式。例如，冲压过程板料的开裂条件和起皱条件，轧制、锻造等变形产生的材料微观纤维组织和织构，变形中产生的折叠、裂纹、流线穿流等（图1.1）。

（2）与计算材料科学相结合，通过计算材料的变形过程及其对应的物理量（例如温度、应变、应变速率等），预报材料成形中的微观组织演变、产品的组织状态和力学性能。

（3）通过计算机模拟技术，实现虚拟制造，从而在产品开发阶段虚拟但直观地再现成形制造过程，发现各种问题，优化产品设计。

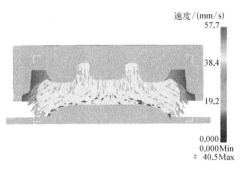
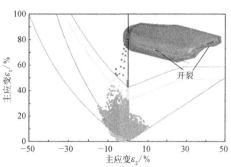

(a) 锻造过程的金属流动速度分布　　　　　(b) 冲压过程板料开裂与起皱位置的预报

图 1.1　基于大变形理论的有限元模拟成形过程

　　塑性加工力学除了要计算变形、载荷、应力、应变等力学量以外，还经常要与传热学相结合计算成形过程的温度场，甚至材料的组织场。因此，学习塑性加工力学基础时，也要关注相关联学科的内容。

§1.2　塑性理论的发展过程

　　材料的塑性理论构成了加工力学基础的核心。塑性理论主要解决材料成形的两类基本问题：① 材料在什么条件下发生塑性变形（即屈服条件，也称屈服准则）；② 材料在塑性变形状态下的应力应变关系（即本构关系）。可以说，塑性力学的发展基本都是围绕这两个主题展开的。

1.2.1　材料的屈服条件

　　人们是从材料的破坏中逐步定量研究材料的塑性变形的。在 17 世纪，Gallieo（伽利略）曾在其著作《两种新科学》中，论述了石料做的梁在力的作用下产生的应力，指出梁的破坏是最大拉应力导致的。后来研究者在此基础上提出了第一个强度理论，即最大主应力理论。接着 Mariotte 提出了最大伸长准则，即认为材料的最大主应变是导致材料发生破坏的原因，历史上也称为第二强度理论。显然，限于当时的材料发展水平，这两个理论仅适用于某些脆性材料的断裂破坏，还不能度量发生塑性变形的条件。

　　金属屈服条件的研究始于 Tresca 在 1864 年所完成的铅的挤压实验。在该实验中观察到了变形后试件表面的台阶状条纹，如图 1.2 所示，称为滑移线。由于材料的滑移通常是由剪应力引起的，因此，Tresca 提出了剪应力屈服理论，即不论材料处于什么样的应力状态，只要其最大剪应力达到纯剪切时的屈服剪应力，

图 1.2　Tresca 挤压实验观察到的表面滑移线（Osakada，2010）

则材料将发生塑性变形，即屈服。1900 年 Guest 做了薄壁圆管的拉伸和内压联合实验，证实了剪应力屈服条件。

在应力空间上，最大剪应力屈服条件可以用以第一象限等倾线为轴线的六棱柱体来表示，在不知道主应力顺序的情况下，其数学方程共有 6 个，同时描述屈服条件的曲面（简称屈服面）也不光滑，应用起来不是很方便。1913 年，当时的德国青年科学家 von Mises 提出简化方法，即用圆柱体代替六棱柱，并给出了圆柱体的数学方程。1924 年，德国力学家 H. Hencky 经研究发现，Mises 给出的表达式可解释为形状改变比能，于是产生了形状改变比能理论，简称形变能屈服条件。即无论材料处于什么样的应力状态，只要形状改变比能达到单向拉伸屈服时对应的形状改变比能，材料就会发生塑性变形。

实际上，波兰人 M. Huber 于 1904 年发表了题为"形变能是材料的强度准则"的文章，提出了与 Hencky 非常相似的理论。但这篇文章用波兰文写成，当时未受到重视。后来人们常将此理论称为 Huber-Mises 理论。相比于 Tresca 屈服条件，Mises 屈服条件不仅避免了由于屈服面不光滑带来的数学困难，而且把屈服与能量联系起来，使得屈服条件更能体现材料塑性变形的物理意义。后来 Lode 用薄壁圆筒的拉伸与内压实验、Taylor 和 Quinney 用薄壁管的拉伸和扭转联合变形，分别证明了 Mises 屈服准则比 Tresca 屈服准则更准确地反映了金属的屈服条件。

冲压成形用的薄板料多是通过冷轧获得的，冷轧变形使金属晶粒发生形状变化，导致沿轧制方向、宽度方向以及厚度方向的晶粒尺寸不同，并发生择优取向，产生材料性能的各向异性。Tresca 屈服准则和 Mises 屈服准则不能用于描述各向异性材料的屈服。针对这种情况，Hill 仿照 Mises 屈服方程最早提出了各向异性材料的屈服准则，后来 Barlat 和连建设等又提出了一系列的各向异性屈服准则，用以描述不同晶格模式的材料的屈服条件。经过实验验证，这些屈服准则也都很好地描述了板料的屈服特征。

1.2.2　材料屈服后的本构关系

材料的变形与引起变形的外在因素（例如应力、温度等）之间的关系称为本构关系。材料屈服后即发生塑性变形，塑性变形的本构关系与屈服前的弹性变形有很大区别，它不再遵从线性关系，而且应力应变也不再是一一对应关系。St. Venant 曾应用 Tresca 屈服方程求解了理想塑性材料的圆柱体受扭转或弯曲载荷时局部处于塑性变形下的应力，以及圆管受内压处于全塑性状态下的应力，他认识到应力与应变不是一一对应关系，因而假设应变速率的主轴方向和应力主轴是重合的。Lévy 同样基于理想塑性材料的假设，提出了应变速率和应力偏量之间的三维关系。后来 Mises 独立地提出了与 Lévy 相同的本构关系，这个理论就被称为 Lévy - Mises 理论。由于这些关系都是建立在应变速率基础上的，因而被称为流动理论，或者称为增量理论。Lode、Taylor 和 Quinney 的实验都证明了 Lévy - Mises 理论是对真实情况的很好描述。实践表明，流动理论能够很好地描述塑性变形的历史相关性。Reuss 和 Prandtl 为了综合考虑弹塑性变形，把弹性变形的 Hooke 定律引入 Lévy - Mises 增量理论中，从而更接近材料变形的真实状态。Henchy 和 Illushin 在假设塑性变形过程应力应变主轴都不变的条件下（称为简单加载状态），在增量理论基础上获得了变形最终状态的应力应变关系，即全量理论。全量理论大大简化了求解过程，虽然不适用于复杂加载过程，但在多数情况下得到的结果是符合工程实际的。

1951 年，美国的 Drucker 以应力屈服方程作为势函数，从稳定材料的定义出发，证明了屈服面永远是外凸的，并且塑性应变率永远正交于应力屈服面，从而建立了塑性势流动理论，也称为相伴流动理论。基于这个原理，只要有了材料的屈服准则，就可以得到相应的应变速率与应力的关系，为建立材料的流动理论提供了统一的方法。在板料成形与高分子成形领域，不同类型的材料往往满足不同的屈服准则，相应的材料流动规律都可以根据塑性势流动理论建立起来。

§1.3 求和约定与张量定义

1.3.1 方程的求和约定

在三维坐标系中，许多的物理方程具有以下形式：

$$b_1 = a_{11}x_1 + a_{12}x_2 + a_{13}x_3$$
$$b_2 = a_{21}x_1 + a_{22}x_2 + a_{23}x_3 \quad (1.1)$$
$$b_3 = a_{31}x_1 + a_{32}x_2 + a_{33}x_3$$

为了书写方便，将上述方程简单地记为

$$b_i = a_{ij}x_j \quad (i, j = 1, 2, 3) \quad (1.2)$$

其中约定如下：表达式的一项中如有两个脚标相同，如公式中的 j，则对该脚标所在的项遍历三个坐标轴求和,该脚标称为哑标;一项中没有重复出现的脚标称为自由标,如公式中的 i ,代表方程的序号, i 分别取 1、2、3 时则得到三个方程。按照这个约定,把公式(1.2)展开来写,就得到方程(1.1)。

如无特殊说明,脚标的变化范围都是从 1 到 3,或者从 x 到 z 。在这种情况下,公式(1.2)后括号部分可以省略不写。

三维坐标系中还常见一类微分方程:

$$
\begin{aligned}
b_x &= \frac{\partial a_{xx}}{\partial x} + \frac{\partial a_{xy}}{\partial y} + \frac{\partial a_{xz}}{\partial z} \\
b_y &= \frac{\partial a_{yx}}{\partial x} + \frac{\partial a_{yy}}{\partial y} + \frac{\partial a_{yz}}{\partial z} \\
b_z &= \frac{\partial a_{zx}}{\partial x} + \frac{\partial a_{zy}}{\partial y} + \frac{\partial a_{zz}}{\partial z}
\end{aligned}
\tag{1.3}
$$

如再约定用脚标中的",",代表对坐标的微分,则上述方程可以简记为

$$
b_i = a_{ij,j} \quad (i, j = x, y, z)
\tag{1.4}
$$

其中, i 仍然是自由标; j 仍然是哑标。

一个方程中可以有多个自由标和多个哑标。例如:

$$
\sigma_{ij} = D_{ijkl}\varepsilon_{kl}
$$

其中, i、j 都是自由标; k、l 都是哑标。由于所有脚标都有三个取值,因此,这实际上是 9 个方程,每个方程的右端项都是 9 项,9 个方程中的 D 实际上由 81 个量组成。例如,展开后的第一个方程是:

$$
\begin{aligned}
\sigma_{11} = &D_{1111}\varepsilon_{11} + D_{1112}\varepsilon_{12} + D_{1113}\varepsilon_{13} + D_{1121}\varepsilon_{21} + D_{1122}\varepsilon_{22} \\
&+ D_{1123}\varepsilon_{23} + D_{1131}\varepsilon_{31} + D_{1132}\varepsilon_{32} + D_{1133}\varepsilon_{33}
\end{aligned}
$$

依此规律,可以展开得到另外 8 个方程。可见采用求和约定可以极方便和简洁地表达方程。

1.3.2　张量的定义

常见的物理量有以下三种形式:① 类似温度、质量、时间等物理量,无论放在什么坐标系,用一个数表示就够了,称为标量;② 类似力、速度等物理量,在三维坐标系中需要用三个分量表示,这三个分量缺一不可,称为矢量(或向量);③ 诸如应力、应变等物理量,在三维坐标系中需要 9 个分量才能唯一表示出来,称为张量。为了统一,也可以把标量、矢量和张量都统称为张量,只是用阶次来区分张量中分量的个数。例如,标量称为 0 阶张量;矢量称为 1 阶张量;

应力、应变等张量称为 2 阶张量。即张量中分量的个数 N 与张量的阶次 n 的关系为 $N = 3^n$。

观察物理量时一般要有参考坐标系，同一个物理量在不同的参考坐标系中观察时，所看到的分量可能是不一样的。但物理量应该是客观的，不应该随观察坐标系的变化而变化，因此，同一个物理量在不同坐标系上的分量之间必然存在对应关系，该关系即坐标变换关系式。例如，在二维 oxy 坐标系下，有速度 V：

$$V = \begin{bmatrix} v_x & v_y \end{bmatrix} \tag{1.5}$$

当坐标系旋转到 $ox'y'$ 位置，如图 1.3 所示，新旧坐标系下该速度分量的对应关系为

$$\begin{aligned} v_{x'} &= v_x \cos(x',\ x) + v_y \cos(x',\ y) \\ v_{y'} &= v_x \cos(y',\ x) + v_y \cos(y',\ y) \end{aligned} \tag{1.6}$$

其中，$(x',\ x)$ 是新坐标轴 x' 与旧坐标轴 x 的夹角，$\cos(x',\ x)$ 是 x' 轴相对于旧坐标系 x 轴的方向余弦，其余角度也以此类推。

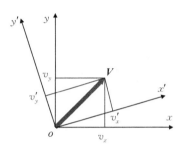

图 1.3 速度分量在坐标轴转动时的变换关系

推广到三维坐标系，如在 $oxyz$ 坐标系下有速度 V：

$$V = \begin{bmatrix} v_x & v_y & v_z \end{bmatrix} \tag{1.7}$$

则坐标系旋转到 $ox'y'z'$ 时，新坐标系下的速度分量为

$$\begin{aligned} v_{x'} &= v_x \cos(x',\ x) + v_y \cos(x',\ y) + v_z \cos(x',\ z) \\ v_{y'} &= v_x \cos(y',\ x) + v_y \cos(y',\ y) + v_z \cos(y',\ z) \\ v_{z'} &= v_x \cos(z',\ x) + v_y \cos(z',\ y) + v_z \cos(z',\ z) \end{aligned} \tag{1.8}$$

如采用矩阵记法，则有

$$\begin{Bmatrix} v_{x'} \\ v_{y'} \\ v_{z'} \end{Bmatrix} = \begin{bmatrix} \cos(x',\ x) & \cos(x',\ y) & \cos(x',\ z) \\ \cos(y',\ x) & \cos(y',\ y) & \cos(y',\ z) \\ \cos(z',\ x) & \cos(z',\ y) & \cos(z',\ z) \end{bmatrix} \begin{Bmatrix} v_x \\ v_y \\ v_z \end{Bmatrix} \tag{1.9}$$

其中，坐标变换矩阵为

$$T = \begin{bmatrix} \cos(x',\ x) & \cos(x',\ y) & \cos(x',\ z) \\ \cos(y',\ x) & \cos(y',\ y) & \cos(y',\ z) \\ \cos(z',\ x) & \cos(z',\ y) & \cos(z',\ z) \end{bmatrix} \tag{1.10}$$

根据求和约定，如旧坐标系下的脚标用 i 表示，新坐标系下的脚标用 p 表示，该变换方程式还可以简记为

$$v_p = v_i \cos(x'_p, \ x_i) \tag{1.11}$$

或

$$v_p = T_{pi} v_i \tag{1.12}$$

反过来，如果从坐标系 $ox'y'z'$ 旋转到坐标系 $oxyz$，则原来的分量 $\boldsymbol{V} = \begin{bmatrix} v_{x'} & v_{y'} & v_{z'} \end{bmatrix}$ 在新的坐标系下变成

$$\begin{Bmatrix} v_x \\ v_y \\ v_z \end{Bmatrix} = \begin{bmatrix} \cos(x, \ x') & \cos(x, \ y') & \cos(x, \ z') \\ \cos(y, \ x') & \cos(y, \ y') & \cos(y, \ z') \\ \cos(z, \ x') & \cos(z, \ y') & \cos(z, \ z') \end{bmatrix} \begin{Bmatrix} v_{x'} \\ v_{y'} \\ v_{z'} \end{Bmatrix} \tag{1.13}$$

其中，坐标变换矩阵为

$$\boldsymbol{T}' = \begin{bmatrix} \cos(x, \ x') & \cos(x, \ y') & \cos(x, \ z') \\ \cos(y, \ x') & \cos(y, \ y') & \cos(y, \ z') \\ \cos(z, \ x') & \cos(z, \ y') & \cos(z, \ z') \end{bmatrix} \tag{1.14}$$

根据方向余弦的特点不难证明：

$$\boldsymbol{T}'\boldsymbol{T} = \boldsymbol{I} \quad \boldsymbol{T}' = \boldsymbol{T}^{\mathrm{T}} = \boldsymbol{T}^{-1} \tag{1.15}$$

其中，$\boldsymbol{I}$ 是单位矩阵。可见坐标系旋转后，速度的大小和方向都没有变。这就是速度矢量的客观性。实际上，具有三个分量的物理量并不都是矢量，具有 9 个分量的物理量也不都是二阶张量，只有在不同坐标系间各分量满足变换关系的物理量才是张量。

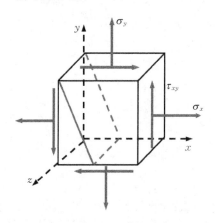

图 1.4　平面应力状态单元体

应力是典型的二阶张量。一点的应力状态需要用六面体上的 9 个应力分量来表示。当观察的坐标系发生转动时，可以根据应力的平衡关系建立新旧坐标系下的单元体应力分量的转换关系。以平面应力状态为例，图 1.4 给出了一个平面应力状态单元体的应力分量，如在该单元体上给出一个法向为 n 的斜截面，则该斜截面上暴露出正应力 σ_n 和剪应力 τ_{nt}［图 1.5（a）］。

根据保留切块在斜截面法向和切向的力的平衡关系，可列出平衡方程：

$$\sigma_n \mathrm{d}A = \sigma_x (\mathrm{d}A\cos\theta)\cos\theta + \sigma_y (\mathrm{d}A\sin\theta)\sin\theta$$
$$+ \tau_{xy} (\mathrm{d}A\cos\theta)\sin\theta + \tau_{yx} (\mathrm{d}A\sin\theta)\cos\theta$$
$$\tau_{nt} \mathrm{d}A = - \sigma_x (\mathrm{d}A\cos\theta)\sin\theta + \sigma_y (\mathrm{d}A\sin\theta)\cos\theta \qquad (1.16)$$
$$+ \tau_{xy} (\mathrm{d}A\cos\theta)\cos\theta - \tau_{yx} (\mathrm{d}A\sin\theta)\sin\theta$$

其中，$\mathrm{d}A$ 是斜截面面积，θ 是方向 n 与 x 轴的夹角，即 $\cos(n, x) = \cos\theta$。实际上，$\cos(n, y) = \sin\theta$，$\cos(t, x) = -\sin\theta$，$\cos(t, y) = \cos\theta$。于是得到：

$$\sigma_n = \sigma_x \cos(n, x)\cos(n, x) + \sigma_y \cos(n, y)\cos(n, y)$$
$$+ \tau_{xy} \cos(n, x)\cos(n, y) + \tau_{yx} \cos(n, y)\cos(n, x)$$
$$\tau_{nt} = \sigma_x \cos(n, x)\cos(t, x) + \sigma_y \cos(n, y)\cos(t, y) \qquad (1.17)$$
$$+ \tau_{xy} \cos(n, x)\cos(t, y) + \tau_{yx} \cos(n, y)\cos(t, x)$$

如果把 n、t 方向视作旋转后新坐标系的 x'、y' 轴，则式（1.17）就是求解以 x'、y' 轴为法线的新单元体［图 1.5（b）］各面应力的通用计算公式。由二维推广到三维坐标系下，如应力在三维坐标系 $oxyz$ 下的分量为 σ_{ij}，坐标系旋转到 $ox'y'z'$ 时该应力状态的分量为 σ_{pq}，则新旧坐标系下应力分量的转换规则为

$$\sigma_{pq} = T_{pi} T_{qj} \sigma_{ij} \qquad (1.18)$$

其中，T_{pi} 是新坐标轴 x'_p 相对于旧坐标轴 x_i 的方向余弦。

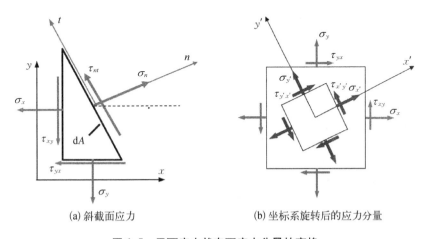

(a) 斜截面应力 　　　　　　　　　　(b) 坐标系旋转后的应力分量

图 1.5　平面应力状态下应力分量的变换

实际上，只有当一个具有 9 个分量的物理量满足式（1.18）的变换规则时才是张量。一般地，在直角坐标系下，张量的变换规则如表 1.1 所示。

表 1.1 张量的阶次对应的变换规则

张 量 的 阶 数	变 换 规 则
0	$A = A$
1	$A_p = T_{pi} A_i$
2	$A_{pq} = T_{pi} T_{qj} A_{ij}$
3	$A_{pqr} = T_{pi} T_{qj} T_{rk} A_{ijk}$
4	$A_{pqrs} = T_{pi} T_{qj} T_{rk} T_{sl} A_{ijkl}$
…	…

1.3.3 Kronecher 符号和排列符号

Kronecher 符号 δ_{ij} 是一个特殊张量，其定义如下：

$$\delta_{ij} = \delta_{ji} = \begin{cases} 1 & i = j \text{ 时} \\ 0 & i \neq j \text{ 时} \end{cases} \tag{1.19}$$

根据这个定义，有 $\delta_{ij} A_i = A_j$，即 δ_{ij} 与 A_i 相乘求和的结果相当于把 A_i 的脚标 i 换成了 j，因此，δ_{ij} 具有置换脚标的功能。除此之外，δ_{ij} 还具有以下性质：

(1) $\delta_{ii} = 3$；

(2) $\delta_{ik} \delta_{kj} = \delta_{ij}$；

(3) $\delta_{ij} \delta_{ij} = \delta_{ii} = \delta_{jj} = 3$；

(4) $\delta_{ij} \delta_{jk} \delta_{kl} = \delta_{il}$；

(5) $\delta_{ik} a_{kj} = a_{ij}$；

(6) $\delta_{ij} a_{ij} = a_{ii} = a_{11} + a_{22} + a_{33}$。

这些性质在运算中可以使方程的表达式非常简单。

排列符号 e_{ijk} 也是一个特殊张量，定义如下：

$$e_{ijk} = \begin{cases} 1 & (i, j, k) = (1, 2, 3), (2, 3, 1), (3, 1, 2) \text{ 时} \\ -1 & (i, j, k) = (3, 2, 1), (2, 1, 3), (1, 3, 2) \text{ 时} \\ 0 & \text{有两个或三个脚标相等时} \end{cases}$$

$$\tag{1.20}$$

即当 i、j、k 按照 1、2、3 的顺序轮换排列时，$e_{ijk} = 1$；当任意两个脚标调换顺序时，$e_{ijk} = -1$；而有两个或三个脚标相同时，$e_{ijk} = 0$。e_{ijk} 共有 27 个分量。

排列符号常用于行列式的展开。例如根据求和约定，有

$$a = \begin{vmatrix} a_{11} & a_{12} & a_{13} \\ a_{21} & a_{22} & a_{23} \\ a_{31} & a_{32} & a_{33} \end{vmatrix} = e_{ijk} a_{i1} a_{j2} a_{k3} \tag{1.21}$$

排列符号与 Kronecker 符号的关系为

$$e_{ijk} = \begin{vmatrix} \delta_{i1} & \delta_{i2} & \delta_{i3} \\ \delta_{j1} & \delta_{j2} & \delta_{j3} \\ \delta_{k1} & \delta_{k2} & \delta_{k3} \end{vmatrix} = \begin{vmatrix} \delta_{i1} & \delta_{j1} & \delta_{k1} \\ \delta_{i2} & \delta_{j2} & \delta_{k2} \\ \delta_{i3} & \delta_{j3} & \delta_{k3} \end{vmatrix} \tag{1.22}$$

§1.4 塑性力学涉及的方程及其求解方法

和弹性力学一样，塑性力学也是三类控制方程，分别如下。

（1）应力平衡微分方程：描述连续体中应力随位置变化时的内部平衡关系，是三个方程组成的微分方程组。

（2）几何方程：描述应变与位移之间的关系。有两种表达形式，一种是应变与位移关系方程，另一种是应变速率与材料流动速度的关系方程。该方程描述了材料变形的剧烈程度，也是一组微分方程，一共有 6 个独立方程。

（3）本构关系方程：描述变形与引起变形的外加因素之间的关系。一般来说变形是应力引起的，所以本构关系是应变（或应变速率、应变增量）与应力的关系，是 6 个代数方程。塑性变形时一般假设材料的体积不变，3 个线应变速率之和等于零，因此这 6 个方程中有 3 个是线性相关的，实际上是 5 个独立方程。

除此以外，塑性变形必须是在材料的屈服状态下发生的，因此，屈服方程也是控制方程之一。

以上微分方程对应着两类边界条件，分别如下。

（1）位移边界条件：在某些边界上，材料运动的位移或者速度是已知的，例如与模具表面接触的材料不能有穿透模具的位移或速度。

（2）力边界条件：在某些边界上，材料上作用的外力是已知的，例如材料在自由表面上所受到的力等于零。在某些情况下，接触表面的摩擦力被视作材料屈服应力的某种倍数关系，这也是力边界条件。但在塑性成形问题中，已知力的情况是不多见的。

综上，共有 15 个方程，要求解包括 3 个位移、6 个应变和 6 个应力在内的 15 个未知数。理论上可以求解，但实际上由于问题过于复杂，一般难以找到解析解。常用解析解法中，一般是只考虑三类方程中的一类或者两类方程，而忽略掉其他方程，求得问题的近似解。

1.4.1 初等解析法（主应力法）

主应力法是初等解析法的主要方法，也称为切片法。该方法基于对物体变形方式的判断，对变形体进行切块，并假设切出的平面上只存在正应力，也即主应力，据此建立该主应力的微分变化与变形体表面力之间的平衡方程。将平衡方程和屈服准则联合求解，从而得出边界上的正应力和物体内的应力分布。主应力法以横截面应力均匀分布为求解的前提条件，由于实际问题的复杂性，横截面上的应力一般都不是均匀分布的，因而必须考虑其适用性。当变形体可以被简化为平面应力、平面应变或轴对称变形时，其应力沿厚度方向（垂直于所考察的平面，或轴对称的周向）上可视为均匀分布。当高度远小于变形区的长度时，认定应力沿高度均匀分布一般也不会带来太大的误差。因此，主应力法通常用于求解拔长、轧制或轴对称板料成形中。

初等解析法一般不考虑应变分布，因而不能求解变形，只适用于预报变形力。

1923 年，Siebel 首先用主应力法求解了平面应变条件下变形体受大平板压下的载荷问题，求解模型如图 1.6（a）所示。后来，von Karman 采用类似的方法建立了求解平面应变轧制力的平衡微分方程，如图 1.6（b）所示。1943 年 Orawan 将 Karman 建模方法中的平面切片改成了垂直于轧辊表面的曲面切片方法，建立了另外一种轧制力平衡微分方程。这两种轧制力平衡微分方程至今仍被广泛应用于求解轧制力，计算方法很简单，并且便于讨论不同的工艺参数对轧制力的影响规律，计算结果一般能够满足工程上的精度要求。

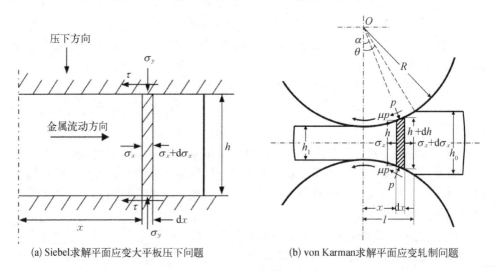

(a) Siebel求解平面应变大平板压下问题 (b) von Karman求解平面应变轧制问题

图 1.6 切片法求解变形力的模型

1.4.2 滑移线法

根据 Tresca 的论述，材料的屈服是由最大剪应力导致的。在平面变形问题中，一点处有一对互相垂直的最大剪应力，在其作用下产生两个滑移方向。把变形体中相邻点的滑移方向连接起来，就得到两组互相垂直的滑移线族。1920 年，Prandtl 应用这个思想求解了平冲头压入半无限大物体的变形力问题（模型见图 1.7）。1923 年，Hencky 建立了滑移线切线的转角与平均应力之间的关系，使得基于变形体的力边界条件求解滑移线场中任意点应力状态成为可能。但由于一点处的最大剪应力方向事先是未知的，因此，滑移线场的做法有很大随意性，其对应的应力状态未必能够对应可能的变形场。1930 年，H. Geiringer 基于塑性变形中的体积不变原理对于速度场的要求，建立了速度场的协调方程，作为检验滑移线场是否可行的条件。满足速度协调方程的滑移线场给出的解是完全解。

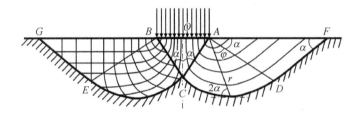

图 1.7 Prandtl 求解平冲头压入半无限大物体的变形力的滑移线模型

但是，滑移线场方法只适用于平面应变问题或轴对称问题，因为只有在这些问题中才能找到平均应力与滑移线切线转角的对应关系。另外，由于构造滑移线场的复杂性和缺乏普遍适用的规律，这种方法也仅能解决某些特定的问题。

1.4.3 界限法

界限法是求解材料发生塑性变形所对应极限载荷的方法，即回答这样的问题：如果材料发生塑性变形，其载荷最大不能超过多少？最小不能小于多少？根据回答问题的不同，界限法有两种求解问题的思路。

一个思路是，在变形体内假设一种运动允许的材料流动方式，根据发生塑性屈服的条件，求解与这种流动方式对应的载荷。实际变形中，材料总是按照消耗能量最小的流动方式变形，而所假设的运动允许的材料流动方式未必是最容易变形的流动方式，因此这种方法得到的载荷往往比发生实际塑性变形的载荷要大，故称为上限解。解的精度与假设的材料流动方式有关，流动方式越合理，求解得到的变形力越小。

另外一种思路是，在变形体内假设一种满足静力（应力）平衡方程且不违背屈服条件的应力场，据此求解对应的边界载荷。由于物体变形总是存在约束条件，因此满足静力平衡方程的应力未必能导致真正的塑性变形，因此这种方法得到的载荷往往比实际塑性变形发生时的载荷要小，故称为下限解。解的精度与假设的应力场有关，应力场越接近真实，求解得到的变形力越大。

上限解法没有考虑物体的应力平衡方程，而下限解法没有考虑物体的变形分布，这两种解法都不是完全解，一般来说都不能得到真实解，而真实解一定处于上限解和下限解之间。

一般来说，塑性成形问题计算成形载荷都是为了合理选择压机设备提供依据，因此总是希望计算得到的载荷要略高于真实需要的载荷，应该采用上限求解方法。而对结构件计算其极限承载能力时，一般总希望计算值不能大于实际塑性变形所需要的载荷，以便使结构设计偏于安全，应该采用下限求解方法。

理论上，界限法可以求解任何的问题，但由于假设材料的流动模式或应力分布状态存在一定的困难，因此该方法一般仅用于平面问题或者轴对称问题。图1.8是上限法最早用于求解平板压下问题和挤压问题的速度场计算模型。

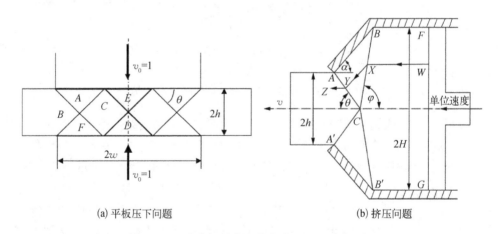

(a) 平板压下问题   (b) 挤压问题

图 1.8   求解塑性变形载荷的上限法速度场

1.4.4 有限元法

有限元法是 20 世纪中叶产生的能够用于解决多种工程问题的强大的计算方法。最初有限元法由研究结构计算的工程师们提出，是基于离散结构模型的平衡关系建立的一种求解弹性变形问题的方法。后来用力学变分原理和微分方程的分片插值思路也建立了有限元方法，从而使这一方法得以进入工程上的各个领域。目前有限元方法不仅用于各种材料的弹塑性力学问题的求解，也普遍用于求解温度场、电磁场、流场及其他能够用泊松微分方程描述的物理现象。在塑性成形领域，有限元方法被广泛用来模拟各种成形工艺中的材料变形与流动过程，预报成形过程可能带来的各种缺陷，例如，体积成形中流线的分布与走向、材料在模具中的填充效果、折叠与损伤发生的可能性等，板料成形中的起皱、开裂、回弹等缺陷。将变形场与温度场联合求解的热力耦合有限元方法用于求解热成形问题，给出温度场、应力场、应变场和应变速度场的分布和随时间的变化过程，将这些物理参数与金属变形的再结晶模型相结合，还可以预报金属的晶粒与组织演变，为获得良好的产品力学性能提供分析依据。可以说，随着计算机能力的提高，基于有限元的成形过程数值模拟已经显著提高了塑性成形工艺设计的科学预见性，为塑性成形技术的提高提供了强有力的支撑。

按照材料塑性变形程度的大小，有限元求解手段分为弹塑性有限元法和刚塑性有限元法。弹塑性有限元法的本构关系同时包含了弹性变形和塑性变形，一般用于求解弹性变形不可忽视的成形问题，例如板料的冲压成形和某些需要考虑卸载的成形问题。而刚塑性有限元的本构关系则忽略了弹性变形，材料一旦变形便进入塑性变形阶段，一般用于求解以塑性大变形为特征的体积成形问题，例如锻造、挤压等。弹塑性有限元以材料的位移或位移增量为基本求解变量，而刚塑性有限元则以材料的流动速度为基本求解变量。

按照描述应变-位移关系的几何方程的不同，有限元法又分为小变形有限元和大变形有限元。在小变形有限元中，应变-位移关系是线性的微分方程，这种形式不能用于变形中明显带有材料转动的问题，因此一般用于求解变形前后的材料几何形状与位置都没有明显变化的问题。而在大变形有限元中，应变-位移关系是以材料的纯变形定义的，包含了二次导数项，不受材料转动的影响，是求解塑性成形问题的最主要的方法。刚塑性有限元以应变速率和速度的关系定义几何方程，这个关系也是线性的，但也避开了转动的影响，只要求解变形时的时间步长足够小，该方法就能够给出好的解答。

以上求解方法中，本书将把上限法和刚塑性有限元法作为主要内容。

§1.5 金属塑性变形的微观机制

材料的塑性变形是物质微观运动的宏观体现。在微观层面上，发生塑性变形的机制是什么？塑性变形又对材料本身产生哪些影响？弄清楚这两个问题，不仅有助于合理制定塑性加工工艺，提高塑性加工产品的性能，也有助于深入理解材料变形的深层次力学问题，使力学建模能够抓住更本质的规律。传统意义上，用于塑性加工的材料绝大多数都是金属。金属通常是由晶粒组成的，其变形方式既可以体现在晶粒内部（晶内变形），也可以体现在晶粒之间的界面上（晶间变形），在高温状态下还可能发生蠕变。

1.5.1　晶体的滑移和孪生

　　晶体是由晶格构成的，晶格的不同方向上由材料的原子构成晶面。非变形状态下原子处于自身的平衡位置，能量最低，原子由一个平衡位置跃迁到另外一个平衡位置，必须要跃过原子之间的能量峰值点，因此材料对变形体现出抗力。如图 1.9 所示，在外力作用下，相邻两层晶面之间的原子可能产生相对移动，在原子跃过能量峰值点之前，去除外力后，原子能量降低，将自发回复到其原来平衡位置，此时外力作用导致的变形是弹性变形。如果外力足够大，推动原子跃过了能量峰值点，去除外力后，原子将不会回到原来的平衡位置，而是在新的能量势阱处实现平衡。这种大量原子跃过能量峰值点形成的宏观材料迁移，就是材料的塑性变形。弹性变形导致原子间距发生变化，因而会伴随体积改变。而塑性变形是去除外力后留下来的变形，原子间距又恢复到无应力状态，因而不引起体积改变。

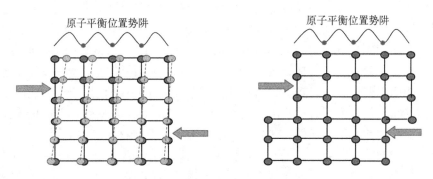

图 1.9　晶格在外力作用下的变形

　　晶内的原子滑移通常发生在原子排列密度最大的晶面上，且沿着原子最密集的晶向，这样的晶面和晶向分别称为滑移面和滑移方向，如图 1.10 所示。这是因为在这样的晶面及其晶向上，原子由一个平衡位置跃迁到相邻的平衡位置路程最短，所需能量最低，同时相邻晶面间距大，原子之间相互作用力小，迁移阻力低。晶体中的"一个滑移面+一个滑移方向的组合"称为一个滑移系。晶体上往往有多个滑移系，例如，面心立方晶体有 12 个滑移系，体心立方晶体在不同温度下有 12~24 个滑移系，而密排六方晶体只有 3 个滑移系。晶体的塑性除了与滑移系的个数有关外，更主要的是取决于滑移

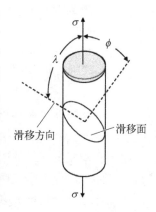

图 1.10　晶体滑移阻力

方向的个数，例如面心立方晶体比体心立方晶体的滑移方向多，因此前者的塑性好于后者。金属发生塑性变形后，应用光学显微镜可能会在表面上观察到类似于台阶一样的痕迹，它是晶体滑移的表象，称为滑移带。

在图 1.10 中，假设在晶体上作用有单向应力 σ，其与滑移面法线的夹角为 ϕ，与滑移方向的夹角为 λ，则该应力在滑移方向引起的分切应力为

$$\tau = \sigma \cos \phi \cos \lambda \tag{1.23}$$

当 τ 达到引起晶体开始滑移的临界分切应力 τ_s 时，晶体开始屈服，即屈服应力为

$$\sigma_s = \frac{\tau_s}{\cos \phi \cos \lambda} \tag{1.24}$$

其中，$\mu = \cos \phi \cos \lambda$ 称为该滑移系的取向因子。很显然，材料的临界分切应力 τ_s 取决于滑移面间的原子结合力，是材料常数，而屈服应力 σ_s 则由 τ_s 和取向因子联合决定。如果材料是单晶体，则在不同方向上作用应力得到的屈服极限不同。μ 值越大，引起屈服所需的应力 σ_s 越小。一般把 μ 值接近于 0.5 的取向称为软取向，接近于 0 的取向称为硬取向。

实际上，塑性加工所用的金属材料绝大多数都是多晶体，且不同晶粒的取向是分散的，处于硬取向和软取向的晶粒得到的滑移系分切应力不同，因而不可能同时发生塑性变形。在这个意义上，即使外加载荷是均匀的，多晶材料的变形也不可能是均匀的，宏观的塑性变形体现的是不同晶粒变形的统计结果。由于晶粒在软取向方向上的滑移可以带动自身及周边晶粒的转动，使原来的硬取向可能变成软取向，而软取向也可能变成硬取向，因此，随着变形的增加，变形会在不同晶粒和不同方向上切换，使整体变形得以协调和连续。晶粒越细小，尺寸越均匀，则变形的均匀性就越高，这样就可以减小因变形不均而导致的应力集中，延缓材料断裂的发生，提高材料的塑性变形能力。当然，晶界是容易产生断裂的薄弱位置，随着单位体积内晶界面积的增加，材料也有塑性变形能力下降的趋势。

晶体的变形还有另外一种机制——孪晶，即晶体在切应力的作用下，晶体的一部分沿着一定的晶面（称为孪生面）和一定的晶向（称为孪生方向）发生切变，形成相对于孪生面对称的变形，如图 1.11 所示。图 1.12 是镁合金 AZ31B 在 150℃ 轧制 17% 得到的金相照片，可见大量的孪晶带。但孪晶不会像滑移那样容易发生，一般多发生于难变形的金属，或者是在温度较低而应变速率较高的情况。

可以想象，大量晶粒在发生塑性变形时将会发生形状的变化，在某方向伸

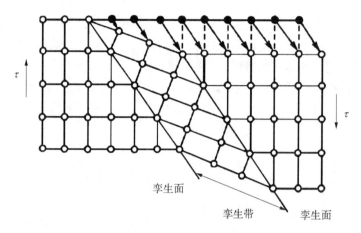

τ

孪生面

孪生带   孪生面

图 1.11   孪生变形示意图

20 μm

图 1.12   镁合金 AZ31B 在 150℃轧制 17％时观察到的孪晶带

长，而在垂直方向收缩，由等轴晶粒变成细长晶粒，形成纤维状组织。同时，变形过程中的晶粒转动也会导致大多数晶粒的晶向发生择优取向，即由原本杂乱无章的排列变成了有序排列，这种组织称为织构。织构和纤维组织的产生使金属宏观性能具有了方向性，其纵向性能优于横向性能。冷轧钢板在冲压时通常会表现出各向异性性质，就是冷轧变形的方向性引起的。但如果变形是在高温下进行的，变形积蓄的能量有可能驱动晶粒发生再结晶，产生各向同性的新晶粒，这样就不会出现织构和纤维状组织。因此，各向异性通常都是在冷变形时形成的。

1.5.2　塑性变形的位错运动与增殖

如果晶粒是由规则排列的原子构成的空间点阵，原子跃过能量峰值点需要很大的外力，理论上塑性变形会遭遇很大的抗力。事实上，材料发生塑性变形所需要的外力远低于理想状态下的材料变形抗力，这是由于晶粒并不是完美无缺的，而是内部存在大量的非规则排列。当非规则排列的原子连成线时，称为位错。图1.13 用二维图示意性地给出了含有位错端点的晶粒在外力作用下的滑移情况。因为位错的存在，位错附近的原子已经偏离了其平衡位置，这样在外力作用下就比较容易由一个平衡位置迁移到另外一个平衡位置，从而形成宏观的塑性变形。

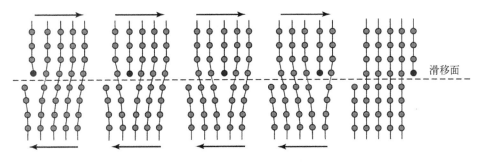

滑移面

图 1.13　含有位错的晶面滑移

位错在变形过程中能够增殖。如图 1.14所示，假设 A、B 之间的直线是一根初始位错，A、B 是位错的两个"钉扎点"。在外力作用下，A、B 间的位错发生滑移，逐步地，滑移后的位错绕过 A 点和 B 点，并最终汇合，形成连结 A 和 B 的一根新位错和一根包围 A 和 B的位错环，实现位错的增殖。

如材料的位错密度过大，大量杂乱无章的位错会纠缠在一起，不在同一个滑移面上的位错线如相交，则会相互牵制，形成"钉

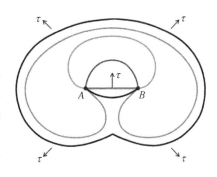

图 1.14　位错的增殖原理

扎点"，对位错的进一步移动产生阻力，宏观上导致材料的变形抗力增加，这就是塑性变形中常见的加工硬化现象。过大的力还会导致微观上的材料断裂。事实上，大多数的金属材料都含有大量的原始位错，变形导致位错密度进一步增大，从而引起材料的硬化和塑性降低。研究发现，金属的屈服应力与位错密度是正相关的，两者的关系可以描述为

$$\tau_s = \alpha G b \sqrt{\rho} \qquad (1.25)$$

其中，α 是与材料相关的常数；G 是剪切模量；b 是 Burgers 向量长度；ρ 是位错密度（单位面积上的位错线数量）。

在位错滑移的塑性变形机制中，因相邻晶粒的晶格方向不同，一个晶粒内的位错不可能直接传递到另外一个晶粒中。因此，当晶内的位错滑移到晶界时便不再继续滑移，晶界便成了大量位错集结的地方。由于单位体积内的晶界面积直接取决于晶粒数量，晶粒越小，晶界面积越大，材料的变形抗力就越大。这种现象称为细晶强化，可以用著名的 Hall - Petch 公式来描述，即

$$\tau_s = \tau_0 + Kd^{-\frac{1}{2}} \tag{1.26}$$

其中，τ_0 是晶体基本的变形抗力；d 是晶粒的平均直径；K 是材料参数。图 1.15 是在不同温度下低碳钢的下屈服极限与晶粒直径的依赖关系。

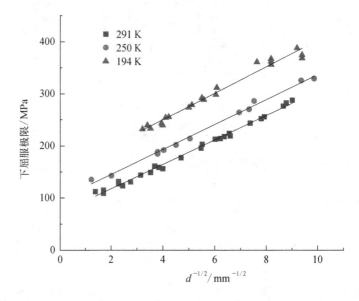

图 1.15 低碳钢的下屈服极限与晶粒直径的依赖关系（Bhadeshia et al.，2006）

实际上，不仅塑性材料的变形抗力与晶粒直径之间满足 Hall - Petch 公式，疲劳应力、硬度甚至脆性材料的断裂应力等与晶粒的关系，也都可以用 Hall - Petch 公式描述。另外，细小的晶粒可以使得变形更加均匀，材料的塑性变形能力及韧性得以提高。可见，细化晶粒是一种强化材料性能的好方法，在塑性加工中人们总是希望通过变形达到细化晶粒和改善材料力学性能的目的。

1.5.3 晶界滑移与蠕变

在高温变形条件下，还有两个变形机制。一是金属晶界的强度降低，相邻晶

粒间产生相对滑动，构成晶间变形机制，这种机制通常发生在晶粒比较细小的情况下。二是扩散蠕变机制，该过程与晶内的空位扩散有关，在晶体受到拉伸变形的方向，容易在晶界处形成空位，而在压缩变形方向则较难形成空位，这样就形成了空位梯度，原子会沿着空位梯度的反方向进行有规模的迁移，从而使晶粒沿拉伸方向伸长，并导致宏观的塑性变形。

这两种变形机制在金属的超塑性成形中得到了充分的体现。对金属而言，超塑性是指在一定的晶粒尺寸范围内，在特定温度和变形速度下表现出很大的塑性变形能力，通常延伸率能够达到 500% ~ 2000%。产生超塑性变形的条件一般有以下几个方面：① 材料具有等轴细小的晶粒，晶粒尺寸通常是几个微米甚至更小，且变形过程晶粒不会明显长大；② 变形速度很低，应变速率通常在 10^{-4} ~ 10^{-2} s^{-1}；③ 温度适当。在这些条件下，具备超塑性变形性质的材料主要通过晶界滑移和扩散蠕变发生变形，晶内滑移所占变形的比例很小，位错密度几乎不增加，因此晶粒基本上不发生动态再结晶。

超塑性材料的塑性流动类似于黏性流动，几乎没有应变硬化效应，但对变形速度敏感，有所谓的"应变速率硬化效应"。因此，超塑性材料的变形抗力通常表达为

$$\sigma = K\dot{\varepsilon}^m \tag{1.27}$$

其中，K 和 m 都是材料参数，m 又称为应变速率敏感指数，是描述材料"黏性"的重要指标。

1.5.4 热变形材料的软化机制

材料的变形引起晶格点阵发生畸变，并形成大量结构缺陷（空位或位错），导致晶体内部能量升高。这部分能量称为储存能，包括残余弹性应变能和结构缺陷能。随着材料变形温度的升高，原子扩散能力增强，在储存能的驱动下，晶体将由不稳定的高能状态向稳定态转化，这种转化有两种主要机制：回复和再结晶。如果变形是在室温下进行的，变形后的材料在加热时所发生的软化称为静态回复和静态再结晶。如果材料是在高温下发生变形的，软化将与变形同时进行，称为动态回复和动态再结晶。回复是通过原子迁移使一些点缺陷得到修复，或运动受阻的一些位错重新开始滑移的过程，使材料的硬化程度得到一定的缓解。回复过程不改变组织形态，位错密度的变化也不大。再结晶是变形晶粒被新生的无畸变的等轴晶粒逐步取代的过程，新生的再结晶晶粒具有很低的位错密度，因此变形储存能可以得到彻底释放，材料的性能基本恢复到变形前的水平。在变形剧烈的区域，因滑移系方位不同或其他阻碍变形的原因，总会有某些区域的位错密度低于相邻区域的位错密度，当高位错密度区的储存能足够高时，便会发生以低

位错密度区晶格为基准的晶格重构,该过程就是再结晶,它是导致能量降低的自发过程。这些原本就存在的低位错密度区就是再结晶的晶核,新晶核与周边区域的位错密度差决定了晶核长大的驱动力。低位错密度的新晶粒通过"吃掉"高位错密度的旧晶粒而逐步长大,当新晶粒相遇后,相邻区域因位错密度差降低便停止长大。另外,当新晶粒因长大带来的晶界能增加超过因长大带来的储存能降低时,新晶粒也便停止长大。当无畸变的等轴新晶粒完全取代了变形晶粒后,再结晶随即完成。

可见导致再结晶的核心要素是温度与高位错密度差。通常把 1 h 内能够完成 95%再结晶的温度称为再结晶温度,一般来说,金属的再结晶温度为熔点(单位为 K)的 0.35~0.4 倍左右。在再结晶温度以上的变形通常称为热变形。

变形是产生高密度位错的主要原因,金属只有在发生一定的变形量后才会发生再结晶,导致再结晶发生的最小变形量称为临界变形量。由于晶界通常是大量位错汇集的地方,因此再结晶通常在晶界上形核。对于静态再结晶,原始晶粒越细小,阻碍变形的能力就越强,同时单位体积内晶界面积越大,当变形超过临界值时发生再结晶形核的概率就越大,因此再结晶晶粒也就越细小。动态再结晶从机理上与静态再结晶基本相同,但随着材料变形的增大,新形成的再结晶晶粒也会逐步累积位错密度,当位错密度再一次达到诱发再结晶的临界值时,又会发生新一轮的再结晶。因此,当应变量比较大时,动态再结晶的新晶粒与原始晶粒尺寸的关系不大,主要受变形速度和变形温度的影响。

回复和再结晶能够部分甚至全部消除因变形而产生的材料内部结构缺陷,因此能够提高材料的塑性变形能力。大量在常温下难以塑性加工的材料或者零件,可以在高温下成形。或者在阶段性冷成形后,经过加热和再结晶处理,使之恢复塑性变形能力,再进行下一阶段的冷成形。

冷变形时,一般用应变硬化模型描述变形抗力。热变形时,材料的变形抗力一般是温度、应变速度和应变量的函数,对于再结晶明显的材料,一般采用两阶段模型描述变形抗力,即动态回复阶段模型(以硬化为特征)和动态再结晶阶段模型(以软化或稳态值为特征)。变形抗力模型对于正确分析材料的变形至关重要。

思考与练习

1. 通过塑性变形制造零件毛坯,取决于哪些内在和外在的条件?
2. 塑性变形问题的控制方程都有哪些?边界条件一般有哪些?
3. 金属材料的塑性变形一般有哪些机制?

4. 一般情况下，金属材料的晶粒越小则强度越高，为什么？

5. 将 $x-y-z$ 坐标系下的张量 σ_{ij} 变换到 $x'-y'-z'$ 坐标系下得到 σ_{pq}，根据张量的转换规则，有

$$\sigma_{pq} = T_{pi}T_{qj}\sigma_{ij}$$

假设坐标系仅在 $x-y$ 内旋转 θ 角，z 与 z' 同轴，试根据上式写出用 θ 角表示的变换式，并与材料力学中学习过的应力转轴公式作比较。

6. 根据图 1.10 和滑移系分切应力表达式（1.23），讨论取向因子的取值范围。

第 2 章
大变形的几何学描述

人们在分析结构的弹性变形时，一般默认为小变形问题（见材料力学或弹性力学教材的基本假设），相关力学量和力学方程都建立在变形前的结构形状上，也不考虑变形对力学方程有多大的影响，应变被当成位移对坐标导数的线性函数，称为无限小应变。塑性加工（例如图 2.1 所示的坯料锻造成车轮）中，材料要承受很大的变形量，变形前后的材料形状显著不同，称为有限变形问题或大变形问题，其对应的应变不再是位移导数的线性函数，称为有限应变。此时，在变形前或变形后的结构形状上定义的力学量和力学方程会有显著差别，求解时必须考虑如何描述大变形及其相应的力学量。

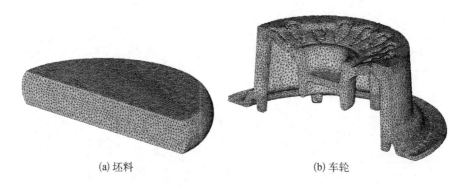

(a) 坯料   (b) 车轮

图 2.1 坯料锻造成车轮的形状变化

§2.1 Lagrange 变量与 Euler 变量

2.1.1 物质运动的两种描述方法

在直角坐标系中描述物质的运动时，通常是将物理量定义在"点"上，这个"点"既可以是空间上的点，也可以是物质点。"空间点"表示空间上的一个位置，这个位置在不同的时刻可以由不同的物质所占有，空间点的坐标又称为空间坐标。以描述空间点及空间点物理量为目的的坐标系称为空间坐标系，也称为欧拉（Euler）坐标系。"物质点"又称"质点"，是变形介质上的一个点，这个质点在不同的时刻可能占有不同的空间位置，描述一个物质点的坐标又称为物质坐标。以描述物质点及物质点物理量为目的的坐标系称为物质坐标系，也称为拉格朗日（Lagrange）坐标系。

在观察物体的运动和变形时，有两种方法。

一种描述方法是，"坐"在"物质点"上观察该物质点的运动或其他物理量，有如"坐在汽车上观察汽车的运动"。对于物质点 M，若用 t_0 时刻 M 的坐标 X_i 来识别 M，则描述该质点的物理量可表示为

$$A = f(X_i, \ t) \tag{2.1}$$

以这种方式描述的物理量称为 Lagrange 变量，根据这种描述，观察者可以知道物质点上的物理量在任意时刻的状态，如图 2.2 所示。

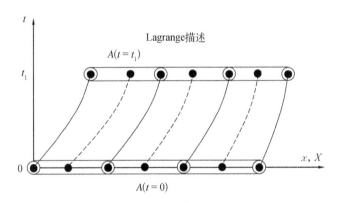

图 2.2　Lagrange 描述下的物理量

例如，物质点 M 的位置坐标函数：

$$x_i = f_i(X_j, \ t)$$

在这种描述中，固定 t 则得到 t 时刻各物质点的位置，固定 X_j 则得到 M 点的运动轨迹。上式的另外一层含义是，x_i 即为 X_i 在 t 时刻的映射点，因此该式建立了物体形状在 t_0 时刻和 t 时刻之间的一一对应的映射关系。

质点的位置对时间求导数，便得到质点的速度：

$$v_i = \frac{\partial x_i}{\partial t} = \frac{\partial f_i(X_j, \ t)}{\partial t} \tag{2.2}$$

另一种描述方法是，"站"在空间某固定点上研究物质上的物理量变化。这

样观察者可以知道空间上某固定点在任意时刻所对应的物理量，而不管这一时刻该空间点被哪个物质点占据，如图 2.3 所示。如"站在马路边上观察眼前的汽车"，以确定某位置交通堵塞的情况，又如"站在河岸上观察眼前的水流"，以确定水的流速大小。

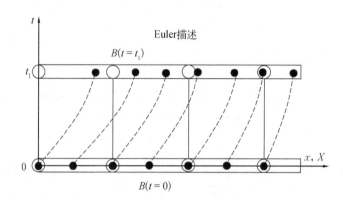

图 2.3　Euler 描述下的物理量

例如，对于空间一点 x_j，其对应的物理量为

$$B = B(x_j, t) \tag{2.3}$$

t 固定时，上式给出物理量 B 的空间分布；x_j 固定时，上式给出该空间点的物理量 B 变化情况。以这种方式描述的物理量称为 Euler 变量。

物体在运动和变形时，时时刻刻都占据着某一空间区域，具有一个确定的形状。物体的形状称为构形或者位形。对应于变形初始时刻 t_0 的构形称为初始构形，变形以后的构形或当前的构形称为现实构形。通常初始构形坐标用大写坐标（如 X_i）表示，而现实构形坐标用小写坐标（如 x_i）表示，如图 2.2 和图 2.3 所示。描述物体的运动和变形时，一般要以某一时刻的构形作为参考，该构形称为参考构形。一般地，采用 Lagrange 描述时，参考构形即初始构形，采用 Euler 描述时，参考构形即现实构形。

塑性加工中最常用的是 Lagrange 描述。但对于材料的稳态变形，例如稳态轧制和稳态挤压问题，变形区空间的任意点其力学量往往不随时间而发生变化，与哪个物质点占据这个空间点没有关系，此时用 Euler 描述就比较容易。

除此之外，还有其他的描述方法。对于大变形问题，通常将变形过程分成若干时间段，一种比较方便的求解方法是，以 t 时刻的构形作为参考构形，以此为基础求解 $t + \Delta t$ 时刻的物理量和形状，并以求得的解更新物体的形状和物理量，获得现实构形后，再依次求解下一时刻的构形。这种变形的描述方法称为逐次更新的拉格朗日描述（Updated Lagrange，U－L）描述，是求解金属塑性加工问题的主流描述方法。还有一种描述方法是，在整个求解过程中，参考构形可以是独立于变形体之外的某一形状，在变形求解过程中，通过建立并不断修正变形体形状与参考构形件的映射关系来逐步获得现实构形，从而避免了修正参考构形所带来的计算上的麻烦，这种对变形的描述方法称为任意的拉格朗日/欧拉（Arbitrary Lagrange Euler，ALE）描述。例如，在用有限元法模拟材料的大变形时，可以把物体边界上的节点固连在材料上，即采用 Lagrange 描述，以便清晰地描述物体形状的变化，而物体内部的节点固连在空间上，或者按瞬时形状在空间上配置节点，即采用 Euler 描述，以便在计算中保持网格不发生严重的畸变。这是 ALE 描述的典型应用。

2.1.2　Lagrange 变量和 Euler 变量的物质导数

物质导数是指物质点上的变量关于时间的变化率。如物理量 A 定义在物质点 X_i 上，$A = f(X_i, t)$，则

$$\dot{A} = \frac{\mathrm{D}A}{\mathrm{D}t} = \frac{\partial f(X_i, t)}{\partial t} \tag{2.4}$$

即为 X_i 点物理量的物质导数，又称为全导数。用 Lagrange 描述时，由于物质坐标 X_i 与时间 t 无关，因此计算物质导数时可以直接对时间求导。

若 $B = \varphi(x_i, t)$ 是在空间上观察的，则不仅 B 是时间 t 的函数，而且 B 所依存的物质点 M 的坐标 x_i 也是时间 t 的函数。在 $t + \Delta t$ 时刻，物质点 M 的空间坐标是 $x_i + \Delta x_i$，则物理量 B 的物质导数为

$$\dot{B} = \lim_{\Delta t \to 0} \frac{\varphi(x_i + \Delta x_i, t + \Delta t) - \varphi(x_i, t)}{\Delta t}$$

可以推导得到：

$$\dot{B} = \frac{\partial \varphi}{\partial x_i} v_i + \frac{\partial \varphi}{\partial t} \tag{2.5}$$

其中，

$$v_i = \frac{\partial x_i}{\partial t}$$

给出的是物质点 M 的空间位置对时间的变化率，因而 v_i 是速度。

式（2.5）等式右侧第一项表示因质点的空间位置发生变化引起的 φ 的时间导数，称为迁移导数项；第二项表示固定空间点上的 φ 的时间导数，称为局部导数项。因此，对于 Euler 描述的物理量，其物质导数是局部导数与迁移导数之和。

若记

$$\frac{\mathrm{D}}{\mathrm{D}t} = v_i \frac{\partial}{\partial x_i} + \frac{\partial}{\partial t}$$

则式（2.5）也可以记作

$$\dot{B} = \frac{\mathrm{D}\varphi}{\mathrm{D}t}$$

直接应用复合函数求导法则，也可以得到上述导数。

§2.2 变形梯度和变形张量

材料变形时的形状变化是通过物质点的位移梯度表现出来的。设变形体由初始构形 Ω_0 经变形成为现实构形 Ω，为考察初始构形上任意点 P 的变形程度，取微线段 PP'，并设该线段对应着现实构形上的微线段 QQ'，如图 2.4 所示，图中 X_i 和 x_i 分别表示初始构形和现实构形的坐标。

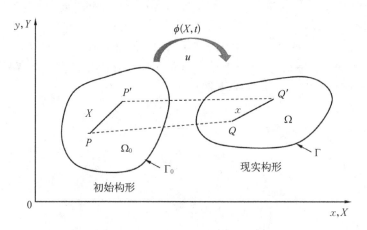

图 2.4 初始构形与现实构形的对应关系

首先观察变形前后坐标的映射关系。设初始态线段 PP' 与现实态线段 QQ' 的端点坐标如下。

初始态坐标：$P(X_1, X_2, X_3)$，$P'(X_1 + \mathrm{d}X_1, X_2 + \mathrm{d}X_2, X_3 + \mathrm{d}X_3)$；现实态坐标：$Q(x_1, x_2, x_3)$，$Q'(x_1 + \mathrm{d}x_1, x_2 + \mathrm{d}x_2, x_3 + \mathrm{d}x_3)$。变形前后的坐标存在着一一对应关系，即

$$x_i = x_i(X_j)$$

$$X_i = X_i(x_j) \tag{2.6}$$

若用 ds_0 和 ds 分别表示线段在变形前后的长度，则

$$\overline{PP'}^2 = (ds_0)^2 = dX_i dX_i$$

$$\overline{QQ'}^2 = (ds)^2 = dx_i dx_i$$

式中，$\overline{PP'}$ 和 $\overline{QQ'}$ 分别是线段 PP' 和 QQ' 的长度。由式（2.6）得到：

$$dx_i = \frac{\partial x_i}{\partial X_j} dX_j = F_{ij} dX_j \tag{2.7}$$

其中，定义

$$F_{ij} = \frac{\partial x_i}{\partial X_j} \tag{2.8}$$

显然，F_{ij} 是对变形程度的一种描述，称为变形梯度张量，是非对称张量。

$$(ds)^2 = dx_i dx_i = \frac{\partial x_i}{\partial X_m} dX_m \frac{\partial x_i}{\partial X_n} dX_n = \frac{\partial x_k}{\partial X_m} \frac{\partial x_k}{\partial X_n} dX_m dX_n$$

如定义

$$C_{mn} = \frac{\partial x_k}{\partial X_m} \frac{\partial x_k}{\partial X_n}$$

则 C_{mn} 代表了变形前线段与变形后线段长度之间的映射关系，显然也可以描述变形。C_{mn} 称为 Cauchy - Green 右变形张量，是对称正定张量。由定义可见：

$$C_{mn} = F_{km} F_{kn} \quad \text{或} \quad \boldsymbol{C} = \boldsymbol{F}^{\mathrm{T}} \boldsymbol{F}$$

另一方面，由式（2.6）的第二式得到：

$$dX_i = \frac{\partial X_i}{\partial x_j} dx_j$$

因为

$$\frac{\partial X_i}{\partial X_j} = \frac{\partial X_i}{\partial x_k} \frac{\partial x_k}{\partial X_j} = \delta_{ij}$$

根据变形梯度张量的定义，可见：

$$F_{ik}^{-1} = \frac{\partial X_i}{\partial x_k}$$

是变形梯度张量的逆。而

$$(\mathrm{d}s_0)^2 = \mathrm{d}X_i\mathrm{d}X_i = \frac{\partial X_i}{\partial x_m}\mathrm{d}x_m\frac{\partial X_i}{\partial x_n}\mathrm{d}x_n = \frac{\partial X_k}{\partial x_m}\frac{\partial X_k}{\partial x_n}\mathrm{d}x_m\mathrm{d}x_n$$

定义

$$B_{mn}^{-1} = \frac{\partial X_k}{\partial x_m}\frac{\partial X_k}{\partial x_n} \tag{2.9}$$

则 B_{mn}^{-1} 也能描述变形程度，且

$$\boldsymbol{B}^{-1} = (\boldsymbol{F}^{-1})^{\mathrm{T}}\boldsymbol{F}^{-1}$$

根据矩阵的运算规则，不难得到：

$$\boldsymbol{B} = \boldsymbol{F}\boldsymbol{F}^{\mathrm{T}} \quad \text{或} \quad B_{mn} = \frac{\partial x_m}{\partial X_k}\frac{\partial x_n}{\partial X_k}$$

显然，与 $\boldsymbol{C}$ 类似，$\boldsymbol{B}$ 也是描述变形的张量，称为 Cauchy-Green 左变形张量，也是对称正定张量。

§2.3   Green 应变张量与 Almansi 应变张量

应变是描述物体变形剧烈程度的物理量，代表了位移的变化梯度。大位移并不一定引起大应变，例如薄板的折弯过程，未弯曲部位有可能发生大的位移，却几乎没有应变。

在材料力学或弹性力学中讨论应变的表达式时，都假设材料发生小变形，因此应变被定义为位移的一次导数。但在金属成形等大变形过程中，如仍采用这种定义，则会带来应用中的诸多不便甚至矛盾，因此需要定义更为客观的应变表达式。

延续 2.2 节的讨论，在图 2.4 中，若用 $(\mathrm{d}s)^2 - (\mathrm{d}s_0)^2$ 来描述线段 PP' 的变形，则

$$(\mathrm{d}s)^2 - (\mathrm{d}s_0)^2 = (\delta_{ij} - B_{ij}^{-1})\mathrm{d}x_i\mathrm{d}x_j = (C_{ij} - \delta_{ij})\mathrm{d}X_i\mathrm{d}X_j$$

记 $(\mathrm{d}s)^2 - (\mathrm{d}s_0)^2 = 2\varepsilon_{ij}\mathrm{d}x_i\mathrm{d}x_j = 2E_{ij}\mathrm{d}X_i\mathrm{d}X_j$，由于 ε_{ij} 或 E_{ij} 的大小能够描述变形程度，于是将

$$E_{ij} = \frac{1}{2}(C_{ij} - \delta_{ij}) \tag{2.10}$$

称为 Green 应变，它是以现实坐标对初始坐标的导数来表示的，因此是定义在原始构形上的应变；同样，将

$$\varepsilon_{ij} = \frac{1}{2}(\delta_{ij} - B_{ij}^{-1}) \tag{2.11}$$

称为 Almansi 应变，它是以初始坐标对现实坐标的导数来表示的，因此是定义在现实构形上的应变。

应用中，用位移表示应变更为方便，设位移为 u_i，则

$$x_i = X_i + u_i \tag{2.12}$$

$$\frac{\partial x_k}{\partial X_i} = \delta_{ki} + \frac{\partial u_k}{\partial X_i} \quad \frac{\partial x_k}{\partial X_j} = \delta_{kj} + \frac{\partial u_k}{\partial X_j}$$

$$\frac{\partial X_k}{\partial x_i} = \delta_{ki} - \frac{\partial u_k}{\partial x_i} \quad \frac{\partial X_k}{\partial x_j} = \delta_{kj} - \frac{\partial u_k}{\partial x_j}$$

于是

$$E_{ij} = \frac{1}{2}\left[\left(\delta_{ki} + \frac{\partial u_k}{\partial X_i}\right)\left(\delta_{kj} + \frac{\partial u_k}{\partial X_j}\right) - \delta_{ij}\right] = \frac{1}{2}(u_{i,J} + u_{j,I} + u_{k,I}u_{k,J}) \tag{2.13}$$

同理，

$$\varepsilon_{ij} = \frac{1}{2}(u_{i,j} + u_{j,i} - u_{k,i}u_{k,j}) \tag{2.14}$$

其中，下脚标为大写时表示位移对初始构形坐标的导数，小写时表示位移对现实构形坐标的导数。根据式（2.13）和式（2.14）计算各应变分量后，即得到 Green 应变和 Almansi 应变张量：

$$\boldsymbol{E} = \begin{bmatrix} E_{xx} & E_{xy} & E_{xz} \\ E_{yx} & E_{yy} & E_{yz} \\ E_{zx} & E_{zy} & E_{zz} \end{bmatrix} \quad \boldsymbol{\varepsilon} = \begin{bmatrix} \varepsilon_{xx} & \varepsilon_{xy} & \varepsilon_{xz} \\ \varepsilon_{yx} & \varepsilon_{yy} & \varepsilon_{yz} \\ \varepsilon_{zx} & \varepsilon_{zy} & \varepsilon_{zz} \end{bmatrix}$$

很显然，$E_{ij} = E_{ji}$，$\varepsilon_{ij} = \varepsilon_{ji}$，因此这两个应变张量都是对称张量，各自有 6 个独立分量。且当下脚标 $i = j$ 时，习惯上只写 1 个下脚标，例如 $E_x = E_{xx}$。

由推导可见，在以上应变表达式中：① 应变与变形的关系包含一次导数的乘积项，因而是非线性关系，只有在变形较小时，该项才可以忽略不计；② 由于刚性转动不能改变微线段的长度，因而 E_{ij} 和 ε_{ij} 均与转动无关。另外，应变张量

的对角线元素描述了材料线元的伸长或缩短，称为线应变，而非对角线元素描述了相互垂直线元间的角度变化，称为角应变或剪应变。

例 1：考察图 2.5 所示的两个单一变形问题。① 原长为 l 的杆件轴向拉伸，伸长量为 Δu_1，计算杆件的轴向应变。② 矩形对边发生剪切错动，计算各应变分量。

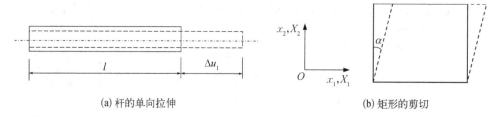

(a) 杆的单向拉伸 (b) 矩形的剪切

图 2.5 两个单一变形问题

先考察单向拉伸的杆件。设变形是均匀的，故横向位移与 x 坐标无关。用初始构形坐标表达杆件的轴向位移时，有

$$u_x = \frac{\Delta u_1}{l}X, \quad \frac{\partial u_x}{\partial X} = \frac{\Delta u_1}{l}$$

因此

$$E_{11} = \frac{1}{2}\left[\frac{\Delta u_1}{l} + \frac{\Delta u_1}{l} + \left(\frac{\Delta u_1}{l}\right)^2\right] = \frac{\Delta u_1}{l} + \frac{1}{2}\left(\frac{\Delta u_1}{l}\right)^2$$

而用现实构形坐标表示杆件轴向位移时，$u_x = \dfrac{\Delta u_1}{l + \Delta u_1}x$，$\dfrac{\partial u_x}{\partial x} = \dfrac{\Delta u_1}{l + \Delta u_1}$，有

$$\varepsilon_{11} = \frac{1}{2}\left[\frac{\Delta u_1}{l + \Delta u_1} + \frac{\Delta u_1}{l + \Delta u_1} - \left(\frac{\Delta u_1}{l + \Delta u_1}\right)^2\right] = \frac{\Delta u_1}{l + \Delta u_1} - \frac{1}{2}\left(\frac{\Delta u_1}{l + \Delta u_1}\right)^2$$

再考察矩形的剪切问题。设各纵向线都偏转一个相同的角度 α，则变形前后坐标映射关系为

$$x_1 = X_1 + X_2\tan\alpha, \quad x_2 = X_2, \quad x_3 = X_3$$

$$X_1 = x_1 - x_2\tan\alpha, \quad X_2 = x_2, \quad X_3 = x_3$$

依据公式（2.8）～公式（2.11），有

$$\boldsymbol{F} = \begin{bmatrix} 1 & \tan\alpha & 0 \\ 0 & 1 & 0 \\ 0 & 0 & 1 \end{bmatrix}, \quad \boldsymbol{C} = \boldsymbol{F}^{\mathrm{T}}\boldsymbol{F} = \begin{bmatrix} 1 & \tan\alpha & 0 \\ \tan\alpha & 1 + \tan^2\alpha & 0 \\ 0 & 0 & 1 \end{bmatrix}$$

$$F^{-1} = \begin{bmatrix} 1 & -\tan\alpha & 0 \\ 0 & 1 & 0 \\ 0 & 0 & 1 \end{bmatrix}, \quad B^{-1} = (F^{-1})^{\mathrm{T}} F^{-1} = \begin{bmatrix} 1 & -\tan\alpha & 0 \\ -\tan\alpha & 1+\tan^2\alpha & 0 \\ 0 & 0 & 1 \end{bmatrix}$$

于是，有

$$E = \frac{1}{2}(C - \delta) = \begin{bmatrix} 0 & 0.5\tan\alpha & 0 \\ 0.5\tan\alpha & 0.5\tan^2\alpha & 0 \\ 0 & 0 & 0 \end{bmatrix}$$

$$\varepsilon = \frac{1}{2}(\delta - B^{-1}) = \begin{bmatrix} 0 & 0.5\tan\alpha & 0 \\ 0.5\tan\alpha & -0.5\tan^2\alpha & 0 \\ 0 & 0 & 0 \end{bmatrix}$$

可见，无论是拉伸变形还是剪切变形，Green 应变和 Almansi 应变的分量都不再具有明确的物理意义，应变大小与参考构形相关。当变形趋于无限小时，应变值趋近于弹性力学中的定义。

§2.4　极分解定理与共旋应变

材料变形时，任意物质线元素都可能同时产生伸缩变形和旋转运动。如图 2.6 所示，可以设想有一个变形的中间构形，从变形前的构形到中间构形，材料只发生应变，从中间构形到变形后的构形，材料只发生旋转。或者是应变与旋转的顺序反过来。经过这样分解以后，可以得到纯粹的变形和纯粹的转动。

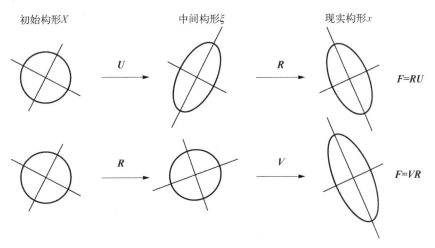

图 2.6　变形过程的分解

　　仍以（dX_1、dX_2、dX_3）代表变形前的线元，（dx_1、dx_2、dx_3）代表变形后的线元，（$d\xi_1$、$d\xi_2$、$d\xi_3$）代表中间构形上的线元。在先变形后旋转的分解中，仿照式（2.7），有

$$d\xi_i = U_{ij}dX_j \quad dx_i = R_{ij}d\xi_j = R_{ij}U_{jk}dX_k$$

其中，U_{ij} 和 R_{ij} 分别是只有伸缩应变和只有转动的变形梯度张量。由式（2.8）得到：

$$F_{ik} = R_{ij}U_{jk} \quad 或 \quad \pmb{F} = \pmb{RU} \tag{2.15}$$

　　同样，在先旋转后变形的分解中，有

$$d\xi_i = R_{ij}dX_j \quad dx_i = V_{ij}d\xi_j = V_{ij}R_{jk}dX_k$$

于是，有

$$F_{ik} = V_{ij}R_{jk} \quad 或 \quad \pmb{F} = \pmb{VR} \tag{2.16}$$

即变形梯度张量可以分解为转动张量与伸长张量的乘积形式。一般地，将 $\pmb{U}$ 和 $\pmb{V}$ 分别称为 Cauchy 右伸长张量和左伸长张量，两者都是对称张量。而 $\pmb{R}$ 是转动张量，其实质是坐标系转动时的坐标变换矩阵，符合式（1.7），$\pmb{R}^T\pmb{R} = \pmb{I}$。

　　根据变形张量的定义：

$$\pmb{C} = \pmb{F}^T\pmb{F} = (\pmb{RU})^T(\pmb{RU}) = \pmb{U}^T\pmb{R}^T\pmb{RU} = \pmb{U}^T\pmb{U} = \pmb{U}^2$$

$$\pmb{B} = \pmb{FF}^T = (\pmb{VR})(\pmb{VR})^T = \pmb{VRR}^T\pmb{V}^T = \pmb{VV}^T = \pmb{V}^2$$

可见，右伸长张量和左伸长张量分别是右变形张量和左变形张量的平方根张量，基于这个关系就可以计算伸长张量的数值。据此还可以定义两个新的应变如下。

$$Biot 应变：\pmb{E}_B = \pmb{U} - \pmb{I} \tag{2.17}$$

$$对数应变：\pmb{E}_N = \ln \pmb{U} = \frac{1}{2}\ln \pmb{C} \tag{2.18}$$

　　这两个应变都与转动无关，当线元转动时，可以认为是"坐"在转动的线元上观察到的应变，因此也称为共旋应变。该定义被广泛用于应变的数字图像相关方法（digital image correlation，DIC）测量中。图 2.7 是一个油底壳的冲压应变测量，事先在板料上用电化学方法蚀刻规则的圆形图案，成形后用高分辨率电荷耦合元件（charge coupled device，CCD）拍照获得变形后的图案，经过软件与变形前图案对比，即可快速得出冲压件上应变的分布。

　　为了深入理解 Biot 应变，现在观察一个简单的变形问题。设有边长分别为 a_0、b_0、c_0 的长方体，变形后仍为长方体，且相应边长变为 a、b、c，则变形梯度张量的分量：

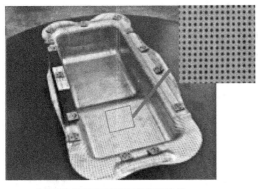
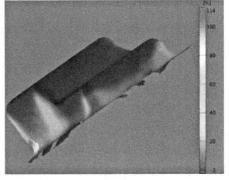

(a) 预先蚀刻的圆形图案变形结果　　　　　　　　　　　(b) 应变分布

图 2.7　油底壳冲压应变测量

$$F_{11} = \frac{a}{a_0}, \ F_{22} = \frac{b}{b_0}, \ F_{33} = \frac{c}{c_0}, \ F_{ij} = 0 (\text{当 } i \neq j \text{ 时})$$

根据定义，有

$$\boldsymbol{C} = \begin{bmatrix} (a/a_0)^2 & 0 & 0 \\ 0 & (b/b_0)^2 & 0 \\ 0 & 0 & (c/c_0)^2 \end{bmatrix}, \ \boldsymbol{U} = \begin{bmatrix} a/a_0 & 0 & 0 \\ 0 & b/b_0 & 0 \\ 0 & 0 & c/c_0 \end{bmatrix}$$

据此得到 Biot 应变和对数应变为

$$\boldsymbol{E}_B = \boldsymbol{U} - \boldsymbol{I} = \begin{bmatrix} \Delta a/a_0 & 0 & 0 \\ 0 & \Delta b/b_0 & 0 \\ 0 & 0 & \Delta c/c_0 \end{bmatrix},$$

$$\boldsymbol{E}_N = \ln(\boldsymbol{U}) = \begin{bmatrix} \ln(a/a_0) & 0 & 0 \\ 0 & \ln(b/b_0) & 0 \\ 0 & 0 & \ln(c/c_0) \end{bmatrix}$$

其中，$\Delta a = a - a_0$、$\Delta b = b - b_0$、$\Delta c = c - c_0$ 是相应边长的变化量。由此可见，Biot 应变即是材料力学中定义的相对伸长，而对数应变则是变形前后尺寸变化比的对数。注意，这两个应变都是剔除了转动的影响的。

§2.5　对数应变

现在再来深入讨论对数应变。材料成形等大变形问题通常采用增量求解方法，以追踪材料的变形历史，这样就涉及如何叠加应变增量的问题。基于固定构形定义的应变（如 Green 应变、Almansi 应变、相对伸长应变等），其增量的叠加会很不方便。例如，采用相对伸长应变 $\varepsilon = (l_1 - l_0)/l_0$ 描述一个简单的拉伸压缩变形，会产生以下问题。

（1）将杆件长度由 10 mm 拉伸到 11 mm，该过程得到的相对应变是 0.1，再由 11 mm 压缩到 10 mm，该过程得到的相对应变是 -0.090 9。在均匀变形条件下，经过以上拉伸和压缩后的杆件与最初形状完全相同，应该没有应变，但将上面两个应变值叠加，却"产生"了应变。

（2）将杆件由 10 mm 拉伸到 11 mm 后，再进一步拉伸到 12 mm，第二步得到的应变是 0.090 9，叠加两步的应变得到的应变和是 0.190 9。而如果直接用最终形状与初始形状去对比，得到的应变是 0.2，因此不同的算法得到的应变值不同。

（3）在材料不断裂的条件下，杆件的拉伸应变没有极限，但压缩应变有极限值 -1。显然，压缩应变的 -1 和拉伸应变的 +1 相比，前者的变形要剧烈得多。

为解决这些问题，考虑一种新的应变定义方法。将变形过程的构形逐次更新，在某一时刻，杆件长度是 l，随后的一个时间增量内产生伸长 $\mathrm{d}l$，在此过程中产生的应变增量定义为

$$\mathrm{d}\epsilon = \frac{\mathrm{d}l}{l}$$

对此过程进行积分，得到总的应变累积：

$$\epsilon = \int_{l_0}^{l_1} \mathrm{d}\epsilon = \ln\left(\frac{l_1}{l_0}\right) \tag{2.19}$$

该应变称为对数应变。

对数应变的定义解决了以上的矛盾。具体地说，对数应变具有如下特点。

（1）拉-压可比性：将 l_0 拉伸到 l_1 和将 l_1 压缩到 l_0 具有相同的应变数值，只是符号相反，反映了变形的真实状态。

（2）可加性：如试件长度的变化经过 $l_0 \rightarrow l_1 \rightarrow l_2$ 的过程，则 $\epsilon = \ln\left(\frac{l_2}{l_0}\right) = \ln\left(\frac{l_2}{l_1} \cdot \frac{l_1}{l_0}\right) = \epsilon_2 + \epsilon_1$，从而应变的叠加与计算步骤无关。其他应变表示方法均不具备这样的特点。这一特点对于金属压力加工问题的道次应变量分配很方便。

（3）无界限：如在压缩时，随着 $l \rightarrow 0$，ϵ 可达 $-\infty$。

对数应变的核心思想在于，应变的增量是定义在当前构形上的，总应变是逐次累加的。当变形采用逐次更新的 Lagrange（U-L）描述时，新的应变增量是以

当前变形后的构形为基准定义的，因此也就等价于对数应变。这个应变定义解决了大变形中应变增量的叠加问题，同时在每个增量步中，新产生的应变仅与本增量步的变形（或位移）有关，与既往变形历史无关，这个应变增量是客观的和真实的，因而对数应变也称为真应变或自然应变。对数应变在描述材料塑性变形的应力应变关系方面有广泛的应用。

对数应变与相对伸长的关系：

$$\epsilon = \ln(1 + \varepsilon) \qquad \varepsilon = e^{\epsilon} - 1 \tag{2.20}$$

以上给出了多个应变的定义，除了材料力学或弹性力学给出的以相对伸长或直角改变量定义的线性几何方程以外，其余的几种应变定义都是非线性几何方程。需要指出的是，对同一个变形，不同定义的应变给出的应变数值不同，但不代表哪一个定义更精确或者更正确，它们只是度量方法不同。下面以一个算例来回顾应变的各种不同表述方法。

设初始尺寸为 l_0、b_0、h_0 的长方体发生均匀变形，变形后的尺寸为 l、b、h，如图 2.8 所示，变形过程中体积不变，即 $l_0 b_0 h_0 = lbh$。现应用不同应变的表示方法来计算应变。

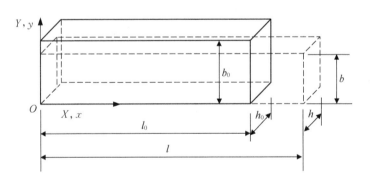

图 2.8 长方体的变形

现实构形与原始构形的坐标对应关系为

$$x = \frac{l}{l_0}X, \qquad y = \frac{b}{b_0}Y, \qquad z = \frac{h}{h_0}Z$$

各位移分量为

$$u = \left(\frac{l}{l_0} - 1\right)X \quad v = \left(\frac{b}{b_0} - 1\right)Y \quad w = \left(\frac{h}{h_0} - 1\right)Z$$

或用变形后的坐标表示为

$$u = \left(1 - \frac{l_0}{l}\right) x \quad v = \left(1 - \frac{b_0}{b}\right) y \quad w = \left(1 - \frac{h_0}{h}\right) z$$

若设初始尺寸 $l_0 = 10$，$b_0 = h_0 = 1$，变形后的长度 $l = 12$，则变形后 $b = h = 0.912\,9$。代入不同的应变计算公式。

（1）Green 应变：

$$E_x = \left(\frac{l}{l_0} - 1\right) + \frac{1}{2}\left(\frac{l}{l_0} - 1\right)^2 = 0.22$$

$$E_y = \left(\frac{b}{b_0} - 1\right) + \frac{1}{2}\left(\frac{b}{b_0} - 1\right)^2 = -0.083\,3$$

$$E_z = \left(\frac{h}{h_0} - 1\right) + \frac{1}{2}\left(\frac{h}{h_0} - 1\right)^2 = -0.083\,3$$

（2）Almansi 应变：

$$\varepsilon_x = \left(1 - \frac{l_0}{l}\right) - \frac{1}{2}\left(1 - \frac{l_0}{l}\right)^2 = 0.152\,8$$

$$\varepsilon_y = \left(1 - \frac{b_0}{b}\right) - \frac{1}{2}\left(1 - \frac{b_0}{b}\right)^2 = -0.1$$

$$\varepsilon_z = \left(1 - \frac{h_0}{h}\right) - \frac{1}{2}\left(1 - \frac{h_0}{h}\right)^2 = -0.1$$

（3）Biot 应变：

$$\varepsilon_x = \frac{l - l_0}{l_0} = 0.2$$

$$\varepsilon_y = \frac{b - b_0}{b_0} = -0.087\,1$$

$$\varepsilon_z = \frac{h - h_0}{h_0} = -0.087\,1$$

（4）对数应变：假设变形过程中的长方体的瞬时尺寸为 l_t、b_t、h_t，则

$$\mathrm{d}\epsilon_x = \frac{\mathrm{d}l}{l_t} \quad \epsilon_x = \int_{l_0}^{l} \frac{\mathrm{d}l}{l_t} = \ln\left(\frac{l}{l_0}\right) = 0.182\,3$$

$$\mathrm{d}\epsilon_y = \frac{\mathrm{d}b}{b_t} \quad \epsilon_y = \int_{b_0}^{b} \frac{\mathrm{d}b}{b_t} = \ln\left(\frac{b}{b_0}\right) = -0.091\,12$$

$$\mathrm{d}\epsilon_z = \frac{\mathrm{d}h}{h_t} \quad \epsilon_z = \int_{h_0}^{h} \frac{\mathrm{d}h}{h_t} = \ln\left(\frac{h}{h_0}\right) = -0.091\,12$$

由此可见，对这样一个简单的拉伸问题，采用不同的应变定义会得到不同的应变值，因此在描述大变形问题时，要特别关注应变的定义方法。

§2.6 应变率与变形率张量

在变形过程中，物质点在单位时间内的应变增量值称为应变率，定义为

$$\dot{\varepsilon} = \frac{\mathrm{D}\varepsilon}{\mathrm{D}t} \tag{2.21}$$

以 Green 应变为例。设 t 时刻，u_i、X_J 对应着 E_{ij}；$t + \Delta t$ 时刻，$u_i + \Delta u_i$ 对应着 $E_{ij} + \Delta E_{ij}$、$\Delta u_i = \dot{u}_i \Delta t$。则

$$E_{ij} + \Delta E_{ij} = \frac{1}{2}\big[(u_i + \dot{u}_i \Delta t)_{,J} + (u_j + \dot{u}_j \Delta t)_{,I} + (u_k + \dot{u}_k \Delta t)_{,I}(u_k + \dot{u}_k \Delta t)_{,J} \big]$$

$$\Delta E_{ij} = \frac{1}{2}\big[(\dot{u}_i \Delta t)_{,J} + (\dot{u}_j \Delta t)_{,I} + u_{k,I}(\dot{u}_k \Delta t)_{,J} + (\dot{u}_k \Delta t)_{,I}$$

$$u_{k,J} + (\dot{u}_k \Delta t)_{,I}(\dot{u}_k \Delta t)_{,J} \big]$$

$$\dot{E}_{ij} = \lim_{\Delta t \to 0} \frac{\Delta E_{ij}}{\Delta t} = \frac{1}{2}(\dot{u}_{i,J} + \dot{u}_{j,I} + u_{k,I}\dot{u}_{k,J} + \dot{u}_{k,I}u_{k,J})$$

定义变形率张量为

$$D_{ij} = \frac{1}{2}(\dot{u}_{i,J} + \dot{u}_{j,I})$$

因为 u_i 是 t 时刻之前累积的位移，若采用逐次更新的 Lagrange 描述，相对于 t 时刻的构形，$u_i = 0$，可见 D_{ij} 才真正描述了 Δt 时间段内真实发生的应变速率，在后续建立率形式的本构方程时，都是针对变形率建立的。为了应用方便，也把采用逐次更新的 Lagrange 描述时的变形率称为应变速率。若不区分变形前后的坐标记法，则 Green 应变、Almansi 应变以及无限小应变的应变率方程可统一写为

$$\dot{\varepsilon}_{ij} = \frac{1}{2}(\dot{u}_{i,j} + \dot{u}_{j,i}) \tag{2.22}$$

可见，应变率形式的几何方程是线性微分方程，因而有效地绕过了几何非线性问题，使问题的求解变得简单化。在 $\mathrm{d}t$ 时间内，应变的改变量称为应变增量。

在非比例加载的塑性变形力学中，材料的变形不仅和最终载荷状态有关，还与变形历史有关，因此描述塑性变形时用应变增量或应变速率是比较方便的。

§2.7　无限小应变及其物理意义

在变形非常小时，$\partial u_i / \partial X_j$ 或 $\partial u_i / \partial x_j$ 都是一阶小量，因此其平方项或乘积项为二次小量，可以忽略。且变形前后的构形基本不变，没有必要区分初始构形坐标和现实构形坐标，此时 Green 应变和 Almansi 应变都可简化为

$$\varepsilon_{ij} = \frac{1}{2}(u_{i,\,j} + u_{j,\,i}) \tag{2.23}$$

其中，当 i、j 不同时对应的应变 ε_{ij} 称为数学剪应变，而在工程上，一般用 $\gamma_{ij} = 2\varepsilon_{ij}$ 表示直角的改变量，称为工程剪应变。

由于该简化忽略了位移对坐标微分的非线性项，当位移包含转动时，转动位移对坐标的一阶导数并不等于零，因此将产生"寄生"的虚假应变。例如，如果应用式（2.23）计算绕固定点旋转的刚性圆盘的应变，得到的应变并不是零，尽管这个圆盘实际上不会发生任何变形。这说明，无限小应变表达式不适用于大位移的情况，但如采用 Green 应变或 Almansi 应变表达式就不会出现这样的问题。

2.7.1　无限小应变的物理意义

无限小应变具有比较明确的物理意义。图 2.9 在平面坐标系内给出了两相互垂直的线元 $L_0 N_0$ 和 $L_0 M_0$ 变形前后位置的示意图，其中 LN 和 LM 是按照 L_0 点的位移 u 和 v 平行移动得到的参考位置，LN' 和 LM' 是变形后的线元，可见，线应变是

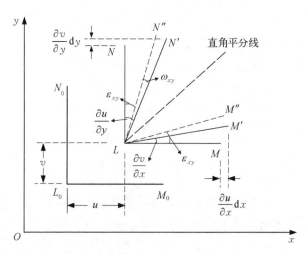

图 2.9　应变的物理意义与刚性转动

相对伸长量，例如 $\varepsilon_{xx} = \partial u/\partial x$ 即表示该点的线元 LM 沿 x 方向的相对伸长。而剪应变 $\varepsilon_{xy} = (\partial u/\partial y + \partial v/\partial x)/2$ 的物理意义可通过观察转角看出来，此处 $\angle MLM' = \partial v/\partial x$，$\angle NLN' = \partial u/\partial y$，可见，$\varepsilon_{xy}$ 是该点沿 x 轴和 y 轴方向两个线元的夹角改变量的一半。

由图 2.9 还可得到另一个概念。作 $\angle NLN'' = \angle MLM'' = \varepsilon_{xy}$，不难看出，$\angle N''LM'' = \angle N'LM'$，即 $N''LM''$ 与 $N'LM'$ 形状完全相同。因此，可把由 NLM 到 $N'LM'$ 的变形过程看成两步：第一步由 NLM 到 $N''LM''$，该步产生剪应变 ε_{xy}；第二步由 $N''LM''$ 到 $N'LM'$，该步没有产生剪应变，只有刚体转动，转角为

$$\omega_{xy} = \angle N''LN' = \frac{1}{2}\left(\frac{\partial u}{\partial y} + \frac{\partial v}{\partial x}\right) - \frac{\partial u}{\partial y} = \frac{1}{2}\left(\frac{\partial v}{\partial x} - \frac{\partial u}{\partial y}\right)$$

实际上，对于任意的位移 u_i，总有

$$u_{i,j} = \frac{1}{2}(u_{i,j} + u_{j,i}) + \frac{1}{2}(u_{i,j} - u_{j,i}) = \varepsilon_{ij} - \omega_{ij}$$

其中，$\varepsilon_{ij} = (u_{i,j} + u_{j,i})/2$ 是应变张量，而 $\omega_{ij} = (u_{j,i} - u_{i,j})/2$ 是转角张量，是反对称的。

2.7.2　应变的协调性

作为连续介质的材料在变形过程后仍为连续介质，材料既不能因变形产生裂隙，也不能产生相互侵入。因此变形过程中物质点的运动要有相互协调性，反映在应变上，即应变协调方程。

在小变形时讨论应变协调，可得到：

$$\frac{\partial^2 \varepsilon_x}{\partial y^2} + \frac{\partial^2 \varepsilon_y}{\partial x^2} = 2\frac{\partial^2 \varepsilon_{xy}}{\partial x \partial y}$$

$$\left[验证：\frac{\partial^2}{\partial y^2}\left(\frac{\partial u}{\partial x}\right) + \frac{\partial^2}{\partial x^2}\left(\frac{\partial v}{\partial y}\right) = \frac{\partial^2}{\partial x \partial y}\left(\frac{\partial u}{\partial y} + \frac{\partial v}{\partial x}\right)，以下类同\right]$$

$$\frac{\partial^2 \varepsilon_y}{\partial z^2} + \frac{\partial^2 \varepsilon_z}{\partial y^2} = 2\frac{\partial^2 \varepsilon_{yz}}{\partial y \partial z}$$

$$\frac{\partial^2 \varepsilon_z}{\partial x^2} + \frac{\partial^2 \varepsilon_x}{\partial z^2} = 2\frac{\partial^2 \varepsilon_{zx}}{\partial z \partial x}$$

$$\frac{\partial}{\partial x}\left(\frac{\partial \varepsilon_{xy}}{\partial z} + \frac{\partial \varepsilon_{xz}}{\partial y} - \frac{\partial \varepsilon_{yz}}{\partial x}\right) = \frac{\partial^2 \varepsilon_x}{\partial y \partial z}$$

$$\frac{\partial}{\partial y}\left(\frac{\partial \varepsilon_{xy}}{\partial z} + \frac{\partial \varepsilon_{yz}}{\partial x} - \frac{\partial \varepsilon_{xz}}{\partial y}\right) = \frac{\partial^2 \varepsilon_y}{\partial x \partial z}$$

$$\frac{\partial}{\partial z}\left(\frac{\partial \varepsilon_{xz}}{\partial y} + \frac{\partial \varepsilon_{yz}}{\partial x} - \frac{\partial \varepsilon_{xy}}{\partial z}\right) = \frac{\partial^2 \varepsilon_z}{\partial x \partial y}$$

这一组方程是由 St. Venant 提出的，它由 81 个方程组成，但只有上面这 6 个方程是独立的。

力学问题一般有包含应力、应变和位移（或速度）三种变量的多个定解方程，这三类变量相互联系，求解时往往以一组变量为基本变量，并通过另外变量与基本变量的关系表达相应的定解方程。这样就产生两种求解思路，即位移解法和应力解法。位移解法是首先构造位移场试函数，继而把应变场和应力场表达为位移场的函数，如果能够使得相应的应力场满足定解方程，则得到问题的解答。构造位移场试函数时一般已经考虑了变形介质的连续性，故应变协调方程能够自动满足。应力解法则是首先构造应力场试函数，继而获得应变场和位移场函数。因只有连续的位移场才有可能是问题的解答，因此，在构造应力场试函数时，必须通过应力应变关系检验相应应变场函数的协调性，只有满足应变协调性的应力场函数才能被确定为解答的试函数。因此，应变协调方程一般用于应力解法。

在平面应变和平面应力问题中，仅有一组方程需要考虑，即

$$\frac{\partial^2 \varepsilon_x}{\partial y^2} + \frac{\partial^2 \varepsilon_y}{\partial x^2} = 2\frac{\partial^2 \varepsilon_{xy}}{\partial x \partial y}$$

而其他协调方程自然满足。

§2.8 无限小应变的主应变与应变张量的分解

在描述材料的变形状态时，主应变是一个重要的概念。当采用 Green 应变或 Almansi 应变等定义时，主应变的表达式很复杂，但对于大变形问题的求解，通常采用"率"形式或基于逐次更新 Lagrange 描述的应变增量形式，在这种情况下可以"绕开"几何非线性，其应变率或应变增量张量的主量与无限小应变的主量表达方式类似。因此以下讨论主应变和应变张量的分解时，均以无限小应变为例。

2.8.1 主应变

如果单元体沿某方向的矢径在变形时仅有伸长或缩短，而没有方向的变化，则称该矢径方向为主方向，该方向的线应变为主应变。以主方向为法线的斜截面在变形时不会倾斜于主方向，因此与主方向相关的剪应变为零。

以下推导主方向上的应变与位移的关系。

在图 2.10 中，设 n 为主方向，$O(x,$ $y, z)$ 和 $A(x+\mathrm{d}x, y+\mathrm{d}y, z+\mathrm{d}z)$ 在主方向上，O 位移为 $u = u(x, y, z)$，则 A 点位移为

$$u + \mathrm{d}u = u(x, y, z) + \frac{\partial u}{\partial x}\mathrm{d}x + \frac{\partial u}{\partial y}\mathrm{d}y$$
$$+ \frac{\partial u}{\partial z}\mathrm{d}z + o^2(\mathrm{d}x, \mathrm{d}y, \mathrm{d}z)$$

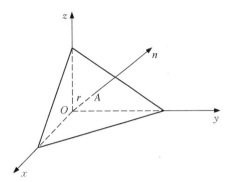

图 2.10　主应变

忽略高阶项后，得到：

$$\mathrm{d}u = \frac{\partial u}{\partial x}\mathrm{d}x + \frac{\partial u}{\partial y}\mathrm{d}y + \frac{\partial u}{\partial z}\mathrm{d}z$$
$$= \frac{\partial u}{\partial x}\mathrm{d}x + \frac{1}{2}\left(\frac{\partial u}{\partial y} + \frac{\partial v}{\partial x}\right)\mathrm{d}y + \frac{1}{2}\left(\frac{\partial u}{\partial z} + \frac{\partial w}{\partial x}\right)\mathrm{d}z + \frac{1}{2}\left(\frac{\partial u}{\partial y} - \frac{\partial v}{\partial x}\right)\mathrm{d}y + \frac{1}{2}\left(\frac{\partial u}{\partial z} - \frac{\partial w}{\partial x}\right)\mathrm{d}z$$

上式实际上给出了位移增量与应变和转动的一般性关系式，即 $\mathrm{d}u_i = (\varepsilon_{ij} - \omega_{ji})\mathrm{d}x_j$。上式后两项为一般矢径的刚体转动。但由于主方向没有转动，因此这两项为零，即

$$\mathrm{d}u = \varepsilon_x\mathrm{d}x + \varepsilon_{xy}\mathrm{d}y + \varepsilon_{xz}\mathrm{d}z \tag{2.24a}$$

同理，有

$$\mathrm{d}v = \varepsilon_{xy}\mathrm{d}x + \varepsilon_y\mathrm{d}y + \varepsilon_{yz}\mathrm{d}z \tag{2.24b}$$
$$\mathrm{d}w = \varepsilon_{xz}\mathrm{d}x + \varepsilon_{yz}\mathrm{d}y + \varepsilon_z\mathrm{d}z \tag{2.24c}$$

若主方向上 OA 的长度为 r，变形时，r 增量为 $\mathrm{d}r$，主应变为 ε，则

$$\varepsilon = \frac{\mathrm{d}r}{r} = \frac{\mathrm{d}u}{\mathrm{d}x} = \frac{\mathrm{d}v}{\mathrm{d}y} = \frac{\mathrm{d}w}{\mathrm{d}z}$$

与式（2.24）联合起来，就有

$$\mathrm{d}u = \varepsilon_x\mathrm{d}x + \varepsilon_{xy}\mathrm{d}y + \varepsilon_{xz}\mathrm{d}z = \varepsilon\mathrm{d}x$$
$$\mathrm{d}v = \varepsilon_{xy}\mathrm{d}x + \varepsilon_y\mathrm{d}y + \varepsilon_{yz}\mathrm{d}z = \varepsilon\mathrm{d}y$$
$$\mathrm{d}w = \varepsilon_{xz}\mathrm{d}x + \varepsilon_{yz}\mathrm{d}y + \varepsilon_z\mathrm{d}z = \varepsilon\mathrm{d}z$$

因此有

$$(\varepsilon_x - \varepsilon)\mathrm{d}x + \varepsilon_{xy}\mathrm{d}y + \varepsilon_{xz}\mathrm{d}z = 0$$
$$\varepsilon_{yx}\mathrm{d}x + (\varepsilon_y - \varepsilon)\mathrm{d}y + \varepsilon_{yz}\mathrm{d}z = 0$$
$$\varepsilon_{zx}\mathrm{d}x + \varepsilon_{zy}\mathrm{d}y + (\varepsilon_z - \varepsilon)\mathrm{d}z = 0$$

由于主方向必存在，因此以 $\mathrm{d}x$、$\mathrm{d}y$、$\mathrm{d}z$ 为未知数的方程必有解。故

$$\begin{vmatrix} \varepsilon_x - \varepsilon & \varepsilon_{xy} & \varepsilon_{xz} \\ \varepsilon_{yx} & \varepsilon_y - \varepsilon & \varepsilon_{yz} \\ \varepsilon_{zx} & \varepsilon_{zy} & \varepsilon_z - \varepsilon \end{vmatrix} = 0$$

展开上式，得到以 ε 为未知数的方程组：

$$\varepsilon^3 - I_1'\varepsilon^2 - I_2'\varepsilon - I_3' = 0 \tag{2.25}$$

其中，

$$\begin{aligned} I_1' &= \varepsilon_x + \varepsilon_y + \varepsilon_z \\ I_2' &= -\varepsilon_y\varepsilon_z - \varepsilon_x\varepsilon_y - \varepsilon_x\varepsilon_z + \varepsilon_{xy}^2 + \varepsilon_{yz}^2 + \varepsilon_{zx}^2 \\ I_3' &= \varepsilon_x\varepsilon_y\varepsilon_z + 2\varepsilon_{xy}\varepsilon_{yz}\varepsilon_{zx} - \varepsilon_{xy}^2\varepsilon_z - \varepsilon_{yz}^2\varepsilon_x - \varepsilon_{zx}^2\varepsilon_y \end{aligned} \tag{2.26}$$

主应变是变形体上客观存在的，其大小应该与坐标系的方位无关，但应变张量的分量却与坐标系方位有关。对于变形体上的一个点，无论坐标系如何选取，方程（2.25）都应给出唯一的一组解，因此，方程中的系数 I_1'、I_2'、I_3' 应与坐标系的变换无关，称为应变张量的三个不变量。以上方程共有三个根，因此一个点有三个主应变，按照代数值大小，分别记作 ε_1、ε_2、ε_3。

主应变所在方向可以根据以上定解方程求出。设主应变 ε_i 对应的方向余弦为 l、m、n，则 $l = \dfrac{\mathrm{d}x}{r}$、$m = \dfrac{\mathrm{d}y}{r}$、$l = \dfrac{\mathrm{d}z}{r}$，主方向的定解方程成为

$$\begin{aligned} (\varepsilon_x - \varepsilon)l + \varepsilon_{xy}m + \varepsilon_{xz}n &= 0 \\ \varepsilon_{yx}l + (\varepsilon_y - \varepsilon)m + \varepsilon_{yz}n &= 0 \\ \varepsilon_{zx}l + \varepsilon_{zy}m + (\varepsilon_z - \varepsilon)n &= 0 \end{aligned}$$

且方向余弦恒满足

$$l^2 + m^2 + n^2 = 1$$

联立求解就可得到 ε_i 对应的主方向，它有两组解，代表两个相反的主方向。

2.8.2 平均应变与应变偏张量

将应变张量分解为

$$\varepsilon = \begin{bmatrix} \varepsilon_x & \varepsilon_{xy} & \varepsilon_{xz} \\ \varepsilon_{yx} & \varepsilon_y & \varepsilon_{yz} \\ \varepsilon_{zx} & \varepsilon_{zy} & \varepsilon_z \end{bmatrix} = \begin{bmatrix} \varepsilon_m & 0 & 0 \\ 0 & \varepsilon_m & 0 \\ 0 & 0 & \varepsilon_m \end{bmatrix} + \begin{bmatrix} \varepsilon_x' & \varepsilon_{xy}' & \varepsilon_{xz}' \\ \varepsilon_{yx}' & \varepsilon_y' & \varepsilon_{yz}' \\ \varepsilon_{zx}' & \varepsilon_{zy}' & \varepsilon_z' \end{bmatrix}$$

即

$$\varepsilon_{ij} = \delta_{ij}\varepsilon_m + \varepsilon'_{ij} \tag{2.27}$$

其中,

$$\varepsilon_m = \frac{1}{3}(\varepsilon_x + \varepsilon_y + \varepsilon_z) = \frac{1}{3}\varepsilon_{ii} \tag{2.28}$$

$$\varepsilon'_{ij} = \varepsilon_{ij} - \delta_{ij}\varepsilon_m \tag{2.29}$$

称 $\delta_{ij}\varepsilon_m$ 为应变球张量，δ_{ij} 是 Kronecker 符号，ε_m 为平均线应变，ε'_{ij} 为应变偏张量。应变球张量和偏张量仍是对称张量。

考察应变球张量和偏张量的性质。当尺寸为 l、b、h 的长方体仅发生相对伸长应变 ε_x、ε_y、ε_z 时，以无限小应变的定义，其变形后的体积为

$$V = (1 + \varepsilon_x)l \cdot (1 + \varepsilon_y)b \cdot (1 + \varepsilon_z)h$$

记体积变化率（体积应变）为 ε_V，则

$$\varepsilon_V = \frac{V - V_0}{V_0} = (1 + \varepsilon_x)(1 + \varepsilon_y)(1 + \varepsilon_z) - 1$$

当应变数值很小时，忽略高阶微量后，得到体积应变为

$$\varepsilon_V = \varepsilon_x + \varepsilon_y + \varepsilon_z = \varepsilon_{ii} = 3\varepsilon_m$$

由此可见，应变球张量对应单元体体积变化，而应变偏张量对应单元体形状变化。对于塑性变形，经常采用体积不变假设，故平均应变为零，塑性变形的应变张量与偏张量相同。

现在回顾 2.5 节的例题，观察不同的应变定义是否都能在体积不变的情况下满足线应变之和等于零的要求。由该例题的数值可见，Green 应变、Almansi 应变和相对伸长应变给出的线应变之和都不等于零，只有对数应变能够满足这一要求。如前所述，采用逐次更新的 Lagrange 描述时，当步长较小时，其应变增量相当于对数应变增量，因此也能近似满足体积不变条件，从而适用于分析塑性大变形问题。

思考与练习

1. 描述物质的运动时，Lagrange 描述和 Euler 描述各有哪些优点？

2. 什么是全 Lagrange 描述？什么是逐次更新的 Lagrange 描述？

3. Green 应变和 Almansi 应变分别是针对什么构形定义的？试用位移和坐标写出相应的表达式。

4. 在塑性成形大变形力学中，采用对数应变度量变形有什么好处？为什么说采用逐次更新的 Lagrange 描述时获得的应变等价于对数应变？

5. 在拉伸实验中，某试件的标距长度由 100 mm 变形到 120 mm，试计算该试件的相对伸长（Biot 应变）、Green 应变、Almansi 应变和对数应变。

6. 稳定轧制过程中，速度场在轧制变形区空间的分布函数如下：

$$v_x = v_x(x, y), \quad v_y = v_y(x, y), \quad v_z = 0$$

（1）试计算空间点 (x, y) 处的物质点加速度；

（2）设某物质点在 $t = t_0$ 时刻位于 (x_0, y_0)，试写出 $t = t_1$ 时刻该物质点的空间位置计算方法（可以是近似方法）。

7. 为什么说变形率张量反映了真实的变形速度，即真实的应变速率？

8. 根据第 6 题的轧制速度场：

（1）试写出变形空间的应变速率表达式；

（2）试写出变形空间的应变与应变速率之间的关系。

9. 假设有一个在 $x - y$ 坐标平面内绕 z 轴旋转的圆盘，物体不受力，旋转角速度是 ω。初始坐标为 (X, Y) 的点，经过 Δt 时间后到达的坐标位置是

$$x = X\cos(\omega\Delta t) - Y\sin(\omega\Delta t),$$
$$y = X\sin(\omega\Delta t) + Y\cos(\omega\Delta t)$$

（1）分别用无限小应变、Green 应变和 Almansi 应变表达式计算相应的应变；

（2）根据该圆盘是刚性转动的特点，判断以上三个应变表达式是不是都适用，为什么？

（3）计算应变速率分量（或变形率分量）。

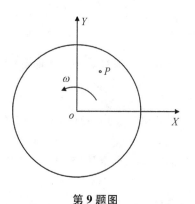

第 9 题图

10. 在小变形条件下，有一个位移场：

$$u_1 = \alpha_{11}x_1 + \alpha_{12}x_2 + \alpha_{13}x_3$$
$$u_2 = \alpha_{21}x_1 + \alpha_{22}x_2 + \alpha_{23}x_3$$
$$u_3 = \alpha_{31}x_1 + \alpha_{32}x_2 + \alpha_{33}x_3$$

试给出该点应变与转角张量的表达式。

第 3 章
应力描述

做材料的力学性能实验时，通常将试样拉断前的最大载荷除以试样的原始横截面积所得到的名义应力称为强度极限，显然强度极限并不代表材料所能承受的最大应力，这是因为应力被定义在了变形前的构形上。材料大变形时，将应力定义在变形前还是变形后的构形上所获得的结果是不一样的，因此在给出力学方程时必须申明应力与构形的关系。另外，应力作为张量，其综合作用效果宜用张量的主值或不变量来表达，而不是用其分量表达。

§3.1 Cauchy 应力张量及其平衡微分方程

当物体受到外力作用时，组成物体的物质之间便产生内力（实际上是附加内力，因为即使没有外力作用，物质之间也有内力相互作用）。如图 3.1（a）所示，在物体上任意取一截面，内力在截面上的分布密度即称为应力。假设在微面积 $\mathrm{d}A$ 上作用的内力合力为 $\mathrm{d}P$，其分布密度为

$$p = \frac{\mathrm{d}P}{\mathrm{d}A}$$

将 p 向截面的法向和切向分解，则法向分量 σ 称为正应力，切向分量 τ 称为剪应力。实际上，当截面的法线与某一坐标轴平行时，截面上一点的应力一般分解为沿法线方向的正应力和平行于另外两条坐标轴的剪应力，因此，若用坐标平面截取一个无限小单元体，则在单元体的各个面上，应力分布如图 3.1（b）所示。

为确定应力的正负号，规定在单元体上，以坐标轴正向为外法线的平面为"正"面，以坐标轴负向为外法线的平面为"负"面。在此基础上，应力的正负号规定如下：在"正"面上平行于坐标轴正向的应力为正，在"负"面平行于坐标轴负向的应力为正，反之为负。因此，图 3.1（b）所表示的应力均为正值。

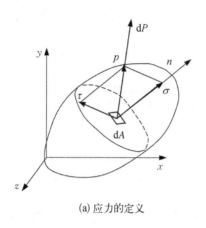

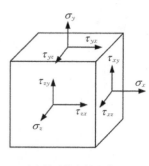

(a) 应力的定义　　　　　　　(b) 单元体上的应力

图 3.1　应力的定义与单元体上的应力表示方法

由此可见，在空间坐标系下，一点的应力状态有 9 个应力分量，这 9 个分量构成应力张量，记作

$$\boldsymbol{\sigma} = \begin{bmatrix} \sigma_{xx} & \tau_{xy} & \tau_{xz} \\ \tau_{yx} & \sigma_{yy} & \tau_{yz} \\ \tau_{zx} & \tau_{zy} & \sigma_{zz} \end{bmatrix}$$

其中，分量 σ_{ij} 的第一个脚标 i 代表该分量作用的平面，第二个脚标 j 代表该分量所平行的坐标轴。当 $i=j$ 时，习惯于只写一个脚标。

3.1.1　Cauchy 应力定义

应力是定义在物体的构形上的。当物体的构形取为现实构形时，所定义的应

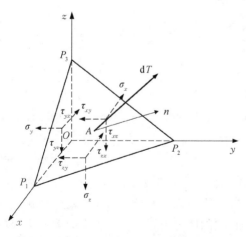

力称为 Cauchy 应力。在现实构形的单元体上，取一斜截面 $P_1P_2P_3$，则在该斜截面上暴露出内力 dT，如图 3.2 所示。设斜截面外法线 $\boldsymbol{n}$ 方向与三个坐标轴的方向余弦为 n_i，斜截面的面积为 dS，则由平衡条件得到：

$$\sigma_x \mathrm{d}Sn_x + \tau_{yx}\mathrm{d}Sn_y + \tau_{zx}\mathrm{d}Sn_z = \mathrm{d}T_x$$
$$\tau_{xy}\mathrm{d}Sn_x + \sigma_y\mathrm{d}Sn_y + \tau_{zy}\mathrm{d}Sn_z = \mathrm{d}T_y$$
$$\tau_{xz}\mathrm{d}Sn_x + \tau_{yz}\mathrm{d}Sn_y + \sigma_z\mathrm{d}Sn_z = \mathrm{d}T_z$$

简记作

图 3.2　单元体上的应力与内力的平衡关系

$$\sigma_{ji}n_j\mathrm{d}S = \mathrm{d}T_i \qquad (3.1)$$

上式给出了一点处的应力分量与任意斜截面内力之间的关系。特别是，当截面为坐标面时，例如为 x 面时，有 $n_x = 1$，$n_y = n_z = 0$，由式（3.1）得到：

$$\sigma_{xx}\mathrm{d}S = \mathrm{d}T_x, \qquad \tau_{xy}\mathrm{d}S = \mathrm{d}T_y, \qquad \tau_{xz}\mathrm{d}S = \mathrm{d}T_z$$

即

$$\sigma_{xx} = \frac{\mathrm{d}T_x}{\mathrm{d}S}, \qquad \tau_{xy} = \frac{\mathrm{d}T_y}{\mathrm{d}S}, \qquad \tau_{xz} = \frac{\mathrm{d}T_z}{\mathrm{d}S}$$

可见，这就是应力的定义表达式，因此称式（3.1）为 Cauchy 应力原理，其定义规则称为 Cauchy 定义规则。σ_{ij} 是定义在现实构形上的，其中变形体形状与力 $\mathrm{d}T$ 都是现实的，因此 Cauchy 应力是客观的和真实的，称为真应力。

特别是当斜截面是物体的表面而 $\mathrm{d}T$ 是表面的外力时，式（3.1）也成立，但表示的是应力与外力的平衡关系，称为力边界条件。当表面力用分布密度 p_i 表示时，力边界条件表示为

$$\sigma_{ji}n_j = p_i \tag{3.2}$$

3.1.2　Cauchy 应力的平衡微分方程

在变形体内，应力是物质点位置的函数。从变形体上取出一个微小长方单元体，其侧面分别平行于相应的坐标面，则两平行平面间的应力分量因所处位置不同而相差一个增量，图 3.3 标出了 x 方向的各应力分量。

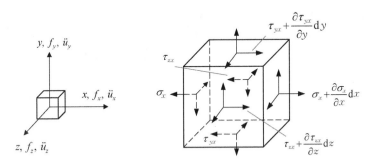

图 3.3　单元体的平衡

该单元体在变形过程中，可能还会受到体积力 f_i 或者产生加速度 $\ddot{u}_i$，此时沿 x 方向的力平衡方程为

$$\left[-\sigma_x + \left(\sigma_x + \frac{\partial \sigma_x}{\partial x}\mathrm{d}x \right) \right]\mathrm{d}y\mathrm{d}z + \left[-\tau_{yx} + \left(\tau_{yx} + \frac{\partial \tau_{yx}}{\partial y}\mathrm{d}y \right) \right]\mathrm{d}x\mathrm{d}z$$

$$+ \left[- \tau_{zx} + \left(\tau_{zx} + \frac{\partial \tau_{zx}}{\partial z} \mathrm{d}z \right) \right] \mathrm{d}y\mathrm{d}x + f_x \mathrm{d}x\mathrm{d}y\mathrm{d}z$$

$$= \rho \mathrm{d}x\mathrm{d}y\mathrm{d}z \ddot{u}_x$$

其中，ρ 为密度，由此得到：

$$\frac{\partial \sigma_x}{\partial x} + \frac{\partial \tau_{yx}}{\partial y} + \frac{\partial \tau_{zx}}{\partial z} + f_x = \rho \ddot{u}_x$$

对三个坐标方向都可以得到类似的方程，称为真应力的平衡微分方程。因该组方程也表达了非平衡的力与加速度之间的关系，因此也称为运动方程。三个方程统一记作

$$\sigma_{ij,\,j} + f_i = \rho \ddot{u}_i \tag{3.3}$$

若忽略体积力和惯性力，则平衡方程成为

$$\sigma_{ij,\,j} = 0 \tag{3.4}$$

§3.2   Lagrange 应力张量与 Kirchhoff 应力张量

Cauchy 应力是定义在现实构形上的，当物体处于小变形状态，现实构形与原始构形无显著差别时，采用 Cauchy 应力定义是方便的。然而对于大变形问题，现实构形常常是未知的，并且与原始构形常有显著差别，因而在建立求解方程时，Cauchy 应力不便于应用。此时，常将应力定义在原始构形或参考构形上。但物体所受外力以及内力是与现实构形相对应的，根据如何在现实构形与原始构形之间建立力的变换关系（图 3.4），有两种应力定义方法。

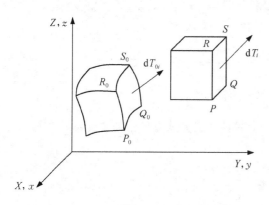

一种变换方法是，将现实构形上的力原封不动地移到原始构形上，仿照 Cauchy 应力的定义方法，定义应力 τ_{ij}，使得

$$\tau_{ji} n_{0j} \mathrm{d}S_0 = \mathrm{d}T_{0i}^{(L)} = \mathrm{d}T_i \quad (3.5)$$

依此定义得到的应力 τ_{ij} 称为 Lagrange 应力，也称为第一类 Piola - Kirchhoff 应力。由于 $\mathrm{d}T$ 并不是真正作用在原始构形上，因此，τ_{ij} 又称为名义应力。如在做拉压实验时，若杆

图 3.4   大变形下应力的表示方法

件横截面积为 A_0、拉力为 P，则 $\sigma = P/A_0$ 即为名义应力。

另一种变换方法考虑了原始构形和现实构形的对应关系。既然原始构形坐标与现实构形坐标一一对应，即

$$X_i = X_i(x_j), \qquad \mathrm{d}X_i = \frac{\partial X_i}{\partial x_j}\mathrm{d}x_j$$

仿照这种坐标变换关系，将 $\mathrm{d}T_i$ "变换" 到原始构形上，有

$$\mathrm{d}T_{0i}^{(K)} = \frac{\partial X_i}{\partial x_j}\mathrm{d}T_j$$

于是定义应力 s_{ij}，使得

$$s_{ij}n_{0j}\mathrm{d}S_0 = \mathrm{d}T_{0i}^{(K)} = \frac{\partial X_i}{\partial x_j}\mathrm{d}T_j \tag{3.6}$$

这样得到的应力 s_{ij} 称为 Kirchhoff 应力，也称为第二类 Piola - Kirchhoff 应力。因为 "变换" 后得到的 $\mathrm{d}T_{0i}$ 并不是真实的，故 s_{ij} 又称为伪应力。例如，对于单向拉伸问题，按照上述定义，若杆件变形前后的长度分别为 l_0 和 l，则有

$$sA_0 = \frac{l_0}{l}P, \quad 即 \quad s = \frac{Pl_0}{A_0 l}$$

Lagrange 应力和 Kirchhoff 应力的平衡方程不同于 Cauchy 应力的平衡方程，在考察应力的平衡关系时，必须考虑变形前后构形的映射关系。这里不讨论这两类应力的平衡方程问题。

依照上述定义可以证明，Cauchy 应力张量与 Kirchhoff 应力张量都是对称张量，而 Lagrange 应力张量一般不是对称的，因此在建立求解方程时，应用 Cauchy 应力张量与 Kirchhoff 应力张量更为方便。通常在研究稳态或瞬态变形时，应用 Cauchy 应力描述，而在研究变形过程时，应用 Kirchhoff 应力描述。但应该注意，无论 Lagrange 应力还是 Kirchhoff 应力都不是变形物体的真实应力，在变形的任一瞬时，物体的真实应力必须用 Cauchy 应力来表示。

物体的变形能是用应力和应变的乘积得到的，符合这种乘积关系的应力和应变称为共轭应力和应变。Cauchy 应力张量与 Almansi 应变张量都是定义在现实构形上的，构成共轭关系，而 Kirchhoff 应力张量和 Green 应变张量都是定义在初始构形上的，也构成共轭关系。Lagrange 应力张量则和变形梯度 $\partial x_i/\partial X_j$ 构成共轭关系。

以位移为求解变量的大变形有限元一般是建立在 Kirchhoff 应力张量和 Green 应变张量的基础上，以能够描述大变形过程，特别是允许一个增量步内可以发生

比较大的变形，以尽量减少增量步数目，提高计算速度。

§3.3 名义应力、伪应力与真应力的变换关系

名义应力和伪应力是定义在初始构形上的，真应力是定义在现实构形上的。这些定义不同的应力之间有一定的变换关系，掌握这些关系对于建立大变形的分析方程会很有帮助。

很显然，决定这些应力之间变换关系的是面积和方向余弦元素在变形前后的变换方法。参照图 3.4，假设变形前的微体积 dV_0 和微面积 ds_0，变形后成为 dV 和 ds，这里不加推导地给出两个变换关系：

$$dV = |J| \, dV_0, \qquad \frac{\partial X_i}{\partial x_j} n_{0i} dS_0 = \frac{1}{|J|} n_j dS$$

其中，$|J| = |\partial x_i / \partial X_i|$ 是坐标变换的 Jacobian 行列式，$|J| = dV/dV_0 = \rho_0/\rho$，$\rho_0$ 和 ρ 是变形前后的材料密度。这两个公式经常用于几何形状的变换中，例如在有限元的等参数单元描述中就经常用到这两个公式。

由上面的公式可以得到：

$$n_j dS = \frac{\rho_0}{\rho} \frac{\partial X_i}{\partial x_j} n_{0i} dS_0 \tag{3.7}$$

将其与式（3.1）一起代入式（3.5），得到：

$$\tau_{ji} n_{0j} dS_0 = \sigma_{ji} n_j dS = \sigma_{mi} \frac{\rho_0}{\rho} \frac{\partial X_j}{\partial x_m} n_{0j} dS_0$$

考虑到这个关系式对任意方向都成立，于是有

$$\tau_{ji} = \sigma_{mi} \frac{\rho_0}{\rho} \frac{\partial X_j}{\partial x_m} \quad \text{或} \quad \boldsymbol{\tau} = J\boldsymbol{\sigma} \cdot \boldsymbol{F}^{-T} \tag{3.8}$$

同样，将式（3.7）与式（3.1）代入式（3.6），并经过与上面类似的推导，得到：

$$s_{ji} = \frac{\rho_0}{\rho} \frac{\partial X_i}{\partial x_m} \frac{\partial X_j}{\partial x_n} \sigma_{mn} \quad \text{或} \quad s = J\boldsymbol{F}^{-1} \cdot \boldsymbol{\sigma} \cdot \boldsymbol{F}^{-T} \tag{3.9}$$

式（3.8）和式（3.9）分别是 Lagrange 应力和 Kirchhoff 应力与真应力的变换关系，由此也可以看到，Lagrange 应力是非对称的，而 Kirchhoff 应力是对称的。

§3.4　Cauchy 应力的不变量与主应力

主应力是应力张量的主量,是描述材料应力状态的重要概念。以下均以 Cauchy 应力为例,讨论主应力的求解和应力张量的分解。

一般情况下,过一点的平面上总是存在正应力和剪应力,平面的方位变化时,作用在上面的应力分量也会发生变化。若平面在某一方位时,面上的剪应力为零,则该平面称为主平面,其外法线方向称为主方向,作用在主平面上的正应力称为主应力。

对于任意应力单元体,可以根据主应力和单元体各表面上应力的平衡关系来求解主应力。在一个应力单元体上,假设以 N 为法线的某平面是主平面,以该平面截取应力单元体,得到一个四面体单元体,如图 3.5 所示。设该主平面的方向余弦为 l、m、n,面上仅有正应力 σ_n,将 σ_n 分解到三个坐标轴上,得到三个面力分量 p_x、p_y、p_z,根据平衡关系,可建立与应力分量相关的平衡方程:

$$p_x = \sigma_n l = \sigma_x l + \tau_{xy} m + \tau_{xz} n$$
$$p_y = \sigma_n m = \tau_{yx} l + \sigma_y m + \tau_{yz} n \tag{3.10}$$
$$p_z = \sigma_n n = \tau_{zx} l + \tau_{zy} m + \sigma_z n$$

于是,有

$$(\sigma_x - \sigma_n) l + \tau_{xy} m + \tau_{xz} n = 0$$
$$\tau_{yx} l + (\sigma_y - \sigma_n) m + \tau_{yz} n = 0 \tag{3.11}$$
$$\tau_{zx} l + \tau_{zy} m + (\sigma_z - \sigma_n) n = 0$$

由于主平面必存在,则 l、m、n 有解。有解条件为

$$\begin{vmatrix} \sigma_x - \sigma_n & \tau_{xy} & \tau_{xz} \\ \tau_{yx} & \sigma_y - \sigma_n & \tau_{yz} \\ \tau_{zx} & \tau_{zy} & \sigma_z - \sigma_n \end{vmatrix} = 0$$

于是得到关于 σ_n 的方程:

$$\sigma_n^3 - I_1 \sigma_n^2 - I_2 \sigma_n - I_3 = 0 \tag{3.12}$$

式中的系数:

$$I_1 = \sigma_x + \sigma_y + \sigma_z = \text{tr}[\sigma]$$

$$I_2 = -\sigma_x\sigma_y - \sigma_y\sigma_z - \sigma_z\sigma_x + \tau_{xy}^2 + \tau_{yz}^2 + \tau_{zx}^2 \tag{3.13}$$

$$I_3 = \sigma_x\sigma_y\sigma_z + 2\tau_{xy}\tau_{yz}\tau_{zx} - \sigma_x\tau_{yz}^2 - \sigma_y\tau_{zx}^2 - \sigma_z\tau_{xy}^2 = \det|\sigma|$$

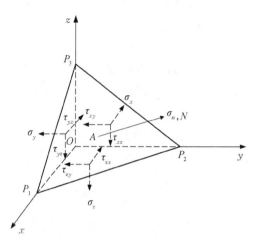

图 3.5 主应力

主应力是应力状态的固有值，当坐标系发生变化时，应力张量的分量随之发生变化，但主应力不变，因此，方程（3.12）的系数也不变，即 I_1、I_2、I_3 是不随坐标系变化的量，分别称为应力张量的第一不变量、第二不变量和第三不变量。

求解主应力的步骤可归纳如下：① 根据应力分量计算应力不变量；② 求解方程（3.12）得到主应力。

方程（3.12）有三个根，因此一点有三个主应力，按照代数值大小排列，分别记作 σ_1、σ_2、σ_3，并分别称为第一、第二、第三主应力。

得到主应力后，可继续求解主平面的外法线方向余弦，即主方向。但以方向余弦为未知数的式（3.11）是齐次线性方程，求解时需补充以下方程：

$$l^2 + m^2 + n^2 = 1 \tag{3.14}$$

例如当 σ_1 已知时，联立求解方程（3.11）和方程（3.14），可得到 l、m、n 的两组值，表示方向相反的两个主方向。

由求解过程可得到以下结论。

（1）若两个主应力 σ_1、σ_2 不相等，则对应的主方向相互垂直。对该结论可证明如下。

设 σ_1、σ_2 的主方向余弦分别为 n_i^1 和 n_i^2，由式（3.10）得到：

$$\sigma_1 n_i^1 = \sigma_{ij} n_j^1$$

$$\sigma_2 n_i^2 = \sigma_{ij} n_j^2$$

将上面两式分别乘以 n_i^2 和 n_i^1，然后相减，得到：

$$(\sigma_1 - \sigma_2) n_i^1 n_i^2 = 0$$

当 $\sigma_1 \neq \sigma_2$ 时，其方向余弦必满足

$$n_i^1 n_i^2 = 0$$

因此，这两个主方向必然垂直。由此还可得到推论，若一点的三个主应力互不相等，则该点必存在三对两两互相垂直的主平面。

（2）如果有两个主应力相等，则该两个主应力构成的平面内，任意方向均为主方向；如果三个主应力均相等，则该点在空间任意方向均为主方向。

§3.5　应力球张量与偏张量

与应变张量的分解相同，应力张量也可以分解为球张量和偏张量：

$$\sigma_{ij} = \delta_{ij}\sigma_m + \sigma'_{ij} \tag{3.15}$$

其中，平均应力为

$$\sigma_m = \frac{1}{3}(\sigma_x + \sigma_y + \sigma_z) = \frac{1}{3}\sigma_{ii}$$

只承受平均应力的单元体一定处于各向均匀压应力或拉应力状态，因此 σ_m 也称为静水应力或静水压力，它只能改变单元体的体积而不会改变其形状。而偏应力张量为

$$\sigma'_{ij} = \sigma_{ij} - \delta_{ij}\sigma_m \tag{3.16}$$

它只能改变单元体的形状而不会改变其体积。偏应力也有三个不变量：

$$J_1 = \sigma'_{ii} = 0$$

$$J_2 = -\sigma'_x\sigma'_y - \sigma'_y\sigma'_z - \sigma'_z\sigma'_x + \tau_{xy}^2 + \tau_{yz}^2 + \tau_{zx}^2 \tag{3.17}$$

$$J_3 = \sigma'_x\sigma'_y\sigma'_z + 2\tau_{xy}\tau_{yz}\tau_{zx} - \sigma'_x\tau_{yz}^2 - \sigma'_y\tau_{zx}^2 - \sigma'_z\tau_{xy}^2$$

若将式（3.16）代入式（3.17），可得到 J_2 的另一种表达式：

$$J_2 = \frac{1}{6}\left[(\sigma_x - \sigma_y)^2 + (\sigma_y - \sigma_z)^2 + (\sigma_z - \sigma_x)^2 + 6(\tau_{xy}^2 + \tau_{yz}^2 + \tau_{zx}^2)\right]$$

$$\tag{3.18a}$$

如果单元体的应力是主应力，则有

$$J_2 = \frac{1}{6}\left[(\sigma_1 - \sigma_2)^2 + (\sigma_2 - \sigma_3)^2 + (\sigma_3 - \sigma_1)^2\right] \tag{3.18b}$$

这两个表达式将在描述材料的塑性变形条件时得到应用。

平均应力对材料的塑性变形能力有重要影响。平均应力为拉应力时，容易导致材料内部产生空洞型损伤并使空洞扩张，最终引起材料的断裂，表现为塑性变形能力下降。而平均应力为压应力时，会抑制材料内部的损伤发展，甚至会消除空洞，表现为塑性变形能力增强。因此，在设计塑性变形工艺时，可以设法增加压应力，例如，采用锻造或挤压方式成形比其他成形方式更容易获得大的变形量而不会引起材料断裂，而采用拉拔方式则一般不容易得到大的变形量。但是，第4章将讲到材料发生塑性变形的条件只取决于偏应力状态。在材料塑性成形过程中，对应于相同的偏应力状态，由式（3.15）可见，大的静水压应力将导致大的压应力，从宏观上则表现为材料变形需要大的压机吨位。

思考与练习

1. Cauchy 应力、Lagrange 应力和 Kirchhoff 应力的定义有什么不同？分析塑性大变形问题时，为什么要定义 Lagrange 应力和 Kirchhoff 应力？

2. 试证明 Lagrange 应力张量是不对称的，而 Kirchhoff 应力张量是对称的。

3. 什么是应力状态的不变量？为什么一点的应力状态必然存在三个不变量？

4. 什么是应力偏张量和应力球张量？其各自与材料单元体的哪种变化有关？

5. 已知一点应力状态：

$$\begin{bmatrix} 40 & 15 & 20 \\ 15 & 20 & 10 \\ 20 & 10 & 30 \end{bmatrix}$$

试求：

（1）相应的应力偏张量和球应力；

（2）应力状态的三个不变量；

（3）等效应力。

6. 已知一点的应力状态：

$$\begin{bmatrix} 50 & 40 & 0 \\ 40 & -10 & 0 \\ 0 & 0 & -50 \end{bmatrix}$$

试求：

（1）主应力；

（2）主方向。

第 4 章
弹性与塑性本构关系

金属成形过程中，材料的变形一般是由力引起的（当然温度也能引起变形，但本书不讨论温度变形）。材料不同，力引起的变形效果一般也不同，因此，变形和材料本身的物理性质有关。为了研究材料的变形过程，必须根据变形状态和材料属性建立起应变和应力的关系，这种关系称为材料本构关系。金属在冷变形时，如果沿着单一方向发生非常大的变形，例如薄板的冷轧过程，容易诱发晶粒位向的择优取向，产生宏观的各向异性。但如果变形没有明显的方向差异，则各向异性现象不会很显著。本章主要讨论各向同性材料的本构关系，第 5 章则讨论板料成形中常见的各向异性本构关系。

§4.1 拉伸和压缩时的应力应变曲线

材料的力学属性一般是通过拉伸与压缩实验而获得。在材料破坏以前，拉伸实验的变形通常是均匀的，能够得到单向的应力应变关系，但拉伸实验一般难以获得大的变形量。压缩实验则因为端面的摩擦效应，一般难以获得均匀变形，必须有良好的润滑条件来消除摩擦或将摩擦效应降到极小，才能获得较准确的材料性能。但压缩实验可以获得大的变形量，在金属成形的材料实验中有着广泛的用途。材料实验表明，对于多数金属材料，拉伸实验在材料破坏（颈缩）前给出的应力应变关系与压缩实验相同，因此本节仍以拉伸实验来描述材料的力学性质。

4.1.1 材料变形性能的拉伸实验表征

设拉伸试件的初始横截面积为 A_0，初始标距长度为 l_0，某时刻的拉伸载荷为 P，伸长量为 Δl，则试件的横截面名义应力和相对伸长应变为

$$\sigma = \frac{P}{A_0}, \quad \varepsilon = \frac{\Delta l}{l_0}$$

据此可以得到名义应力-应变关系，即 $\sigma-\varepsilon$ 曲线，如图 4.1 所示，软钢和高强度钢的 $\sigma-\varepsilon$ 曲线分别类似图 4.1（a）和图 4.1（b）中所示曲线。

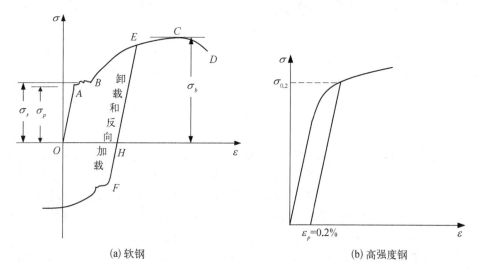

(a) 软钢 (b) 高强度钢

图 4.1 材料拉伸曲线

以软钢为例，根据拉伸曲线可将变形分为四个阶段。拉伸曲线上的 OA 段是直线，表明应力与应变成正比，故称为比例阶段，该阶段的最大应力 σ_p 称为比例极限，这时的变形均为弹性变形，直线 OA 的斜率即为弹性模量 E。实际上，A 点以后的一微小段范围内，变形通常仍然是弹性的，但应力应变关系却不再是线性的，并且与 OA 段相比，这一微小范围可忽略不计，因此通常认为弹性变形应力应变关系都是线性的。

由 A 点到 B 点，应力产生波动，表现为应力大体上没有明显上升，但应变却有明显增加，这一阶段称为屈服阶段或流动阶段。该阶段的最小应力称为下屈服极限，实验中，下屈服极限受外界因素（如试件形状、加载速度等）的影响较小，一般就作为材料的屈服极限，记作 σ_s。

C 点是应力应变曲线的极值点。在由 B 点到 C 点的一较长范围内，材料出现强化，表现为只有增加应力才有可能使材料继续变形，这一阶段称为强化阶段或硬化阶段。该阶段发生的变形通常既有弹性变形又有塑性变形。如果在材料的屈服阶段或强化阶段卸载，则应力应变曲线会沿着与 OA 平行的路径（如 EH）返回，因而卸载时的变形仍是线弹性的。当卸载到应力为 0 时，材料仍有应变 ε_H 被保留下来，这部分应变就是材料的塑性应变 ε_p，而随着卸载消失的应变（$\varepsilon_E-\varepsilon_H$）即为弹性应变 ε_e。如果载荷卸掉后再继续加载，则应力应变曲线又会沿着 HE 返回，到 E 点后再沿着 EC 继续增加。由此可见，由 H 到 E 都是弹性变形过程，因而若材料事先经历过塑性变形，则其弹性范围会得到相应提高，这种现象通常发生在冷变形时，称为冷作硬化现象，可以被用来提高材料的弹性承载能力。但对于金属成形过程，冷作硬化现象会增大成形力，使金属的流动变得困难。强化阶段到达极值点 C 点后，若变形继续增加，试件变形将集中在某局部区域，使该区域横截面越来越小，称为颈缩阶段。颈缩开始时的名义应力 σ_b 是材料所能承受的最大名义应力，称为抗拉强度极限（简称强度极限）。颈缩后的名义应力应变关系已不能反映材料的变形性质。通常情况下，拉伸试件颈缩后将很快发生断裂。

　　材料在硬化阶段仍然处于屈服状态，但变形抗力高于初始的屈服应力，称为后继屈服应力。在金属塑性成形领域，通常又把材料的塑性变形状态称为流动状态，因此屈服应力（包括后继屈服应力）又称为流动应力，它通常是应变的函数，记作

$$\sigma_s = \sigma_s(\varepsilon_p)$$

　　若材料在高温条件下变形，流动应力则不仅是塑性应变的函数，一般还是温度和应变速率的函数，通常记作

$$\sigma_s = \sigma_s(\varepsilon_p,\ \dot{\varepsilon}_p,\ T)$$

　　以上拉伸变形的四个阶段通常是塑性较好材料的典型特征，但有些高强度材料则没有明显的屈服阶段，甚至没有明显的颈缩阶段，其应力应变曲线如图 4.1（b）所示。这种情况下，一般把塑性应变达到 0.2% 时对应的应力称为名义屈服应力，记作 $\sigma_{0.2}$。

　　对于具有强化性质的材料，若在塑性变形区卸载并反向加载（如先拉伸至强化阶段再压缩），如图 4.1（a）所示，常发现反向屈服应力 σ_F 不仅低于 σ_E，甚至还低于初始屈服应力 σ_s。随着塑性变形的增加，屈服极限在一个方向上提高而在相反方向上降低的效应称为 Bauschinger 效应。该效应的产生与反向加载时异号位错的湮灭以及林位错对滑移作用方式的改变有关，使材料随加载路径产生各向异性。若一个加载方向屈服极限提高的数值和相反加载方向屈服极限降低的数值相等，表现为图 4.1（a）中 $EF = 2OA$，则称为理想 Bauschinger 效应，此时材料的强化现象称为随动强化。若材料没有 Bauschinger 效应但发生强化，即在应力符号发生变化时，材料发生相同程度的强化，这种现象称为各向同性强化。对于常温变形下的金属材料，通常存在 Bauschinger 效应，但强化后 $EF > 2OA$，可以视作随动强化和各向同性强化的某种组合形式，称为混合强化模式。

4.1.2　真应力-真应变曲线

　　4.4 节中将会说明，材料发生塑性变形时，其应力-应变关系必须时刻与材

料的应力-应变曲线一致。球应力取决于材料的体积变化,而金属材料的体积变化应该仅来自弹性变形,塑性变形对应的体积变化为零。因此,描述变形的塑性应变需要反映体积变化为零的特征。2.8 节已作过比较,只有对数应变(真应变)才能满足塑性应变球张量为零的要求。因此,为研究大变形而作的材料应力-应变关系曲线一般都是用对数应变和 Cauchy 应力给出的,故通常称为真应力-真应变曲线。

若实验中某时刻的试件横截面积是 A,则对应的真应力为

$$\sigma_T = P/A$$

设该时刻试件标距变形后长度为 l,由试件材料体积不变的关系得到:

$$A = \frac{A_0 l_0}{l}$$

因此

$$\sigma_T = \frac{Pl}{A_0 l_0} = \sigma(1 + \varepsilon) \tag{4.1}$$

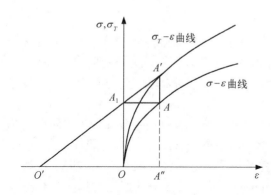

图 4.2 真应力-应变曲线

由拉伸名义应力-应变曲线可通过作图法得到真应力-应变曲线,如图 4.2 所示,方法如下:

(1)在 ε 轴上找到 $\varepsilon = -1$ 的点 O';

(2)在名义应力-应变曲线上任意点 A 作水平线,在应力轴上得到 A_1;

(3)连接 $O'A_1$ 并延长,交 A 点铅垂线于 A' 点,则 A' 点纵坐标即为名义应力-应变曲线上 A 点对应的真应力。证明如下。

由 $\triangle O'A'A''$ 和 $\triangle O'A_1O$ 的相似关系,得到:

$$\frac{A'A''}{A_1O} = \frac{O'A''}{O'O} = \frac{1 + \varepsilon}{1}$$

即

$$\sigma_{A'} = \sigma(1 + \varepsilon)$$

(4)依次得到各对应点后,再顺次连接得到真应力-名义应变曲线。进一步地,若再根据式(2.20)把相对伸长应变变换成真应变,则得到真应力-真应变

曲线。

在研究材料的成形特性时，为了得到大的变形量，通常用压缩实验来绘制材料真实应力-应变曲线，但在压缩实验时要解决好摩擦问题，因为端面摩擦会导致变形的不均匀。

4.1.3　真应力-真应变曲线的常用简化模型

为便于求解塑性成形问题，经常需要将材料的真应力-真应变曲线写成数学表达式，即建立数学模型。在确定数学模型时，应尽可能符合材料的实际变形曲线，同时数学表达式应尽可能简单，以便求解复杂的实际问题时，不会出现大的数学困难。根据材料的不同情况，常用的数学模型主要有三种。

1. 弹塑性模型

金属材料在高温低速变形时，动态回复和动态再结晶的软化效应可能会和应变的硬化效应达到动态平衡，表现为材料的流动应力接近一个常数；另外，对于低碳钢等软钢，存在明显的屈服极限和屈服变形阶段，在应变达到硬化阶段之前，流动应力基本上是常数。在这种情况下，材料的应力应变关系可简化为理想弹塑性模型，如图 4.3 （a） 所示，即

$$\begin{aligned} \sigma &= E\varepsilon \quad \varepsilon \leqslant \varepsilon_s \\ \sigma &= \sigma_s \quad \varepsilon > \varepsilon_s \end{aligned} \tag{4.2}$$

其中，ε_s 是材料屈服前的最大弹性应变。

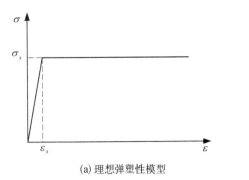

(a) 理想弹塑性模型

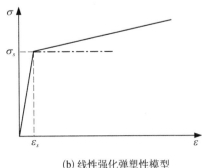

(b) 线性强化弹塑性模型

图 4.3　弹塑性模型

但如果屈服阶段很短，且材料硬化后应力应变仍接近直线关系，则简化为线性强化弹塑性模型，如图 4.3 （b） 所示，即

$$\begin{aligned} \sigma &= E\varepsilon \quad \varepsilon \leqslant \varepsilon_s \\ \sigma &= \sigma_s + H(\varepsilon - \varepsilon_s) \quad \varepsilon > \varepsilon_s \end{aligned} \tag{4.3}$$

其中，H 是硬化模量。

应用弹塑性模型时，需要判断材料是处于弹性状态还是塑性状态，针对不同的状态采用不同的方程。

2. 刚塑性模型

当材料的塑性应变远大于弹性应变时，弹性变形阶段以及弹性应变均可以忽略不计，则称为刚塑性变形。此时理想弹塑性模型便简化为理想刚塑性模型，如图 4.4（a）所示，即

$$\sigma = \sigma_s$$

而线性强化弹塑性模型则简化为刚塑性线性强化模型，如图 4.4（b）所示，即

$$\sigma = \sigma_s + H\varepsilon$$

其中，ε 是塑性应变。

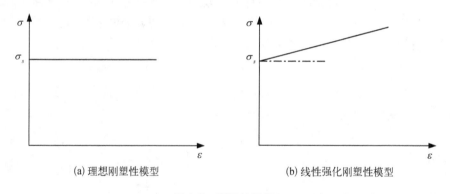

(a) 理想刚塑性模型　　　　　　　　　　(b) 线性强化刚塑性模型

图 4.4　刚塑性模型

刚塑性模型的假设使得计算分析大为简化，从而使某些问题能够获得解析解。但只有在材料处于塑性变形状态并且弹性变形可以忽略时才能应用刚塑性模型。

3. 幂强化模型

该模型不再区分弹性变形和塑性变形阶段，而是将整个变形过程的真应力-真应变关系假设为幂函数曲线（图 4.5）：

$$\sigma = K\varepsilon^n \quad 0 \leqslant n \leqslant 1 \tag{4.4}$$

其中，$n > 0$ 时，该曲线与 σ 轴相切。$n = 1$ 时应力应变关系为直线，描述了线性的变形关系；$n = 0$ 时应力为常数，描述了理想刚塑性变形。其他情况介于两者之间。利用该关系式不必考虑弹塑性分界线，便于解析分析。式中的指数 n 可根据

拉伸失稳（即拉力达到峰值）时的应变
得到。

在拉伸实验中，拉力 $P = \sigma A = AK\varepsilon^n$，其
中 A 是试件瞬时横截面积，σ 是真应力。失
稳条件为

$$\mathrm{d}P = K\varepsilon^n \mathrm{d}A + AKn\varepsilon^{n-1}\mathrm{d}\varepsilon = 0$$

假定 ε_b 是材料拉伸失稳时的真应变，则

$$\varepsilon_b \mathrm{d}A + An\mathrm{d}\varepsilon = 0 \qquad (4.5)$$

设试件瞬时长度为 l，由塑性变形时体积不
变定律有

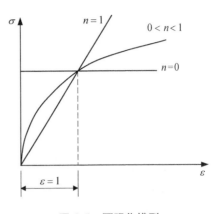

图 4.5　幂强化模型

$$Al = 常数$$

即

$$l\mathrm{d}A + A\mathrm{d}l = 0 \quad 或 \quad \mathrm{d}A = -\frac{A}{l}\mathrm{d}l \qquad (4.6)$$

将式（4.6）代入式（4.5），注意到 $\mathrm{d}\varepsilon = \mathrm{d}l/l$，于是

$$n = \varepsilon_b$$

因此，幂函数的指数 n 可以用拉伸时最大载荷对应的真应变表示。由 $\mathrm{d}P = 0$
和式（4.6）还可以直接得到拉伸变形失稳条件的另外一个表达式：

$$\frac{\mathrm{d}\sigma}{\mathrm{d}\varepsilon} = \sigma$$

即当材料硬化率等于或小于真应力时，拉伸变形失稳。

§4.2　弹性应力应变关系

在复杂变形情况下，应力分量与应变分量之间一般并不满足单向拉伸或压缩
实验时得到的应力应变关系，很显然，要求解复杂的变形情况，必须要建立应力
分量和应变分量之间的关系，而这些关系必须能够反映材料固有的力学特征。对
于弹性变形情况，应力与应变之间的关系是我们所熟知的广义胡克定律，其一般
表达式为

$$\varepsilon_x = \frac{1}{E}[\sigma_x - \mu(\sigma_y + \sigma_z)] \quad \varepsilon_{xy} = \frac{1+\mu}{E}\tau_{xy}$$

$$\varepsilon_y = \frac{1}{E}[\sigma_y - \mu(\sigma_z + \sigma_x)] \quad \varepsilon_{yz} = \frac{1+\mu}{E}\tau_{yz}$$

$$\varepsilon_z = \frac{1}{E}[\sigma_z - \mu(\sigma_x + \sigma_y)] \quad \varepsilon_{zx} = \frac{1+\mu}{E}\tau_{zx}$$

其中，μ 为泊松比。注意这里采用了数学剪应变，因此剪切变形的胡克定律与材料力学稍有不同。

除此之外，广义胡克定律还有其他的表示方法。

根据体积应变的定义，有

$$\varepsilon_V = \varepsilon_x + \varepsilon_y + \varepsilon_z = 3\varepsilon_m$$

并定义

$$\Theta = \sigma_x + \sigma_y + \sigma_z = 3\sigma_m$$

由广义胡克定律的一般表达式，得到体积应变和平均应力的关系：

$$\varepsilon_V = \frac{1-2\mu}{E}\Theta \quad \text{或} \quad \varepsilon_m = \frac{1-2\mu}{E}\sigma_m \tag{4.7}$$

由此可进一步得到偏应力与偏应变的关系，如

$$\varepsilon_x' = \varepsilon_x - \varepsilon_m = \frac{1+\mu}{E}(\sigma_x - \sigma_m) = \frac{1+\mu}{E}\sigma_x' = \frac{1}{2G}\sigma_x'$$

其中，G 是剪切弹性模量：

$$G = \frac{E}{2(1+\mu)}$$

推而广之，有

$$\frac{\varepsilon_x'}{\sigma_x'} = \frac{\varepsilon_y'}{\sigma_y'} = \frac{\varepsilon_z'}{\sigma_z'} = \frac{\varepsilon_{xy}}{\tau_{xy}} = \frac{\varepsilon_{yz}}{\tau_{yz}} = \frac{\varepsilon_{zx}}{\tau_{zx}} = \frac{1}{2G}$$

以及用主量表达的形式：

$$\frac{\varepsilon_1'}{\sigma_1'} = \frac{\varepsilon_2'}{\sigma_2'} = \frac{\varepsilon_3'}{\sigma_3'} = \frac{1}{2G}$$

或表示为

$$\varepsilon'_{ij} = \frac{1}{2G}\sigma'_{ij} \qquad (4.8)$$

至此，得到以下结论：

（1）偏应变与对应的偏应力成比例；

（2）偏应力主轴方向与偏应变主轴方向相同。

由式（4.7）和式（4.8）还可以将胡克定律表示为

$$\varepsilon_{ij} = \frac{1-2\mu}{3E}\delta_{ij}\sigma_{kk} + \frac{1}{2G}\sigma'_{ij} \qquad (4.9)$$

广义胡克定律还有用应变表示应力的形式，由

$$\sigma_m = \frac{E}{1-2\mu}\varepsilon_m = \frac{E}{3(1-2\mu)}\varepsilon_V$$

$$\sigma'_x = 2G\varepsilon'_x = 2G(\varepsilon_x - \varepsilon_m) = 2G\varepsilon_x - \frac{E}{3(1+\mu)}\varepsilon_V$$

得到：

$$\sigma_x = \sigma_m + \sigma'_x = 2G\varepsilon_x + \frac{E\mu\varepsilon_V}{(1+\mu)(1-2\mu)}$$

定义

$$\lambda = \frac{E\mu}{(1+\mu)(1-2\mu)}$$

λ 称为 Lamé 常数。将上式推而广之，有

$$\begin{aligned}
\sigma_x &= \lambda\varepsilon_V + 2G\varepsilon_x & \tau_{xy} &= 2G\varepsilon_{xy} \\
\sigma_y &= \lambda\varepsilon_V + 2G\varepsilon_y & \tau_{yz} &= 2G\varepsilon_{yz} \\
\sigma_z &= \lambda\varepsilon_V + 2G\varepsilon_z & \tau_{zx} &= 2G\varepsilon_{zx} \\
\Theta &= 3E_V\varepsilon_V
\end{aligned} \qquad (4.10)$$

其中，

$$3E_V = \frac{E}{1-2\mu} = 3\lambda + 2G$$

其中，E_V 称为体积弹性模量。因此胡克定律还可以表示为

$$\sigma_{ij} = \delta_{ij}\lambda\varepsilon_{kk} + 2G\varepsilon_{ij} \qquad (4.11)$$

§4.3 各向同性材料的屈服准则

单向应力状态下，可根据应力与屈服应力 σ_s 的关系来判断是否发生屈服。但对于多向应力状态，材料的屈服不会仅取决于某一个应力分量，而是取决于 6 个应力分量的某种组合形式，只要应力状态使得这种组合达到了某个极限状态，材料就会发生屈服。以这种应力状态的组合形式而构成的屈服判别条件就称为屈服准则。

4.3.1 应力空间与屈服面

所谓应力空间就是以应力分量为坐标轴的空间。应当注意，应力空间不是变形体所在的空间，变形体上任意一点的应力状态对应着应力空间上的一个点。实际应用中，若以任意应力状态的六个应力分量来表示应力空间，则会带来数学上的很大困难，但任意应力状态都可由它的三个主应力来描述，以主应力为坐标轴的空间称为主应力空间，如图 4.6 所示。主应力空间只有三个坐标轴，可以比较方便地描述材料发生塑性变形的条件。

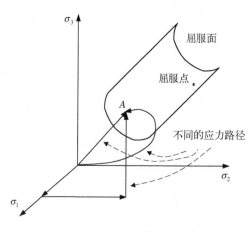

图 4.6 应力空间的概念

当变形体上一点的应力状态发生变化时，在应力空间上描述该应力状态的点也要发生相应的变化，该点在应力空间上走过的路径称为应力路径。材料的应力状态沿某一应力路径发展变化时，有可能使材料发生塑性变形。在应力空间上，如果一个点所代表的应力状态使材料发生屈服，则称该点为屈服点。很显然，沿不同的应力路径变化时，使材料发生屈服的应力状态可以有无数多个，从而对应着应力空间上无数多个屈服点。在应力空间上，把屈服点连接起来组成一个曲面，称为屈服面。屈服面的数学方程称为屈服函数或屈服条件。

应该强调的是，屈服面是应力空间上的曲面，而不是变形体上的曲面，它是使得材料发生塑性变形的应力状态的集合。如果材料是理想塑性的，则屈服面大小在变形过程中不发生变化；但如果材料是强化的，则屈服面会随着材料硬化而扩大，扩大后的屈服面称为后继屈服面，相应地，通常把材料首次发生塑性变形的屈服面称为初始屈服面。

屈服面将弹性变形和塑性变形的应力状态区分开来。若应力空间上的点在屈服面内部，则对应的变形体发生弹性变形，若在屈服面上，则对应的变形体发生塑性变形，但应力状态对应的点绝不会在屈服面外。

4.3.2　Tresca 屈服函数与 Mises 屈服函数

1. Tresca 屈服函数

1864 年，Tresca 在做金属的挤压试验时，发现变形后的金属表面上有很细的痕纹，这些痕纹的方向很接近最大剪应力的方向，他认为是最大剪应力导致金属的晶格发生滑移，从而导致宏观的塑性变形。因此，Tresca 提出相应的屈服准则：无论材料处于什么样的应力状态，只要最大剪应力 τ_{max} 达到某一极限值，材料就进入塑性变形状态。这一准则的数学表达式为

$$\frac{\sigma_{max} - \sigma_{min}}{2} = K \tag{4.12}$$

其中，K 是材料的剪切屈服应力。若 $\sigma_1 \geqslant \sigma_2 \geqslant \sigma_3$，则 $\sigma_1 - \sigma_3 = 2K$。由此可见，由 Tresca 准则判定的屈服只取决于最大和最小主应力，而没有考虑第二主应力的影响。

单向拉伸屈服时，$\sigma_1 = \sigma_s$，$\sigma_2 = \sigma_3 = 0$，所以 $K = \sigma_s/2$，这是根据 Tresca 准则得到的剪切屈服应力与拉伸屈服应力之间的关系。

若不知道主应力顺序，则 Tresca 条件可写为

$$|\sigma_1 - \sigma_2| \leqslant 2K$$
$$|\sigma_2 - \sigma_3| \leqslant 2K$$
$$|\sigma_3 - \sigma_1| \leqslant 2K \tag{4.13}$$

当该条件有一个成为等式时，材料即进入塑性变形。

式（4.13）还表明，材料的塑性屈服与平均应力（静水应力）无关。实际上，Bridgman 曾系统地做过各向等压实验和不同静水压力下的拉伸实验，以研究平均应力对塑性变形的影响。这些实验给出的结论是：① 对于致密的金属材料，静水压力只引起材料的体积变形，但体积变形是弹性的，去除外力后，能够自动恢复到初始状态；② 静水压力的存在能够提高金属材料的塑性变形能力，但不影响屈服。但对于非致密材料（如粉末冶金材料、孔隙材料等），静水应力可以导致材料密度发生变化，且该变化是不可逆的，因此在非致密材料的屈服条件中应该包含静水应力。

既然材料屈服与平均应力无关，因而仅取决于偏应力状态。为了观察屈服面

的形状，可以在主应力空间上分解应力张量。首先，从主应力空间的坐标原点引出一条与坐标轴成相等倾角的射线，这条射线称为主应力空间的等倾线。等倾线的方向余弦为 $l=m=n=1/\sqrt{3}$。等倾线上的任意点均有 $\sigma_1=\sigma_2=\sigma_3$，因此这些点对应着球应力状态。然后观察以等倾线为法线的平面，这些平面称为等倾面。若将应力状态分解为球应力张量和偏应力张量时，则对应的球应力张量位于等倾线上，而偏应力张量位于等倾面上，如图 4.7 所示。

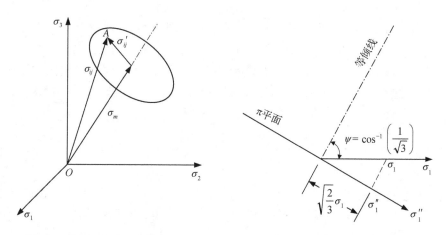

图 4.7　等倾面与应力张量的分解　　　图 4.8　主应力坐标系与 π 平面
　　　　　　　　　　　　　　　　　　　　　　　坐标系的投影关系

　　若等倾面过坐标原点，则称为 π 平面。π 平面上任意一点所代表的应力状态都对应着平均应力为零，等同于偏应力状态。当材料屈服仅取决于偏应力状态时，在 π 平面上研究材料的屈服准则是很方便的。为此需要将应力空间中任一点的应力投影到 π 平面上。将主应力空间的坐标轴沿着等倾线的负向投影到 π 平面上时，得到互相成 120° 的三个坐标轴 σ_1''、σ_2'' 和 σ_3''。两套坐标轴之间的投影关系如图 4.8 所示，主应力空间的一条坐标轴与等倾线的夹角是 $\psi=\cos^{-1}(1/\sqrt{3})$，则与其在 π 平面上投影轴的夹角为 $\varphi=\cos^{-1}(\sqrt{2/3})$。

　　若在这个互成 120° 的坐标系上度量应力，则与在主应力空间坐标系上度量的值存在以下关系：

$$\frac{\sigma_1''}{\sigma_1}=\frac{\sigma_2''}{\sigma_2}=\frac{\sigma_3''}{\sigma_3}=\sqrt{\frac{2}{3}} \tag{4.14}$$

　　当材料的屈服与平均应力无关时，Tresca 屈服面是轴线平行于等倾线的等截面六棱体柱面，其在 π 平面上的投影是正六边形，称为屈服轨迹，如图 4.9 所示。

2. Mises 屈服函数

Tresca 屈服函数是线性的，在已知主应力
大小或顺序的情况下很便于应用。但如果主
应力的大小或顺序预先未知，并且其顺序还
有可能随着加载过程而发生变化，这时就需
要用 6 个函数来描述 Tresca 屈服条件，使应
用变得困难。1913 年，德国的力学家 von
Mises 认为，Tresca 正六边形的顶点是实验所
得，而连接各顶点的直线则是近似的。鉴于
此，他建议在 π 平面上用外接圆代替正六边
形（图 4.9），作为材料的屈服轨迹。这样，
在六边形的顶点上，两个屈服轨迹相同，而

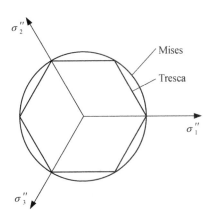

图 4.9　π 平面上的屈服轨迹

在其他位置两者相当接近。由于圆是光滑的且方程只有一个，因此能够避免数学
上的麻烦。

若已知一点的主应力为 σ_1、σ_2 和 σ_3，对应着屈服轨迹上的一点，由图
4.10 得到外接圆的方程为

$$a^2 + b^2 = R^2$$

由 π 平面与主应力空间的投影关系和图 4.10，
可见：

$$a = \sqrt{\frac{2}{3}}\left[\sigma_1 - \frac{1}{2}(\sigma_2 + \sigma_3)\right]$$

$$b = \sqrt{\frac{2}{3}}\left[\frac{\sqrt{3}}{2}(\sigma_2 - \sigma_3)\right]$$

因此

$$\left[\sigma_1 - \frac{1}{2}(\sigma_2 + \sigma_3)\right]^2 + \left[\frac{\sqrt{3}}{2}(\sigma_2 - \sigma_3)\right]^2 = \frac{3}{2}R^2$$

图 4.10　Mises 屈服圆及其半径　整理得到：

$$(\sigma_1 - \sigma_2)^2 + (\sigma_2 - \sigma_3)^2 + (\sigma_3 - \sigma_1)^2 = 3R^2$$

在单向拉伸时，其流动条件为 $\sigma_1 = \sigma_s$，$\sigma_2 = \sigma_3 = 0$，代入上式，得到：

$$2\sigma_1^2 = 2\sigma_s^2 = 3R^2$$

因此，$R = \sqrt{2/3}\,\sigma_s$，Mises 屈服函数可写为

$$\sqrt{\frac{1}{2}\left[(\sigma_1 - \sigma_2)^2 + (\sigma_2 - \sigma_3)^2 + (\sigma_3 - \sigma_1)^2\right]} = \sigma_s \qquad (4.15)$$

可见,塑性屈服仍然与平均应力无关。

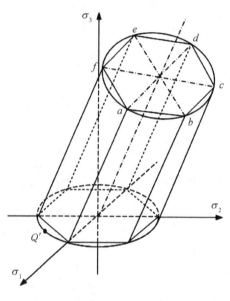

图 4.11 屈服面

在应力空间上,Tresca 屈服面是以等倾线为轴线的正六棱柱,而 Mises 屈服面为 Tresca 六棱柱的外接圆柱。如图 4.11 所示。

Mises 屈服条件只有一个表达式,应用时无须事先判断应力状态,因此,在主应力顺序未知的情况下,比应用 Tresca 屈服条件更为方便。后来,人们赋予了 Mises 屈服条件多种物理解释,其中主要的有:

(1) H. Henchy (1924):Henchy 在将弹性变形比能分解为体积变形比能和形状改变比能时,发现形状改变比能的表达式正比于 Mises 屈服函数,于是认为,当材料的形状改变比能达到一定值时,材料即发生塑性流动。这种解释称为最大形状改变比能理论。实际上,早在 1904 年,波兰人 M. Huber 就给出了相似的论述,但当时未引起重视。

(2) A. Nadai (1934):发现在主应力单元体上,若截取正八面体,则表面上的剪应力正比于 Mises 屈服函数。因此 Nadai 沿用了 Tresca 的解释,认为当正八面体上的剪应力达到了某一极限值,材料就会发生塑性流动。

后来,研究者们从复杂应力状态与单向应力状态在屈服意义上的等价性角度提出了应力强度概念,即定义复杂应力状态下的应力强度为

$$\bar{\sigma} = \sqrt{\frac{1}{2}\left[(\sigma_1 - \sigma_2)^2 + (\sigma_2 - \sigma_3)^2 + (\sigma_3 - \sigma_1)^2\right]} \qquad (4.16)$$

认为当应力强度 $\bar{\sigma}$ 达到材料单向拉伸的屈服极限 σ_s 时,材料即发生塑性流动。这一概念在应用时很方便,它把复杂的应力状态等效成了单向应力状态。式 (4.16) 定义的应力强度又称为 von Mises 等效应力,简称等效应力。

既然 Mises 屈服函数与平均应力无关,也与观察应力状态的坐标系取向无关,因此也可用偏应力张量的不变量来表示。在主应力状态下,偏应力张量为

$$\boldsymbol{\sigma}' = \begin{bmatrix} \sigma'_1 & 0 & 0 \\ 0 & \sigma'_2 & 0 \\ 0 & 0 & \sigma'_3 \end{bmatrix}$$

公式（3.17）已经给出了偏应力张量的第二不变量，对比式（4.16）和式（3.18b）可见：

$$\bar{\sigma}^2 = 3J_2 \tag{4.17}$$

当应力状态用一般应力张量表示时，注意到 $\sigma'_x = -(\sigma'_y + \sigma'_z)$，$\sigma'_y = -(\sigma'_x + \sigma'_z)$，$\sigma'_z = -(\sigma'_x + \sigma'_y)$，可以得到：

$$J_2 = -\begin{vmatrix} \sigma'_y & \tau_{yz} \\ \tau_{zy} & \sigma'_z \end{vmatrix} - \begin{vmatrix} \sigma'_x & \tau_{xz} \\ \tau_{zx} & \sigma'_z \end{vmatrix} - \begin{vmatrix} \sigma'_x & \tau_{xy} \\ \tau_{yx} & \sigma'_y \end{vmatrix} = \frac{1}{2}\sigma'_{ij}\sigma'_{ij}$$

因此，Mises 屈服函数还可记作

$$\frac{3}{2}\sigma'_{ij}\sigma'_{ij} = \sigma_s^2 \tag{4.18a}$$

或写作一般形式：

$$\sqrt{\frac{1}{2}\left[(\sigma_x - \sigma_y)^2 + (\sigma_y - \sigma_z)^2 + (\sigma_z - \sigma_x)^2 + 6(\tau_{xy}^2 + \tau_{yz}^2 + \tau_{zx}^2)\right]} = \sigma_s$$
$$\tag{4.18b}$$

4.3.3　Tresca 屈服函数和 Mises 屈服函数的实验验证

正确的屈服函数应该满足这样的条件，即无论材料处于什么样的应力状态，只要应力组合使得屈服函数达到材料的极限值，材料就会发生塑性屈服。因此验证屈服函数时，需要设法构成各种应力组合。但任意组合的三向应力状态难以实现，因此屈服函数常用二向应力状态来验证。最著名的验证工作是 G. I. Taylor 和 H. Quinney 的薄壁圆筒拉扭实验。薄壁圆筒受到拉伸和扭转的组合作用时，根据截面法可知，横截面上只有拉应力 σ 和扭转剪应力 τ，构成平面应力状态，代入 Tresca 和 Mises 屈服函数分别得到以下两个公式。

$$\text{Tresca：} \quad \sigma^2 + 4\tau^2 = \sigma_s^2$$

$$\text{Mises：} \quad \sigma^2 + 3\tau^2 = \sigma_s^2$$

将以上公式写成无量纲格式，得到两个椭圆方程。

$$\text{Tresca:} \quad \left(\frac{\sigma}{\sigma_s}\right)^2 + \left[\frac{\tau}{(\sigma_s/2)}\right]^2 = 1$$

$$\text{Mises:} \quad \left(\frac{\sigma}{\sigma_s}\right)^2 + \left[\frac{\tau}{(\sigma_s/\sqrt{3})}\right]^2 = 1$$

取不同比例的应力组合 σ 和 τ，使薄壁圆筒屈服后，将屈服点（σ，τ）标在椭圆方程所在坐标系中，得到图 4.12，可见实验结果更靠近 Mises 屈服函数。

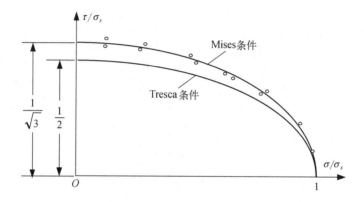

图 4.12　屈服函数的验证

另外，Lode 曾在软钢、铜和镍的薄壁圆筒上做过受轴向力和内压联合作用的实验，也证明两个屈服函数都比较真实地反映了材料的屈服条件，但 Mises 屈服函数比 Tresca 屈服函数具有更高的精度。

4.3.4　两个屈服准则的比较

两个屈服函数的共同点是都与平均应力无关，都没有反映平均应力对塑性变形的影响。

两者的差异也是明显的。在表达式上，Tresca 准则与中间主应力无关，而 Mises 准则对三个主应力都给予了同等的重视。然而两个屈服函数的本质差异在屈服的判据上，Tresca 准则以最大剪应力 K 作判据，而 Mises 准则以拉伸屈服极限 σ_s 作判据。根据图 4.11 可以在数值上评判两者的最大差异。在六边形的各顶点，两者完全相同，而在两相邻顶点的中间点，两个屈服函数相差最大。由等倾线的特点可见，屈服面的一条母线上各点都具有相同的偏应力状态，任意两点之间应力状态的差别只是平均应力不同。据此不难判断，六个顶点所在的母线上，任一点应力状态都是单向拉伸或压缩状态叠加上不同的球应力，在这种应力状态下两个屈服函数将得到相同的数值。而差别最大点的应力状态可在 σ_1、σ_2 坐标平面内来观察，例如 Q' 点，其应力状态为 $\sigma_1 = -\sigma_2$，$\sigma_3 = 0$，显然这是纯剪切状态。若设屈服时剪应力为 K，由应力变换得到主应力 $\sigma_1 = -\sigma_3 = K$，$\sigma_2 = 0$（已按大小顺序排列），因此由 Tresca 屈服函数得到：

$$\sigma_1 - \sigma_3 = 2K = \sigma_s$$

即 $K = \sigma_s/2$；而由 Mises 屈服函数得到：

$$\sqrt{\frac{1}{2}\left[(\sigma_1 - \sigma_2)^2 + (\sigma_2 - \sigma_3)^2 + (\sigma_3 - \sigma_1)^2\right]} = \sqrt{3}K = \sigma_s$$

即 $K = \sigma_s/\sqrt{3}$。两者的最大差别是 15.5%，Mises 对应值较大，即对于纯剪切叠加上球应力的应力状态，用 Tresca 准则判断已屈服时，用 Mises 准则判断则可能没有屈服。

可以证明，其他 5 个差别最大的点也是纯剪切叠加上球应力的应力状态。

§4.4　塑性变形的增量理论

材料发生塑性变形时，一般具备如下特点。

（1）应力应变关系是非线性的。

（2）应力与应变之间一般不存在单值对应关系，而是与变形历史有关。如图 4.13 所示，应力 σ_1 可能对应着加载时 A 点的弹性应变 ε_A，也可能对应着先加载到 B 点再卸到 B' 点的应变 $\varepsilon_{B'}$。同样，应变 $\varepsilon_{B'}$ 既可能对应着经过加卸载后的应力 σ_1，也可能对应着加载过程的 σ_2。因此，若想根据应力状态来确定应变状态，或者根据应变状态来确定应力状态，必须事先知道变形历史。

（3）变形时有弹性和塑性之分，并且两者有可能同时发生。

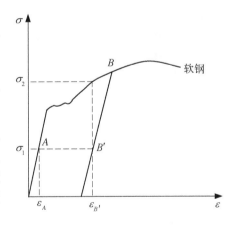

图 4.13　应力应变的历史相关性

（4）加载和卸载时遵从不同的规律，反向加载时还有可能产生 Bauschinger 效应。

描述塑性变形时的应力应变关系有两种理论，即增量理论和全量理论。

增量理论又称为流动理论，该理论研究应力和应变增量之间的关系，因而考虑了应变历史。增量理论是研究材料塑性变形最重要和最基本的理论。

4.4.1 刚塑性变形的增量理论

把一点的应力状态用应力莫尔圆表示，如图 4.14 所示。Lode 用两个小圆直径的差与大圆直径之比作为描述应力状态特征的参数，即

$$\mu_\sigma = \frac{(\sigma_2 - \sigma_3) - (\sigma_1 - \sigma_2)}{\sigma_1 - \sigma_3} = 2\frac{\sigma_2 - \sigma_3}{\sigma_1 - \sigma_3} - 1$$

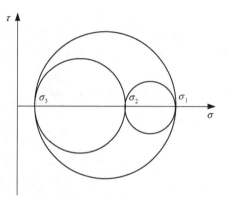

μ_σ 称为应力 Lode 参数。同理，定义塑性应变增量 Lode 参数如下：

$$\mu_{d\varepsilon} = 2\frac{d\varepsilon_2^p - d\varepsilon_3^p}{d\varepsilon_1^p - d\varepsilon_3^p} - 1$$

Lode 通过承受拉伸和内压的薄壁圆筒实验表明，对于各向同性材料，一般有 $\mu_\sigma = \mu_{d\varepsilon}$，这反映了应力莫尔圆和塑性应变增量莫尔圆永远是相似的，因此

图 4.14　应力莫尔圆

$$\frac{d\varepsilon_1^p - d\varepsilon_3^p}{\sigma_1 - \sigma_3} = \frac{d\varepsilon_2^p - d\varepsilon_3^p}{\sigma_2 - \sigma_3} = d\lambda$$

其中，$d\lambda$ 是比例常数。在数学上，若

$$\frac{A}{B} = \frac{C}{D}$$

则

$$\frac{A \pm C}{B \pm D} = \frac{A}{B}$$

因此

$$\frac{d\varepsilon_1^p - d\varepsilon_3^p + (d\varepsilon_2^p - d\varepsilon_3^p)}{\sigma_1 - \sigma_3 + (\sigma_2 - \sigma_3)} = \frac{d\varepsilon_1^p + d\varepsilon_2^p + d\varepsilon_3^p - 3d\varepsilon_3^p}{\sigma_1 + \sigma_2 + \sigma_3 - 3\sigma_3} = d\lambda$$

其中，$\sigma_1 + \sigma_2 + \sigma_3 - 3\sigma_3 = -3\sigma_3'$，而塑性变形满足体积不变定律，即 $d\varepsilon_1^p + d\varepsilon_2^p + d\varepsilon_3^p = 0$，故得到：

$$\frac{d\varepsilon_3^p}{\sigma_3'} = d\lambda$$

同理有

$$\frac{d\varepsilon_1^p}{\sigma_1'} = \frac{d\varepsilon_2^p}{\sigma_2'} = \frac{d\varepsilon_3^p}{\sigma_3'} = d\lambda$$

$$\frac{d\varepsilon_x^p}{\sigma_x'} = \frac{d\varepsilon_y^p}{\sigma_y'} = \frac{d\varepsilon_z^p}{\sigma_z'} = \frac{d\varepsilon_{xy}^p}{\sigma_{xy}'} = \frac{d\varepsilon_{yz}^p}{\sigma_{yz}'} = \frac{d\varepsilon_{zx}^p}{\sigma_{zx}'} = d\lambda$$

该式表明，在塑性变形过程中，应变偏量（或塑性应变）的增量与相对应的应力偏量分量成正比。实际上，Lévy 和 Mises 早在 Lode 实验之前就已经提出了类似的见解，因此该理论称为 Lévy‑Mises 理论，又称刚塑性变形的增量理论或流动理论，包含以下内容：

（1）材料塑性变形时体积不变（材料不可压缩）；

（2）塑性应变增量与应力偏量成正比。

该理论的一般表达式为

$$d\varepsilon_{ij}^p = d\lambda \sigma_{ij}' \tag{4.19a}$$

当用 Mises 屈服准则确定 $d\lambda$ 时［如式（4.20）］，应用式（4.19）时还应强调材料需满足 Mises 屈服准则。

比较式（4.8）和式（4.19a）可见，弹性变形的广义胡克定律与塑性变形的 Lévy‑Mises 理论具有相似性，即在弹性变形中应变偏量与对应的应力偏量成正比，比例系数为 $1/2G$，是常数；而在塑性变形中，塑性应变增量与对应的应力偏量成正比，比例系数是 $d\lambda$，它是等效塑性应变增量和等效应力的函数，在变形过程中是变化的。

该方程还可以写成"率"的形式，即流动方程：

$$\dot{\varepsilon}_{ij}^p = \dot{\lambda} \sigma_{ij}' \tag{4.19b}$$

根据式（4.19a），还可定义等效塑性应变增量这一重要概念，令塑性变形功增量

$$dW_p = \sigma_{ij} d\varepsilon_{ij}^p = \bar{\sigma} d\bar{\varepsilon}^p$$

其中，$d\bar{\varepsilon}^p$ 为等效塑性应变增量。由于 $d\varepsilon_{ii}^p = 0$（塑性变形体积不变），故

$$\sigma_{ij} d\varepsilon_{ij}^p = (\sigma_{ij}' + \delta_{ij}\sigma_m) d\varepsilon_{ij}^p = \sigma_{ij}' d\varepsilon_{ij}^p + \sigma_m d\varepsilon_{ii}^p = \sigma_{ij}' d\varepsilon_{ij}^p = d\lambda (\sigma_{ij}' \sigma_{ij}') = \frac{2}{3} d\lambda \bar{\sigma}^2$$

由此得到比例系数：

$$d\lambda = \frac{3 d\bar{\varepsilon}^p}{2\bar{\sigma}} \quad \text{或} \quad d\lambda = \frac{3 dW_p}{2\bar{\sigma}^2} \tag{4.20}$$

考虑到式（4.19a），又有

$$\bar{\sigma}d\bar{\varepsilon}^p = \sigma'_{ij}d\varepsilon^p_{ij} = \frac{1}{d\lambda}(d\varepsilon^p_{ij}d\varepsilon^p_{ij})$$

将式（4.20）代入上式，得到：

$$d\bar{\varepsilon}^p = \sqrt{\frac{2}{3}d\varepsilon^p_{ij}d\varepsilon^p_{ij}} \qquad (4.21a)$$

当应变增量用主应变表示时，可以推导出关系式：

$$d\bar{\varepsilon}^p = \frac{\sqrt{2}}{3}\sqrt{(d\varepsilon^p_1 - d\varepsilon^p_2)^2 + (d\varepsilon^p_2 - d\varepsilon^p_3)^2 + (d\varepsilon^p_3 - d\varepsilon^p_1)^2} \qquad (4.21b)$$

整个变形过程的等效塑性应变可由上式积分得到，即

$$\bar{\varepsilon}^p = \int d\bar{\varepsilon}^p \qquad (4.22)$$

至此，Lévy‐Mises 增量流动方程表示为

$$d\varepsilon^p_{ij} = \frac{3d\bar{\varepsilon}^p}{2\bar{\sigma}}\sigma'_{ij} \quad 或 \quad \dot{\varepsilon}^p_{ij} = \frac{3\dot{\bar{\varepsilon}}^p}{2\bar{\sigma}}\sigma'_{ij} \qquad (4.23)$$

其中，$\dot{\bar{\varepsilon}}$ 是等效应变速率：

$$\dot{\bar{\varepsilon}}^p = \sqrt{\frac{2}{3}\dot{\varepsilon}^p_{ij}\dot{\varepsilon}^p_{ij}}$$

4.4.2 弹塑性变形的增量理论

该理论将应变增量分解为弹性应变增量和塑性应变增量，即

$$d\varepsilon_{ij} = d\varepsilon^e_{ij} + d\varepsilon^p_{ij} \qquad (4.24)$$

其中，弹性应变增量与应力增量之间满足广义胡克定律，而塑性应变增量与偏应力之间满足 Lévy‐Mises 理论，因此

$$d\varepsilon_{ij} = \frac{1-2\mu}{3E}\delta_{ij}d\sigma_{kk} + \frac{1}{2G}d\sigma'_{ij} + \frac{3d\bar{\varepsilon}^p}{2\bar{\sigma}}\sigma'_{ij} \qquad (4.25a)$$

注意到：

$$2G = \frac{E}{1+\mu} \quad 和 \quad d\sigma'_{ij} = d\sigma_{ij} - \frac{1}{3}\delta_{ij}d\sigma_{kk}$$

式（4.25a）还可写成

$$d\varepsilon_{ij} = \frac{1}{E}\left[(1+\mu)d\sigma_{ij} - \mu\delta_{ij}d\sigma_{kk}\right] + \frac{3d\bar{\varepsilon}^p}{2\bar{\sigma}}\sigma'_{ij} \qquad (4.25b)$$

上式称为 Prandtl – Reuss 增量理论，它与 Lévy – Mises 方程相比，在于考虑了弹性变形，因而可用来求解弹塑性问题，以及将总的应变增量分解为弹性应变增量和塑性应变增量。

以上两组应力应变关系都是增量理论，整个塑性变形过程可以由各瞬时变形的累积求出，因而这两个理论都能描述复杂的加载过程。

在增量理论的应用中，经常用到根据应变增量求解应力的情况，例如在基于位移法的弹塑性有限元中，需要把应力增量表达为应变增量的函数形式。比较 Lévy – Mises 理论和 Prandtl – Reuss 理论不难发现，在应变增量给定的情况下，根据前者只能得到与之对应的偏应力，而无法得到球应力，因此无法求解应力增量；而后者则同时建立了应变增量与球应力增量和瞬时偏应力的关系，可以得到应力增量的表达式。

若材料是各向同性强化的，由式（4.20）得到：

$$d\lambda = \frac{3d\bar{\varepsilon}^p}{2\bar{\sigma}} = \frac{3}{2}\frac{d\bar{\varepsilon}^p}{d\bar{\sigma}}\frac{d\bar{\sigma}}{\bar{\sigma}}$$

其中，$H = d\bar{\sigma}/d\bar{\varepsilon}^p$ 为塑性硬化模量，也是材料的硬化率。由式（4.17）得到：

$$d\bar{\sigma} = \frac{3}{2\bar{\sigma}}(\sigma'_{ij}d\sigma'_{ij}) = \frac{3}{2\bar{\sigma}}(\sigma'_{ij}d\sigma_{ij})$$

于是

$$d\lambda = \frac{9}{4}\frac{1}{H\bar{\sigma}^2}\sigma'_{ij}d\sigma_{ij} \qquad (4.26)$$

将式（4.26）代入式（4.25b），得到：

$$d\varepsilon_{ij} = \frac{1}{E}\left[(1+\mu)d\sigma_{ij} - \mu\delta_{ij}d\sigma_{kk}\right] + \frac{9}{4}\frac{1}{H\bar{\sigma}^2}\sigma'_{ij}\sigma'_{kl}d\sigma_{kl} \qquad (4.27a)$$

将上式等号左右均乘以 σ'_{ij}，得到：

$$\sigma'_{ij}d\varepsilon_{ij} = \left(\frac{1+\mu}{E} + \frac{3}{2H}\right)\sigma'_{ij}d\sigma_{ij}$$

或

$$\sigma'_{kl}\mathrm{d}\sigma_{kl} = \frac{1}{\dfrac{1+\mu}{E}+\dfrac{3}{2H}}\sigma'_{kl}\mathrm{d}\varepsilon_{kl} \tag{4.27b}$$

又由于

$$\mathrm{d}\sigma_{kk} = \frac{E}{1-2\mu}\mathrm{d}\varepsilon_{kk} = \frac{E}{1-2\mu}\delta_{kl}\mathrm{d}\varepsilon_{kl} \tag{4.27c}$$

将式 (4.27b) 和式 (4.27c) 代入式 (4.27a) 得到:

$$\mathrm{d}\varepsilon_{ij} = \frac{1}{E}\left[(1+\mu)\mathrm{d}\sigma_{ij} - \frac{E\mu}{1-2\mu}\delta_{ij}\delta_{kl}\mathrm{d}\varepsilon_{kl}\right] + \frac{9}{2}\frac{1}{\bar{\sigma}^2}\frac{E}{2(1+\mu)H+3E}\sigma'_{ij}\sigma'_{kl}\mathrm{d}\varepsilon_{kl}$$

将应力增量移到等式左端,所有应变增量项移到等式右端,便得到应力增量的表达式:

$$\mathrm{d}\sigma_{ij} = \frac{E}{1+\mu}\left[\delta_{ik}\delta_{jl} + \frac{\mu}{1-2\mu}\delta_{ij}\delta_{kl} - \frac{9}{4}\frac{1}{\bar{\sigma}^2}\frac{1}{\dfrac{H(1+\mu)}{E}+\dfrac{3}{2}}\sigma'_{ij}\sigma'_{kl}\right]\mathrm{d}\varepsilon_{kl}$$

$$\tag{4.28}$$

此即用应变增量表示应力增量的 Prandtl – Reuss 理论表达式。

若记

$$D^{ep}_{ijkl} = \frac{E}{1+\mu}\left[\delta_{ik}\delta_{jl} + \frac{\mu}{1-2\mu}\delta_{ij}\delta_{kl} - \frac{9}{4}\frac{1}{\bar{\sigma}^2}\frac{1}{\dfrac{H(1+\mu)}{E}+\dfrac{3}{2}}\sigma'_{ij}\sigma'_{kl}\right]$$

则

$$\mathrm{d}\sigma_{ij} = D^{ep}_{ijkl}\mathrm{d}\varepsilon_{kl} \tag{4.29}$$

其中,D^{ep}_{ijkl} 称为弹塑性应力应变关系张量。得到应力增量后就可以根据式 (4.25a) 或 (4.25b) 计算对应的弹性应变增量和塑性应变增量,从而完成弹塑性分解。该公式是日本学者山田嘉昭于 1968 年首先给出的,该公式的出现极大地推动了弹塑性有限元的发展。

在计算增量变形时,一个增量步结束后有两种计算等效应力的方法。一是将求解得到的偏应力增量叠加到原有偏应力上,根据偏应力计算等效应力;二是将求解得到的等效应变增量叠加到原有的等效应变上,根据材料的应力应变关系计算对应的流动应力。由于塑性变形时等效应力应该时刻等于流动应力,所以如果这两种计算方法得到的结果相同或相近,则表明其计算结果是可信的。但由于式 (4.29) 中的塑性应变增量是建立在增量步开始时的偏应力基础上的,因此一个增量步结束后，必然会带来相应的偏差。

作为应用，考察式（4.29）对于应变增量步长的适应能力。假设材料的流动应力满足 $\bar{\sigma} = 100(1 + \bar{\varepsilon}^{0.2})$（单位 MPa），弹性模量为 200 GPa，泊松比为 0.3。设一个增量步的初始时刻对应的等效塑性应变为 0.5，流动应力是 187.055 MPa，偏应力状态是（49.55，74.33，-123.88）。给出不同的应变增量，根据式（4.29）得到的计算结果如表 4.1 所示。

表 4.1　不同应变增量下式（4.29）的计算结果

算例	应变增量	增量步结束时的计算结果			
		偏　应　力	等效塑性应变增量	等效应力	流动应力
1	(0.003 2, 0.004 9, -0.008)	(42.09, 81.04, -123.12)	0.008 1	187.7	187.33
2	(0.01, 0.015 1, -0.025)	(42.29, 81.23, -123.52)	0.025 2	188.33	187.92
3	(0.004 9, 0.003 2, -0.008)	(317.39, -159.85, -157.54)	0.007 87	476.09	187.33

表中第 1、3 个算例都是应变增量很小的情况，第 2 个算例是应变增量比较大的情况。第 1、2 个算例中等效应力都接近流动应力，但第 3 个算例两者却相差极大。究其原因，第 1、2 个算例中给定的应变增量都与增量步初始时刻的偏应力近似成正比关系，也即该增量步的加载路径与当前应力状态是同向的。第 3 个算例尽管与第 1 个算例的应变程度基本相同，但加载路径发生了较大的变化，计算产生了很大的误差。因此，基于式（4.29）的计算方法适用于加载路径变化不显著的增量步，当增量步显著改变加载路径时，该计算方法不再适用。

§4.5　塑性变形的全量理论

全量理论只研究变形中任意时刻全量应变和全量应力之间的关系，不考虑加载路径，因而其应用范围受到限制，严格地说，全量理论只适用于比例变形问题。

4.5.1　比例变形问题

比例变形定义为，在变形过程中，各应变分量自始至终都按同一比例增加，或者说各应变分量在变形过程中始终保持为同一比例。即在主应变空间中，始终有

$$d\varepsilon_1^p : d\varepsilon_2^p : d\varepsilon_3^p = 1 : k_2 : k_3$$

其中，k_2、k_3 均为常数。变形结束时，有

$$\varepsilon_1^p : \varepsilon_2^p : \varepsilon_3^p = 1 : k_2 : k_3$$

另外，变形过程的等效应变增量为

$$d\bar{\varepsilon}^p = \frac{\sqrt{2}}{3} \sqrt{(d\varepsilon_1^p - d\varepsilon_2^p)^2 + (d\varepsilon_2^p - d\varepsilon_3^p)^2 + (d\varepsilon_3^p - d\varepsilon_1^p)^2}$$

$$= \frac{\sqrt{2}}{3} \sqrt{(1 - k_2)^2 + (k_2 - k_3)^2 + (k_3 - 1)^2} \, d\varepsilon_1^p$$

对上式积分，并注意到初始状态下各应变值均为零，于是得到：

$$\bar{\varepsilon}^p = \frac{\sqrt{2}}{3} \sqrt{(\varepsilon_1^p - \varepsilon_2^p)^2 + (\varepsilon_2^p - \varepsilon_3^p)^2 + (\varepsilon_3^p - \varepsilon_1^p)^2} \tag{4.30a}$$

参照式（4.21a）和式（4.21b）的关系，当应变状态用任意方向的应变分量表示时，等效应变的表达式为

$$\bar{\varepsilon}^p = \sqrt{\frac{2}{3} \varepsilon_{ij}^p \varepsilon_{ij}^p} \tag{4.30b}$$

可见，在比例变形时，等效应变可由最终应变状态直接确定。应该注意的是，在非比例变形时，等效应变不能由最终应变状态确定，而必须通过对变形过程积分才能得到。

等效塑性应变是一个很重要的概念，可被用来衡量物体的变形程度，并且在大变形情况下，许多金属的流动应力及微观组织变化都与等效塑性应变有关。

下面通过 2.5 节中的算例讨论几种不同应变表达方式对应的等效塑性应变。2.5 节的算例给出了一个长方形物体受单向拉伸的均匀大变形问题，并且已计算了用不同应变描述方法表示的应变。根据这些数值，可得到不同应变描述方法对应的等效应变。

Green 应变：

$$\bar{\varepsilon}_G = \sqrt{\frac{2}{3} [0.22^2 + (-0.083\ 3)^2 + (-0.083\ 3)^2]} = 0.203\ 76$$

Almansi 应变：

$$\bar{\varepsilon}_A = \sqrt{\frac{2}{3} [0.152\ 78^2 + (-0.099\ 95)^2 + (-0.099\ 95)^2]} = 0.169\ 94$$

对数应变：

$$\bar{\varepsilon}_L = \sqrt{\frac{2}{3}\left[0.182\,3^2 + (-0.091\,12)^2 + (-0.091\,12)^2\right]} = 0.182\,3$$

可见，对于这个均匀拉伸的问题，用变形结束时的应变分量计算等效应变时，Green 应变的等效应变小于物体相应的拉伸应变，Almansi 应变的等效应变大于物体相应的拉伸应变，只有对数应变的等效应变才等于相应的拉伸应变。引入等效应变的概念是为了把复杂的应变状态"等效成"单向的应变状态，由此例看出，对于大变形问题，只有采用对数应变描述（或采用逐步更新的 Lagrange 描述），等效应变的计算才有意义。在现有的大型有限元软件中，等效应变通常是根据对数应变（或将每增量步内的等效应变增量积分）计算的。

4.5.2 全量理论的应力应变关系

再来观察比例变形时应力和应变的关系。由增量理论知道，由于应变成比例增加，偏应力也必然成比例增加。设

$$\sigma'_{ij} = c\sigma'_{0ij}, \quad \bar{\sigma} = c\bar{\sigma}_0, \quad d\sigma'_{ij} = \sigma'_{0ij}dc$$

其中，c 为随时间变化的参数，σ'_{0ij} 和 $\bar{\sigma}_0$ 是初始应力偏量的分量和等效应力。由 Prandtl – Reuss 理论：

$$d\varepsilon'_{ij} = \frac{1}{2G}d\sigma'_{ij} + \sigma'_{ij}d\lambda = \frac{1}{2G}\sigma'_{0ij}dc + c\sigma'_{0ij}d\lambda$$

且 $d\lambda = \dfrac{3d\bar{\varepsilon}^p}{2\bar{\sigma}} = \dfrac{3d\bar{\varepsilon}^p}{2c\bar{\sigma}_0}$，所以

$$d\varepsilon'_{ij} = \frac{1}{2G}\sigma'_{0ij}dc + \frac{3\sigma'_{0ij}}{2\bar{\sigma}_0}d\bar{\varepsilon}^p$$

对上式积分，得到：

$$\varepsilon'_{ij} = \frac{1}{2G}c\sigma'_{0ij} + \frac{3\sigma'_{0ij}}{2\bar{\sigma}_0}\bar{\varepsilon}^p = \frac{1}{2G}\sigma'_{ij} + \frac{3\bar{\varepsilon}^p}{2\bar{\sigma}}\sigma'_{ij}$$

若记 $\varphi = \dfrac{3G\bar{\varepsilon}^p}{\bar{\sigma}}$，则

$$\varepsilon'_{ij} = \frac{1+\varphi}{2G}\sigma'_{ij} \qquad\qquad (4.31)$$

由此可见，在比例变形过程中，最终偏应变分量与最终偏应力分量成正比，

该理论称为全量理论。以上推导由 Henchy 给出，故又称为 Henchy 全量理论。其中右端第一项表示弹性应变，第二项表示塑性应变。

Ily'usion 曾经证明，在以下条件下可以应用公式（4.31）求解塑性变形问题：

（1）外力按照比例单调增加，且为零位移边界条件，以保证材料处于比例变形状态；

（2）忽略材料的体积变化，即认为材料不可压缩，$\mu = 0.5$；

（3）小变形，计算应力时可不考虑形状的改变，且塑性变形与弹性变形属于同一数量级。

严格来说，当 $\mu \neq 0.5$ 时，弹性变形引起体积变化，而塑性变形不引起体积变化，因而全应变一般不会按比例增加，这是存在第（2）个条件的原因。在采用解析解时，应变表达式多采用线性公式，因而难以描述大变形的特征，特别是在大变形情况下难以作弹塑性应变分解，这是存在第（3）个条件的原因。随着计算机技术的发展，非线性的应变表达已能方便地应用于描述大变形，因此在忽略弹性变形的条件下，可以用全量理论求解大变形问题。

Ily'usion 还建议本构关系采用幂函数 $\sigma = A\varepsilon^n$ 的形式，以保证求解时不必总是判断材料处于弹性还是塑性变形状态，也不必作弹塑性分解。在比例变形条件下，偏应变（包括弹性部分和塑性部分）与偏应力成正比，即 $\varepsilon'_{ij} = \lambda \sigma'_{ij}$，在无体积应变时，等效应变的表达式可直接采用等效塑性应变的表达形式，$\bar{\varepsilon} = \sqrt{(2/3)\varepsilon'_{ij}\varepsilon'_{ij}}$，由应力应变关系又可以得到：

$$\bar{\varepsilon} = \sqrt{\frac{2}{3}\varepsilon'_{ij}\varepsilon'_{ij}} = \sqrt{\frac{2}{3}\lambda^2\sigma'_{ij}\sigma'_{ij}} = \frac{2\lambda\bar{\sigma}}{3}, \quad \lambda = \frac{3\bar{\varepsilon}}{2\bar{\sigma}}$$

由此得到不考虑弹塑性分解的全量型弹塑性本构方程：

$$\varepsilon'_{ij} = \frac{3\bar{\varepsilon}}{2\bar{\sigma}}\sigma'_{ij} \tag{4.32}$$

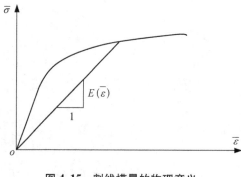

图 4.15　割线模量的物理意义

其中，$E(\bar{\varepsilon}) = \bar{\sigma}/\bar{\varepsilon}$ 是割线模量，其物理意义见图 4.15。可见，在 $\mu = 0.5$ 的条件下，当 $E(\bar{\varepsilon})$ 为常数时，式（4.32）与式（4.8）完全相同，因此，式（4.32）实际上相当于将广义胡克定律推广用于塑性变形状态。

由全量理论的公式可见，只要已知 $\bar{\sigma}$ 和 $\bar{\varepsilon}$ 的关系，则根据最终应力状态就可以直接得出最终变形状态，这是全量理论最独特的优点。

4.5.3　单一曲线假设

在应用增量理论和全量理论时，都必然用到复杂应力状态下等效应力和等效应变的关系。那么如何得到材料在复杂应力状态下的应力应变关系呢？首先，这个关系是材料的性质，需要根据实验确定。大量实验结果表明，在比例变形情况下，等效应力 $\bar{\sigma}$ 和等效应变 $\bar{\varepsilon}$ 之间存在着几乎相同的关系，而与应力状态无关。因此可以假定，只要在比例变形或偏离比例变形不大的条件下，对应于不同的应力状态，材料的等效应力与等效应变的关系曲线，都可以用单向拉伸时的应力应变曲线来表示，这个结论称为单一曲线假设。该假设解决了如何获得复杂应力下的流动应力曲线的问题。

4.5.4　塑性应力应变关系的应用举例

例 1：设两端封闭的薄壁圆筒受内压 p 作用，平均半径为 r_0，壁厚为 t_0，材料的应力应变关系是 $\sigma = A\varepsilon^n$，试求壁厚的减薄量。设材料是不可压缩的，且采用对数应变。

该问题没有位移边界条件，是典型的比例变形问题。在内压 p 作用下，由平衡关系得到筒身上的周向（θ 向）、轴向（z 向）和径向（r 向）应力：

$$\sigma_\theta = \frac{pr_0}{t_0}, \quad \sigma_z = \frac{pr_0}{2t_0}, \quad \sigma_r \approx 0 \tag{a}$$

变形时应力分量保持不变的比例，因而圆筒经历的是比例变形，可以用全量理论求解。由式（a）可得到：

$$\sigma_m = \frac{1}{2}\sigma_\theta = \frac{pr_0}{2t_0}, \ \sigma_z' = 0, \ \sigma_r' = -\frac{1}{2}\sigma_\theta = -\frac{pr_0}{2t_0}, \ \sigma_\theta' = \frac{1}{2}\sigma_\theta = \frac{pr_0}{2t_0}$$

由全量理论知：

$$\varepsilon_z : \varepsilon_r : \varepsilon_\theta = \sigma_z' : \sigma_r' : \sigma_\theta' = 0 : -1 : 1$$

等效应力和等效应变为

$$\bar{\sigma} = \sqrt{\frac{3}{2}\sigma_{ij}'\sigma_{ij}'} = \frac{\sqrt{3}}{2}\sigma_\theta = \frac{\sqrt{3}}{2}\frac{pr_0}{t_0}, \quad \bar{\varepsilon} = \sqrt{\frac{2}{3}\varepsilon_{ij}'\varepsilon_{ij}'} = \frac{2}{\sqrt{3}}\varepsilon_\theta = -\frac{2}{\sqrt{3}}\varepsilon_r$$

由单一曲线假设，得到：

$$\frac{\sqrt{3}}{2}\frac{pr_0}{t_0} = A\left(-\frac{2}{\sqrt{3}}\varepsilon_r\right)^n \tag{b}$$

而

$$\varepsilon_r = \ln\left(\frac{t}{t_0}\right) = -\ln\left(\frac{t_0}{t}\right)$$ (c)

将式（c）代入式（b），得到：

$$t = t_0 \exp\left(-\frac{\sqrt{3}}{2}\left(\frac{\sqrt{3}}{2}\frac{pr_0}{At_0}\right)^{\frac{1}{n}}\right)$$

因而，壁厚变化为

$$\Delta t = t_0 - t = t_0 \left\{1 - \exp\left[-\frac{\sqrt{3}}{2}\left(\frac{\sqrt{3}}{2}\frac{pr_0}{At_0}\right)^{\frac{1}{n}}\right]\right\}$$

例如，当 $r_0 = 200$ mm、$t_0 = 4$ mm、$p = 10$ MPa、$A = 800$ MPa、$n = 0.25$ 时，由上式计算得到筒壁减薄量为 0.286 5 mm。这一方法可以用于压力容器等的设计。

例 2：薄壁管受轴向力和扭矩作用，设其材料为理想弹塑性，且体积不可压缩。按如下加载路径变形到轴向应变 $\varepsilon = \frac{\sigma_s}{E} = \frac{\sigma_s}{3G}$ 和扭转剪应变 $\gamma = \frac{\sigma_s}{\sqrt{3}G}$（$\gamma$ 是工程剪应变，$\gamma = 2\varepsilon_\tau$）时，应用 Prandtl – Reuss 理论计算其最终应力：

（1）先作用轴向力，使 $\varepsilon = \sigma_s/E$ 并进入塑性状态，在继续有轴向力作用并保持 ε 不变的情况下施加扭矩，使薄壁管的扭转剪应变达到 $\gamma = \sigma_s/\sqrt{3}G$；

（2）先作用扭矩使 $\gamma = \sigma_s/\sqrt{3}G$，并进入塑性状态，在继续有扭矩作用并保持 γ 不变的情况下施加轴向力，使薄壁管的 $\varepsilon = \sigma_s/E$；

（3）保持 γ/ε 为常数，同时拉伸和扭转，使之进入塑性状态。

首先推导塑性变形时应力的计算公式。对于体积不可压缩材料，$1 - 2\mu = 0$，$d\varepsilon_{ij} = d\varepsilon'_{ij}$，故 Prandtl – Reuss 理论成为

$$d\varepsilon_{ij} = \frac{1}{2G}d\sigma'_{ij} + d\lambda\sigma'_{ij}$$ (a)

拉扭联合作用下，薄壁管的变形功为

$$dW = \sigma d\varepsilon + \tau d\gamma$$

$$d\lambda = \frac{3dW}{2\bar{\sigma}^2} = \frac{3}{2}\frac{\sigma d\varepsilon + \tau d\gamma}{\sigma_s^2}$$ (b)

由式（a）得到：

$$\mathrm{d}\sigma'_{ij} = 2G\mathrm{d}\varepsilon_{ij} - 2G\mathrm{d}\lambda\sigma'_{ij}$$

对于本问题，由于 $\sigma_m = \sigma/3$，其中 σ 是横截面正应力，于是

$$\frac{2}{3}\mathrm{d}\sigma = 2G\mathrm{d}\varepsilon - 2G\frac{\sigma\mathrm{d}\varepsilon + \tau\mathrm{d}\gamma}{\sigma_s^2}\sigma$$

$$\mathrm{d}\tau = G\mathrm{d}\gamma - 3G\frac{\sigma\mathrm{d}\varepsilon + \tau\mathrm{d}\gamma}{\sigma_s^2}\tau \qquad (\mathrm{c})$$

1）第一种加载情况

施加扭转之前，$\sigma = \sigma_s$，施加扭转过程中，$\mathrm{d}\varepsilon = 0$，故由式（c）第 2 式得到：

$$\mathrm{d}\tau = G\mathrm{d}\gamma - 3G\frac{\tau^2}{\sigma_s^2}\mathrm{d}\gamma$$

即

$$\frac{\mathrm{d}\tau}{1 - \dfrac{3\tau^2}{\sigma_s^2}} = G\mathrm{d}\gamma$$

两边积分得到：

$$G\gamma = \frac{\sigma_s}{\sqrt{3}}\mathrm{arctanh}\frac{\sqrt{3}}{\sigma_s}\tau + C$$

由 $\gamma = 0$ 时 $\tau = 0$，得到 $c = 0$，于是

$$G\gamma = \frac{\sigma_s}{\sqrt{3}}\mathrm{arctanh}\frac{\sqrt{3}}{\sigma_s}\tau, \qquad \tau = \frac{\sigma_s}{\sqrt{3}}\tanh\frac{\sqrt{3}\,G\gamma}{\sigma_s}$$

当 $\gamma = \sigma_s/\sqrt{3}G$ 时，求得 $\tau = 0.4397\sigma_s$，再由屈服条件 $\sigma^2 + 3\tau^2 = \sigma_s^2$，得到：

$$\sigma = \frac{\sigma_s}{\cosh\left(\dfrac{\sqrt{3}\,G\gamma}{\sigma_s}\right)} = 0.6481\sigma_s$$

即最终应力状态为 $\sigma = 0.6481\sigma_s$，$\tau = 0.4397\sigma_s$。

2）第二种加载情况

施加拉伸之前，$\tau = \sigma_s/\sqrt{3}$，施加拉伸过程中，$\mathrm{d}\gamma = 0$，故由式（c）第 1 式得到：

$$d\sigma = 3Gd\varepsilon - 3G\frac{\sigma^2}{\sigma_s^2}d\varepsilon$$

即

$$\frac{d\sigma}{1 - \frac{\sigma^2}{\sigma_s^2}} = 3Gd\varepsilon$$

两边积分，并由 $\varepsilon = 0$ 时 $\sigma = 0$ 确定积分常数，得到：

$$\sigma = \sigma_s \tanh \frac{3G\varepsilon}{\sigma_s}$$

当 $\varepsilon = \sigma_s/3G$ 时，与屈服条件一起，求得 $\sigma = 0.762\sigma_s$，$\tau = 0.374\sigma_s$。

3）第三种加载情况

由于在加载过程中，γ/ε 保持不变，因此

$$\frac{\gamma}{\varepsilon} = \sqrt{3}, \qquad \frac{d\gamma}{d\varepsilon} = \sqrt{3}$$

对于这样线性的变形路径，无论处于弹性变形状态还是塑性变形状态，都有

$$\frac{d\gamma}{2\tau} = \frac{d\varepsilon}{\sigma'} = 常数$$

故 $2\tau = \sqrt{3}\sigma'$。而 $\sigma' = \frac{2}{3}\sigma$，所以 $\sigma = \sqrt{3}\tau$。与屈服条件联合求解得到：

$$\sigma = 0.707\sigma_s, \qquad \tau = 0.408\sigma_s。$$

由该算例得到一个重要结论：在塑性变形中，沿不同加载路径得到相同变形时，可能对应着不同的应力状态。由此例也可以体会"比例变形"的假设对于全量理论应用的重要性以及全量理论的局限性。

§4.6 Drucker 公设与加卸载判定准则

材料变形伴随着变形能的产生，当卸载时弹性变形能可以释放，而塑性变形能则不能被释放。20 世纪 50 年代，美国力学家 D. C. Drucker 针对稳定材料，将单向拉伸时表现出来的变形能性质推广到复杂变形状态，形成了 Drucker 公设。这一公设建立了材料的流动与屈服准则之间的联系，为研究材料的塑性流动规律

提供了重要的理论基础，大大推动了塑性力学的发展。

4.6.1　稳定材料和非稳定材料

材料的应力应变关系曲线的几种可能形式如图 4.16 所示。在情况 a 中，材料是强化的。这时，要使材料发生应变增量 $\Delta\varepsilon$ 就必须施加应力增量 $\Delta\sigma$，乘积 $\Delta\sigma\cdot\Delta\varepsilon>0$。这种类型的材料称为稳定材料。在情况 b 中，材料的变形曲线有一段是下降的，在该段曲线上，应变的增大导致材料流动应力的减小，即 $\Delta\sigma\cdot\Delta\varepsilon<0$。这种类型的材料称为不稳定材料。而在情况 c 中，应变随着应力增大而减小，这是违反能量守恒定律的，因而也是不可能存在的。

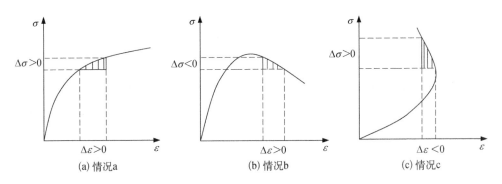

图 4.16　稳定材料和非稳定材料

通常材料的变形均符合情况 a，即表现为稳定材料。但在高温变形时，随着动态再结晶和其他软化机制的发生，材料的流动应力可能会出现图 4.16（b）中的情况，表现为非稳定材料。对于非稳定材料，如果以控制应力的方式加载，则在应力跃过峰值应力后，变形将出现不可确定性。但在塑性加工中，一般都是以位移控制或者能量控制的方式加载，即使对于非稳定材料，也不会出现不可控的变形过程。

4.6.2　Drucker 公设

Drucker 公设是针对稳定材料的。在塑性理论中，通常将导致塑性变形发展的过程称为塑性加载过程；反之，如果一个应力增量导致应力状态离开屈服面，塑性变形将停止，材料将发生弹性变形，称为弹性卸载。在应力空间上考察一个应力循环过程，如图 4.17（a）所示。

假设材料的初始应力状态为 σ_{0ij}，位于 O 点，该点可以位于屈服面内，此时变形是弹性的。接着，在材料上施加新的应力（称为附加应力），使材料的应力从 O 点出发，到达屈服面上的 a 点（应力为 σ_{ij}），材料进入塑性变形状态，再

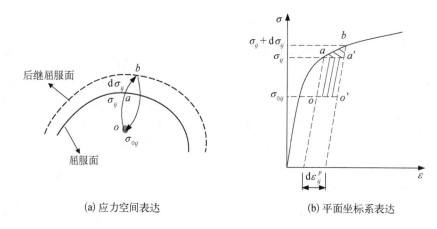

(a) 应力空间表达　　　　　　　(b) 平面坐标系表达

图 4.17　应力循环

接着施加一个增量到达 b 点（应力为 $\sigma_{ij} + \mathrm{d}\sigma_{ij}$），然后开始卸载，最后回到出发时的应力水平，完成一个应力循环。如果将该过程描述成应力和应变的变化关系，可以"想象成"用平面坐标系表达，如图 4.17（b）所示。针对这一过程，Drucker 公设包含两个内容。

（1）在一个应力循环中，如果发生了塑性变形，则附加应力做功为正；反之，如果附加应力做功为零，则在该循环中所发生的变形均为弹性变形，即

$$(\sigma_{ij} - \sigma_{0ij})\mathrm{d}\varepsilon_{ij}^{p} \geqslant 0 \tag{4.33}$$

其中，大于号成立时意味着发生了塑性变形，等号成立时意味着只有弹性变形或中性变载。

（2）在塑性加载阶段，应力增量所做功永不为负，当材料为理想塑性时所做功为零，即

$$\mathrm{d}\sigma_{ij}\mathrm{d}\varepsilon_{ij}^{p} \geqslant 0 \tag{4.34}$$

其中，大于号成立时意味着发生了应变硬化，等号成立时意味着材料为理想塑性。

在应力空间中，屈服面一般是以等倾线为轴线的直筒面。如将应力视为矢量，则偏应力等于应力与球应力的矢量差，因而偏应力矢量总是指向屈服面外侧。由于塑性应变增量主轴与偏应力主轴一致，因而也必然指向屈服面外侧。据此可以解释式（4.33）和式（4.34）的物理意义。

1）式（4.33）表明屈服面是外凸的，且塑性应变增量与屈服面垂直

如图 4.18 所示，将 σ_{ij}、σ_{0ij}、$\mathrm{d}\varepsilon_{ij}^{p}$ 视为矢量，则式（4.33）可表示为

$$(\sigma_{ij} - \sigma_{0ij})\mathrm{d}\varepsilon_{ij}^{p} = |\,\sigma_{ij} - \sigma_{0ij}\,|\,|\,\mathrm{d}\varepsilon_{ij}^{p}\,|\cos\varphi \geqslant 0$$

其中，σ_{0ij} 可以是屈服面内任意点，并且 $\mathrm{d}\varepsilon^p_{ij}$ 只与 σ_{ij} 有关而与 σ_{0ij} 无关。如果屈服面是外凸的［图 4.18（a）］，则只有 $\mathrm{d}\varepsilon^p_{ij}$ 垂直于屈服面时，才能保证上式对于任意的 σ_{0ij} 都成立（即 $\varphi \leqslant \pi/2$）。如果屈服面是外凹的［图 4.18（b）］，则不论 $\mathrm{d}\varepsilon^p_{ij}$ 是否垂直于屈服面，都能在屈服面内部找到一个 σ_{0ij}，使得上式不成立（即 $\varphi > \pi/2$）。因此，只有屈服面是外凸的，并且 $\mathrm{d}\varepsilon^p_{ij}$ 垂直于屈服面时，才能保证式（4.33）对于任何加载情况都成立。

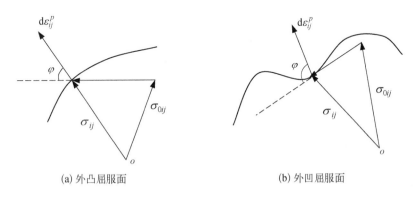

(a) 外凸屈服面　　　　　　　　　　　(b) 外凹屈服面

图 4.18　屈服面的外凸性

由此可见，$\mathrm{d}\varepsilon^p_{ij}$ 沿屈服面的外法线方向，或者说沿屈服面的梯度方向。据此可给出一个更一般的增量流动方程：

$$\mathrm{d}\varepsilon^p_{ij} = \mathrm{d}\lambda \, \frac{\partial f}{\partial \sigma_{ij}} \tag{4.35}$$

其中，$f(\sigma_{ij}) = 0$ 是屈服面的方程。该式称为塑性势流动理论（也称为相伴流动理论）。对于复杂的工程材料，只要能够建立起屈服准则的数学表达式，则根据该理论就可以建立相应的塑性流动方程，因此该理论为许多复杂工程材料的本构模型研究奠定了基础。

作为一个简单应用，假设一个各向异性材料在平面应力状态下满足以下屈服准则：

$$f(\sigma_{ij}) = \sqrt{\sigma_x^2 - A\sigma_x\sigma_y + \sigma_y^2} - \sigma_s = 0$$

于是，

$$\frac{\partial f}{\partial \sigma_x} = \frac{1}{\sigma_s}\left(\sigma_x - \frac{A}{2}\sigma_y\right), \qquad \frac{\partial f}{\partial \sigma_y} = \frac{1}{\sigma_s}\left(\sigma_y - \frac{A}{2}\sigma_x\right)$$

$$\mathrm{d}\varepsilon^p_x = \frac{\mathrm{d}\lambda}{\sigma_s}\left(\sigma_x - \frac{A}{2}\sigma_y\right), \qquad \mathrm{d}\varepsilon^p_y = \frac{\mathrm{d}\lambda}{\sigma_s}\left(\sigma_y - \frac{A}{2}\sigma_x\right)$$

再由等效塑性功的定义：

$$dW_p = \sigma_x d\varepsilon_x^p + \sigma_y d\varepsilon_y^p = \bar{\sigma} d\bar{\varepsilon}^p$$

得到：

$$d\lambda = d\bar{\varepsilon}^p, \quad d\bar{\varepsilon}^p = \sqrt{\frac{4}{4 - A^2} \left[(d\varepsilon_x^p)^2 + A d\varepsilon_x^p d\varepsilon_y^p + (d\varepsilon_y^p)^2 \right]}$$

可见，由塑性势流动理论可以很方便地得到与屈服函数相对应的流动方程。

2）式（4.34）给出了加卸载判定准则

塑性变形时，由于 $d\sigma_{ij} d\varepsilon_{ij}^p \geq 0$，且 $d\varepsilon_{ij}^p = d\lambda \dfrac{\partial f}{\partial \sigma_{ij}}$，$d\lambda > 0$，有

$$d\sigma_{ij} \frac{\partial f}{\partial \sigma_{ij}} \geq 0 \tag{4.36}$$

上式的几何含义是，当 $d\varepsilon_{ij}^p$ 不为零时，$d\sigma_{ij}$ 的方向必须指向屈服面外法线一侧，即 $d\sigma_{ij}$ 的方向与屈服面梯度方向的夹角不大于直角，如图 4.19 所示。因此对于强化材料：

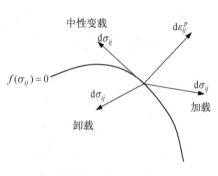

（1）$\dfrac{\partial f}{\partial \sigma_{ij}} d\sigma_{ij} > 0$ 时，加载过程，发生塑性变形；

（2）$\dfrac{\partial f}{\partial \sigma_{ij}} d\sigma_{ij} = 0$ 时，中性变载过程，$d\sigma_{ij}$ 沿屈服面的切线方向，不产生新的塑性变形；

（3）$\dfrac{\partial f}{\partial \sigma_{ij}} d\sigma_{ij} < 0$ 时，卸载过程，发生弹性变形。

图 4.19 加卸载判定准则

对于理想塑性材料，屈服面大小不发生变化，因而没有中性变载情况：

（1）$\dfrac{\partial f}{\partial \sigma_{ij}} d\sigma_{ij} = 0$，加载过程，发生塑性变形；

（2）$\dfrac{\partial f}{\partial \sigma_{ij}} d\sigma_{ij} < 0$，卸载过程，发生弹性变形。

Drucker 公设仅适用于稳定材料。在金属材料的高温塑性变形过程中，随着应变量的增大，材料有可能会发生动态再结晶而产生软化，导致流动应力随着应变增加而降低，因而表现为非稳定性质，对于这种情况的加卸载判据还有待进一步研究。

应当注意，对于复杂应力状态，不能凭主观判定只要应力增加就是塑性加载。

例如，应力状态 $\sigma_{0ij} = \{\sigma_1 = 120\ \text{MPa},\ \sigma_2 = 0,\ \sigma_3 = 0\}$ 满足屈服准则，即 $\sigma_s = 120\ \text{MPa}$。在随后的变形中，保持 σ_1 不变，而 σ_2、σ_3 则按比例由 0 增加到 100 MPa，这一过程实际上是弹性卸载过程。判定如下。

按 Mises 准则，有

$$f(\sigma_{ij}) = (\sigma_1 - \sigma_2)^2 + (\sigma_2 - \sigma_3)^2 + (\sigma_3 - \sigma_1)^2 - 2\sigma_s^2 = 0$$

因此

$$\frac{\partial f}{\partial \sigma_1} = 2(2\sigma_1 - \sigma_2 - \sigma_3) \quad \frac{\partial f}{\partial \sigma_2} = 2(2\sigma_2 - \sigma_1 - \sigma_3) \quad \frac{\partial f}{\partial \sigma_3} = 2(2\sigma_3 - \sigma_1 - \sigma_2)$$

$$\frac{\partial f}{\partial \sigma_{ij}}\mathrm{d}\sigma_{ij} = 2(2\sigma_1 - \sigma_2 - \sigma_3)\mathrm{d}\sigma_1 + 2(2\sigma_2 - \sigma_1 - \sigma_3)\mathrm{d}\sigma_2 + 2(2\sigma_3 - \sigma_1 - \sigma_2)\mathrm{d}\sigma_3$$

因为载荷变化过程中，始终有 $\mathrm{d}\sigma_1 = 0$、$\mathrm{d}\sigma_2 = \mathrm{d}\sigma_3 > 0$，因此

$$\frac{\partial f}{\partial \sigma_{ij}}\mathrm{d}\sigma_{ij} = 2(\sigma_2 + \sigma_3 - 2\sigma_1)\mathrm{d}\sigma_2 < 0$$

即该过程为卸载过程。但是，若 σ_2 和 σ_3 不是同时改变或不按相同比例改变，则该过程有可能既包含加载又包含卸载，要视不同时刻各应力分量的变化而定。

4.6.3　最大塑性耗散功原理

塑性变形时，外力功转化为两部分，即弹性变形功和塑性变形功。其中弹性变形功储存于变形体内，当外力去除时被释放掉。塑性变形功在变形过程中被耗散，一部分转化为变形体的热量从而提高了内能，一部分驱动微观组织演变或者作为发射功辐射出去。设变形体某时刻发生塑性应变增量 $\mathrm{d}\varepsilon_{ij}^p$，与之满足本构关系的偏应力张量为 σ_{ij}'。塑性变形功增量为

$$\mathrm{d}W_p = \sigma_{ij}\mathrm{d}\varepsilon_{ij}^p = \sigma_{ij}'\mathrm{d}\varepsilon_{ij}^p$$

设另有一应力偏张量 $\sigma_{ij}^{*'}$ 也满足屈服准则，但与 $\mathrm{d}\varepsilon_{ij}^p$ 不存在本构关系。参照图 4.20，有

$$\mathrm{d}W^* = \sigma_{ij}^{*'}\mathrm{d}\varepsilon_{ij}^p$$

$$\mathrm{d}W - \mathrm{d}W^* = (\sigma_{ij}' - \sigma_{ij}^{*'})\mathrm{d}\varepsilon_{ij}^p = |PP'| \cdot |PQ| \cos\theta$$

由于屈服面的外凸性，PP' 必在屈服面切线里侧，也即 $\theta < \dfrac{\pi}{2}$，因此

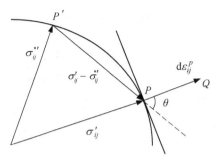

图 4.20 最大塑性耗散功原理

$$dW - dW^* \geqslant 0$$

或

$$(\sigma_{ij}' - \sigma_{ij}^{*\prime})d\varepsilon_{ij}^p \geqslant 0, \quad \int_V (\sigma_{ij}' - \sigma_{ij}^{*\prime})d\varepsilon_{ij}^p dV \geqslant 0 \tag{4.37}$$

这表明，对于一定的应变场来说，在所有符合屈服准则的应力场中，与之满足应力应变本构关系的应力场所作的塑性功最大。由于塑性变形功是耗散的而不是保守的，因此塑性变形总是以能够导致能量耗散最大的方式进行，该原理也称为最大塑性耗散功原理。若将应变增量换成应变速率，则得到最大塑性耗散功率原理。

§4.7 大增量步下应力的计算方法

由式（4.29）可见，塑性变形时的应力应变关系依赖于当前的偏应力状态（σ_{ij}'）和强化状态（$\bar{\sigma}$，H）。因此，当应变增量较大时，根据式（4.29）计算应力增量 $\Delta\sigma_{ij}$，会遇到以下问题：① 应力应变关系张量中的偏应力状态是取该增量步开始时刻的，还是取最终时刻的，抑或是取其他时刻的？② 如何保证该增量步末的应力状态落在后继屈服面上，也即最终应力状态的等效应力应该等于经过应变增量 $\Delta\varepsilon_{ij}$ 强化后的后继屈服应力？③ 如何从总的应变增量中分解出弹性应变增量和塑性应变增量？

4.4 节中的表 4.1 已经表明，如果用本增量步的初始应力状态来计算偏应力增量，会导致增量步结束后的等效应力（根据偏应力计算）与流动应力（根据等效塑性应变和应力应变关系计算）有所差别，特别是在应变增量中有较大的加载路径差异时，则会引起应力计算的很大误差和计算结果的不稳定。这个差异的根源在于"塑性应变增量正比于初始状态的偏应力"。如果认为塑性应变增量正比于本增量中点的偏应力，则可以有效避免应力计算的误差，这一方法称为中点正交法则。

下面结合中点正交法则来解决以上三个问题。

在材料完全进入塑性状态以后，假设一个增量步之初的偏应力张量为 ${}^0\sigma_{ij}'$。根据 Prandtl – Reuss 流动理论式（4.25a），得到应变偏张量的增量形式：

$$\Delta\varepsilon_{ij}' = \frac{1}{2G}\Delta\sigma_{ij}' + \Delta\lambda^* \sigma_{ij}' \tag{4.38}$$

其中，$\Delta\varepsilon'_{ij}$ 即是弹性偏应变增量和塑性应变增量之和；$\Delta\sigma'_{ij}$ 是本增量步的偏应力增量；$\Delta\lambda$ 是比例系数；$^*\sigma'_{ij}$ 是与塑性应变增量相对应的偏应力张量。当应变非常微小时，$^*\sigma'_{ij}$ 可取为本次增量开始时的偏应力值。而当应变增量为有限值时，则取做塑性变形增量步的中间值，即

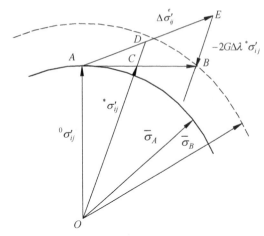

$$^*\sigma'_{ij} = {}^0\sigma'_{ij} + 0.5\Delta\sigma'_{ij} \tag{4.39}$$

在如图 4.21 所示的 π 平面上，A 点为本增量步对应的初始屈服状态，其偏应力张量为 ${}^0\sigma'_{ij}$，B 点对应

图 4.21 中点正交法则图解

着本增量步的最终屈服状态，虚线表示后继屈服面。C 点为 AB 的中点，其偏应力张量为 $^*\sigma'_{ij}$。

如记

$$\Delta\overset{e}{\sigma}{}'_{ij} = 2G\Delta\varepsilon'_{ij} \tag{4.40}$$

其中，$\Delta\overset{e}{\sigma}{}'_{ij}$ 是将该步长的应变增量完全视为弹性应变时得到的假想偏应力增量，由式（4.38），得

$$\Delta\sigma'_{ij} = \Delta\overset{e}{\sigma}{}'_{ij} - 2G\Delta\lambda\,^*\sigma'_{ij} \tag{4.41}$$

式（4.38）及式（4.41）中的比例系数 $\Delta\lambda$ 取决于应变增量和硬化参数，这里在计算式（4.41）时 $\Delta\lambda$ 和 $^*\sigma'_{ij}$ 都是待定的。在图 4.21 中，当选择了一定的合适比例后，$^*\sigma'_{ij}$ 可用任何与之平行的向量来代替，BE 平行于 OC，延长 OC 至 D 点，则 D 点为 AE 的中点，因此，D 点偏应力状态为

$$\tilde{\sigma}'_{ij} = {}^0\sigma'_{ij} + 0.5\Delta\overset{e}{\sigma}{}'_{ij} \tag{4.42}$$

令

$$2G\Delta\lambda\,^*\sigma'_{ij} = \Delta m\tilde{\sigma}'_{ij} \tag{4.43}$$

其中，Δm 为比例系数，是待求量。则

$$\Delta\sigma'_{ij} = \Delta\overset{e}{\sigma}{}'_{ij} - \Delta m\tilde{\sigma}'_{ij} \tag{4.44}$$

记

$$g(\sigma'_{ij}) = \bar{\sigma} = \sqrt{\frac{3}{2}\sigma'_{ij}\sigma'_{ij}} \tag{4.45}$$

为对应于应力状态 σ_{ij} 的等效应力。对本增量步的始点和终点，有

$$[g(^0\sigma'_{ij} + \Delta\sigma'_{ij})]^2 - [g(^0\sigma'_{ij})]^2 = \bar{\sigma}_B^2 - \bar{\sigma}_A^2 \tag{4.46}$$

其中，$\bar{\sigma}_A = \sigma(\bar{\varepsilon}_A^p)$、$\bar{\sigma}_B = \sigma(\bar{\varepsilon}_B^p)$，分别为 A、B 两个状态对应的流动应力，是等效塑性应变的函数，反映了材料的变形强化。

将式（4.44）代入式（4.46），并展开整理后，得到：

$$[g(\tilde{\sigma}'_{ij})]^2(\Delta m)^2 - 3\Delta m\tilde{\sigma}'_{ij}(^0\sigma'_{ij} + \Delta\sigma'^e_{ij}) + 3^0\sigma'_{ij}\Delta\sigma'^e_{ij} + [g(\Delta\sigma'^e_{ij})]^2 = \bar{\sigma}_B^2 - \bar{\sigma}_A^2 \tag{4.47}$$

式（4.47）是关于待定比例系数 Δm 的方程，其左端各项系数均为已知，而右端 $\bar{\sigma}_B$ 则取决于本增量步结束后的塑性应变，现在给出本次增量步结束时的等效塑性应变。

在式（4.38）中，

$$\Delta\varepsilon_{ij}^p = \Delta\lambda^*\sigma'_{ij}$$

将式（4.43）代入上式，得到：

$$2G\Delta\varepsilon_{ij}^p = \Delta m\tilde{\sigma}'_{ij} \tag{4.48}$$

由等效塑性应变增量的定义：

$$\Delta\bar{\varepsilon}^p = \sqrt{\frac{2}{3}\Delta\varepsilon_{ij}^p\Delta\varepsilon_{ij}^p} \tag{4.49}$$

将式（4.48）代入式（4.49）可得到：

$$\Delta\bar{\varepsilon}^p = \frac{\Delta m}{3G}g(\tilde{\sigma}'_{ij}) \tag{4.50}$$

因而 $\Delta\bar{\varepsilon}^p$ 也是 Δm 的函数。在本次增量步的终点，有

$$\bar{\varepsilon}_B^p = \bar{\varepsilon}_A^p + \Delta\bar{\varepsilon}^p \quad \bar{\sigma}_B = \sigma(\bar{\varepsilon}_B^p) \tag{4.51}$$

联立迭代求解式（4.47）和式（4.51），即可得到 Δm。迭代求解过程中，首次计算时，可以令 $\bar{\sigma}_B = \bar{\sigma}_A$，或者把所有的偏应变增量都视作塑性应变增量，预估等效塑性应变和 $\bar{\sigma}_B$。由于方程（4.47）的左端系数项在求解过程中均保持

不变，因此以上迭代求解过程占用的计算时间非常短，且收敛很快，一般迭代 1~2 次即可收敛。解得 Δm 后，由式（4.44）即可求得本增量步对应的偏应力增量。同样，由式（4.48）还可得到本增量步的塑性应变增量，再由应变的分解公式（4.24）即可得到相应的弹性应变，因而实现了应变增量的弹塑性分解。

静水应力增量仅取决于体积应变增量（属于弹性应变），可以根据式（4.27c）求得。

在大变形有限元法中，经常采用中点正交法则计算应力增量，不仅计算方便，而且能保证每增量步后的应力状态自动满足屈服准则。作为应用，重新解答表 4.1 所讨论的问题，表 4.2 给出了应用中点正交法则计算得到的结果，也给出了迭代次数。可见，无论一个增量步中加载路径是否有显著变化，该方法都给出了很好的计算结果，并且迭代次数很少。

表 4.2 不同应变增量下的计算结果

算例	应变增量	增量步结束时的计算结果				
		偏 应 力	等效塑性应变增量	等效应力	流动应力	迭代次数
1	(0.003 2, 0.004 9, −0.008)	(48.36, 75.54, −123.90)	0.008 1	187.34	187.34	1
2	(0.01, 0.015 1, −0.025)	(49.32, 75.07, −124.39)	0.025 2	187.92	187.92	1
3	(0.004 9, 0.003 2, −0.008)	(89.84, 30.21, −120.05)	0.008 1	187.33	187.33	1

需要指出的是，求解式（4.47）时得到 Δm 的两个解，但只有一个解是对的。在塑性加载过程中，等效塑性应变的数值不会减小，在变形增量中必须 $\Delta \bar{\varepsilon}^p \geq 0$，并且对于硬化材料，屈服面是逐渐增大的，因此，根据式（4.50）可以判定：① Δm 必须是正的；② 如果两个解都是正的，硬化材料对应的解应是最小的那个。

思考与练习

1. 金属材料进入塑性状态后，瞬时应力和瞬时应变是否存在单值对应关系？为什么？

2. 做塑性大变形计算时，为什么说等效应力与等效应变的关系必须服从材料的真应力-真应变关系？复杂应力状态下计算材料变形时，以什么作为材料的真应力-真应变关系的计算依据？

3. 金属材料的塑性屈服与应力偏张量的第二不变量有什么关系？塑性应变

增量与应力空间中的屈服面有什么关系?

4. 材料进入塑性状态后, 如果应力状态发生变化, 如何判断材料是处于塑性加载状态还是弹性卸载状态? 在不同状态下, 材料满足什么样的本构关系?

5. 试在应力空间上论述 Mises 屈服函数和 Tresca 屈服函数的异同点。当用两个屈服准则判断材料的屈服时, 在什么应力状态下, 两者的计算结果相同? 在什么应力状态下, 两者的结果差异最大?

6. 说明 Lévy - Mises 理论和 Prandtl - Reuss 理论的区别, 对于板料成形问题, 应选用哪个理论来求解? 为什么?

7. 什么是比例加载? 为什么塑性变形的全量理论仅适用于比例加载变形? 采用塑性增量理论与全量理论时, 怎样计算等效塑性应变?

8. 有平面应变问题对应的应力状态, 其中 z 向无应变:

$$\begin{bmatrix} \sigma_x & 0 & 0 \\ 0 & \sigma_y & 0 \\ 0 & 0 & \sigma_z \end{bmatrix}$$

(1) 根据塑性变形的增量理论, 证明 $\sigma_z = \dfrac{1}{2}(\sigma_x + \sigma_y) = \sigma_m$, σ_m 是平均应力;

(2) 理论上平面应变状态可以视作球应力与纯剪切应力状态的叠加, 试证明该应力状态的偏应力张量对应着纯剪切应力状态。

9. 理想刚塑性平板尺寸为长×宽 = 100 mm×80 mm, 厚度为 2 mm。在其长、宽方向分别施加 100 MPa、20 MPa 拉应力, 厚向方向无外力。变形导致厚度减薄 0.2 mm, 求长和宽方向的变形量。

10. 若材料流动应力满足 $\bar{\sigma} = 158\bar{\varepsilon}^{0.2}$ (单位: MPa), 材料上某点在 $\bar{\varepsilon} = 0.1$ 时, 若产生塑性主应变增量 $\mathrm{d}\varepsilon_{11} = 0.001$、$\mathrm{d}\varepsilon_{22} = 0.0015$、$\mathrm{d}\varepsilon_{33} = -0.0025$, 试根据 Lévy - Mises 增量理论, 计算该增量步对应的偏应力状态。

11. 某板料胀形成形过程中, 某点恒有 $\sigma_1 = 2\sigma_2$、$\sigma_3 \simeq 0$, 其中 σ_1 和 σ_2 是板料面内主应力, σ_3 是板厚方向主应力。材料的真应力-真应变关系为 $\bar{\sigma} = 100(1 + \bar{\varepsilon}^{0.2})$ (单位: MPa), 试采用全量理论计算等效应变 $\bar{\varepsilon} = 0.3$ 时该点材料厚度方向的减薄率, 以及对应的主应力。

12. 某材料在等温成形时, 其流动应力取决于应变速率: $\bar{\sigma} = 100\dot{\bar{\varepsilon}}^{0.1}$。

(1) 塑性变形的某一时刻应变速率为: $\dot{\varepsilon}_1 = 9 \text{ s}^{-1}$, $\dot{\varepsilon}_2 = -6 \text{ s}^{-1}$, $\dot{\varepsilon}_3 = -3 \text{ s}^{-1}$, 计算与之相对应的偏应力张量的分量;

(2) 塑性变形的某时刻应力偏张量的分量为: $\sigma'_1 = 40 \text{ MPa}$, $\sigma'_2 = 20 \text{ MPa}$, $\sigma'_3 = -60 \text{ MPa}$, 计算与之相对应的应变速率分量。

13. 已知一外径为 $D = 30 \text{ mm}$、壁厚 $t = 1.5 \text{ mm}$、长 $L = 250 \text{ mm}$ 两端封闭的金

属薄壁筒，受到轴向拉伸载荷 Q 和内压力 p 的联合作用，加载过程中保持 $\sigma_\theta = \sigma_z$，这里 σ_θ 是周向应力，σ_z 是轴向应力。弹性变形可以忽略。若材料的变形抗力 $\bar\sigma = 1\,000(\bar\varepsilon)^{1/3}\,\text{MPa}$，试求当 $\sigma_z = 600\,\text{MPa}$ 时，① 等效应变 $\bar\varepsilon$；② 变形后薄壁筒的长度和壁厚。

14. 设在平面应力状态下，某材料的屈服面方程可以表示为

$$f(\sigma_{ij}) = \sqrt{\sigma_1^2 - \frac{2r}{1+r}\sigma_1\sigma_2 + \sigma_2^2} - \sigma_s = 0$$

其中，σ_1 和 σ_2 是面内主应力。试根据 Drucker 公设，推导该材料的增量流动方程，并给出等效塑性应变增量表达式。

第 5 章
板料成形中的各向异性流动与强化

板料成形主要包括弯曲、拉深、胀形、翻边等工艺。冷轧板的各向异性是板料成形力学中的主要问题，与之相应的屈服条件与金属流动规律都不同于一般的体积成形或热成形。

§5.1　板料成形的力学特点

5.1.1　板料成形的应力分布特点

板料通常在法向力和面内外力作用下发生变形。法向力导致板料发生弯曲，弯曲应力一般沿板的厚度呈非线性分布，作用方向平行于板的中面，如图 5.1 中①所示。面内外力导致板料发生中面的伸长或缩短，应力沿厚度均匀分布，方向也平行于中面，称为膜应力，如图 5.1 中②所示。尽管在法向力作用点附近也会产生法向应力，但薄板料一般很容易发生弯曲，法向应力与膜应力及弯曲应力相比可以忽略，因此，多数板料成形问题都可以视作平面应力状态。一般来说，板料的成形都会导致板沿模具表面滑动，往往也有压边作用，此时膜应力占主导地

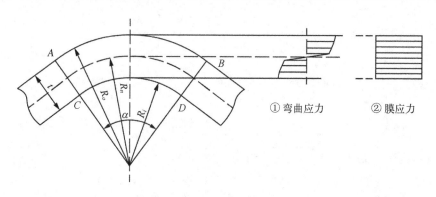

图 5.1　弯曲时的应力分布特点

位，弯曲应力甚至可以忽略。拉深时的典型应力状态如图 5.2 所示。

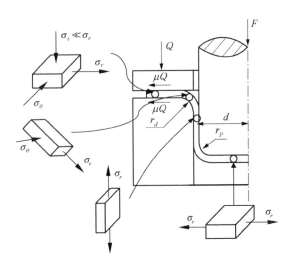

图 5.2　轴对称件拉深时的应力状态

5.1.2　冷轧板的各向异性及其变形特点

工程上应用的大多数各向异性板料都存在力学性能的对称线，例如编织物的经向和纬向就是力学性能的对称方向，这些方向称为材料的主轴方向。如果材料的主轴方向是互相垂直的，这种材料就称为正交各向异性材料。金属薄板料通常都是冷轧制而成。轧制时板料沿厚度方向显著减薄，沿轧制方向显著伸长，而宽度方向几乎不变形，这种变形特征导致材料出现纤维性组织和微观晶粒的择优取向，形成织构，表现为在不同方向受载荷时屈服应力不同，横向应变的比例也不同，具有各向异性特征。如图 5.3 所示，轧制方向、宽度方向和厚度方向是冷轧板材的三个材料主轴方向，且这三个方向互相垂直，因而冷轧板材通常视作正交各向异性材料。

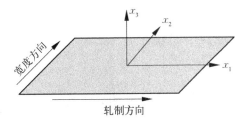

图 5.3　薄板料的材料主轴方向

这样的板材在冲压成形时，材料的流动不仅和应力有关，也与材料的方向有关。例如在图 5.4 中，用圆形板坯拉深圆筒形件时，得到的法兰有四个方向的凸出，或者筒形件边缘不整齐，这种现象称为“凸耳”（或“制耳”），是板料各向异性的典型表现。

薄板料的屈服准则及流动方程必须能够反映各向异性特点，其表达式及其参

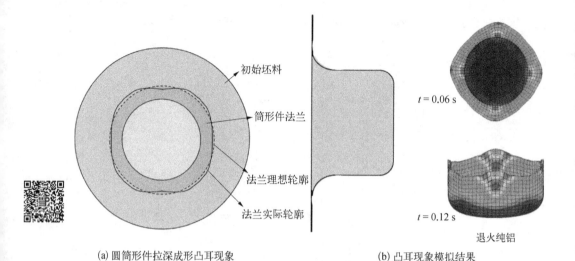

（a）圆筒形件拉深成形凸耳现象　　　　　　　（b）凸耳现象模拟结果

图 5.4　板料拉深时的凸耳现象

数的确定相对于各向同性材料要复杂得多。1948 年，Hill 针对正交各向异性材料提出了一个屈服准则，该准则的参数可以经过简单拉伸实验来获得，并且经过简化后可以用于板料的冲压成形。后来相继出现了其他几种形式的各向异性屈服准则，但都比较复杂，没有得到工程上的广泛应用。1989 年，F. Barlat 和连建设提出了三参数的平面应力状态正交各向异性屈服准则，表达格式简单，各向异性参数易于实验测得，能较好地描述板料面内各向异性特征，因而被广泛用来求解板料冲压成形问题。后来 Barlat 等又在此基础上分别提出了 Barlat'91、Barlat'93、Barlat'97 及 Barlat'2003 等屈服准则，以进一步考虑材料微观结构特点，但这些模型一般都包含更多的参数，建模难度有所提高。本章将介绍 Hill'48 和 Barlat'89 两个各向异性屈服准则，以及相应的材料性能参数测定方法及计算方法。

§5.2　Hill 屈服准则与流动方程

　　Hill'48 屈服准则是仿照各向同性材料的 Mises 准则提出来的，其表达形式如下：

$$\phi(\sigma_{ij}) = \sqrt{F(\sigma_{22} - \sigma_{33})^2 + G(\sigma_{33} - \sigma_{11})^2 + H(\sigma_{11} - \sigma_{22})^2 + 2L\sigma_{23}^2 + 2M\sigma_{31}^2 + 2N\sigma_{12}^2}$$
$$= \overline{\sigma}$$

(5.1)

其中，下角标 1、2、3 代表正交各向异性材料的主轴方向；F、G、H、L、M、N 为各向异性材料常数；$\bar{\sigma}$ 是与该准则对应的等效应力。沿材料的主轴方向截取试件分别做拉伸实验或扭转实验直到屈服，得到单个应力分量对应的屈服极限，就可计算准则中的各参数：

$$F = \frac{\bar{\sigma}^2}{2}\left(\frac{1}{\bar{\sigma}_{22}^2} + \frac{1}{\bar{\sigma}_{33}^2} - \frac{1}{\bar{\sigma}_{11}^2}\right) = \frac{1}{2}\left(\frac{1}{R_{22}^2} + \frac{1}{R_{33}^2} - \frac{1}{R_{11}^2}\right)$$

$$G = \frac{\bar{\sigma}^2}{2}\left(\frac{1}{\bar{\sigma}_{33}^2} + \frac{1}{\bar{\sigma}_{11}^2} - \frac{1}{\bar{\sigma}_{22}^2}\right) = \frac{1}{2}\left(\frac{1}{R_{33}^2} + \frac{1}{R_{11}^2} - \frac{1}{R_{22}^2}\right)$$

$$H = \frac{\bar{\sigma}^2}{2}\left(\frac{1}{\bar{\sigma}_{11}^2} + \frac{1}{\bar{\sigma}_{22}^2} - \frac{1}{\bar{\sigma}_{33}^2}\right) = \frac{1}{2}\left(\frac{1}{R_{11}^2} + \frac{1}{R_{22}^2} - \frac{1}{R_{33}^2}\right)$$

$$L = \frac{3}{2}\left(\frac{\bar{\tau}}{\bar{\sigma}_{23}}\right)^2 = \frac{3}{2R_{23}^2} \quad M = \frac{3}{2}\left(\frac{\bar{\tau}}{\bar{\sigma}_{13}}\right)^2 = \frac{3}{2R_{13}^2} \quad N = \frac{3}{2}\left(\frac{\bar{\tau}}{\bar{\sigma}_{12}}\right)^2 = \frac{3}{2R_{12}^2} \quad (5.2)$$

其中，$\bar{\sigma}_{ij}$ 为 σ_{ij} 作为六个应力分量中唯一的非零应力时所测得的屈服应力；R_{ij} 为屈服应力比，即 $\left(\frac{\bar{\sigma}_{11}}{\bar{\sigma}}, \frac{\bar{\sigma}_{22}}{\bar{\sigma}}, \frac{\bar{\sigma}_{33}}{\bar{\sigma}}, \frac{\bar{\sigma}_{12}}{\bar{\tau}}, \frac{\bar{\sigma}_{13}}{\bar{\tau}}, \frac{\bar{\sigma}_{23}}{\bar{\tau}}\right)$，而 $\bar{\tau} = \frac{\bar{\sigma}}{\sqrt{3}}$。

这里"等效应力"的含义发生了一些变化，它是将材料的应力分量组合"折算"成"各向同性材料"的单向拉伸对应的应力。为了参数测量和应用的方便，一般取某一材料主轴方向的流动应力作为材料的流动应力，例如认为材料的等效应力达到 $\bar{\sigma}_{11}$ 时材料就会屈服，此时 $R_{11} = 1$，而其他参数可以根据简单的拉伸实验获得。需要强调的是，一旦指定了 $R_{11} = 1$，则在计算分析中就必须以 $\bar{\sigma}_{11}$ 作为材料的流动应力。

对于平面应力状态的薄板料成形问题，如令 $\sigma_{33} = \tau_{23} = \tau_{31} = 0$，式（5.1）可简化为

$$\phi(\sigma_{ij}) = \sqrt{F\sigma_{22}^2 + G\sigma_{11}^2 + H(\sigma_{11} - \sigma_{22})^2 + 2N\sigma_{12}^2} = \bar{\sigma} \quad (5.3)$$

将 Hill'48 各向异性屈服函数 $\phi(\sigma_{ij})$ 作为塑性位势函数，根据塑性势流动理论，材料主轴方向的应变为

$$d\varepsilon_{ij}^p = d\lambda\frac{\partial\phi}{\partial\sigma_{ij}} = d\lambda\frac{b_{ij}}{\bar{\sigma}} \quad (5.4)$$

而 b_{ij} 为

$$\begin{aligned}
b_{11} &= G\sigma_{11} + H(\sigma_{11} - \sigma_{22}) \\
b_{22} &= F\sigma_{22} - H(\sigma_{11} - \sigma_{22}) \\
b_{33} &= -F\sigma_{22} - G\sigma_{11} \\
b_{12} &= b_{21} = N\sigma_{12}
\end{aligned} \quad (5.5)$$

这里要特别强调，由于屈服函数中的自变量是材料主轴方向的应力，因此，根据塑性势流动理论只能计算材料主轴方向的应变。对于任意的应力状态，必须要应用应力转轴公式得到材料主轴方向的应力才能应用屈服函数；任意方向的应变也只能通过对材料主轴方向的应变应用转轴公式来获得。

对于薄板材，如材料主轴方向 1、2 和 3 分别为轧制方向、板料平面内垂直于轧制方向及板厚方向，首先应用沿主轴方向 1 的试件进行拉伸实验，由式（5.4）和式（5.5）得

$$d\varepsilon_{11} : d\varepsilon_{22} : d\varepsilon_{33} = (G + H) : - H : - G \tag{5.6}$$

定义材料的各向异性系数（也称 Lankford 系数）为单向拉伸时面内横向应变与厚向应变的比值。对于冷轧板，通常把轧制方向称作 0° 方向，于是定义材料各向异性系数 r_0 为

$$r_0 = \frac{d\varepsilon_{22}}{d\varepsilon_{33}} = \frac{H}{G} \tag{5.7}$$

同理沿主轴方向 2（与轧制方向成 90°）取试件并做拉伸实验，有

$$d\varepsilon_{11} : d\varepsilon_{22} : d\varepsilon_{33} = - H : (F + H) : - F \tag{5.8}$$

定义另一个材料各向异性系数 r_{90}：

$$r_{90} = \frac{d\varepsilon_{11}}{d\varepsilon_{33}} = \frac{H}{F} \tag{5.9}$$

将式（5.7）和式（5.9）代入式（5.2）的前 3 个方程，在 $R_{11} = 1$ 时，有

$$R_{22} = \sqrt{\frac{r_{90}(r_0 + 1)}{r_0(r_{90} + 1)}}, \ R_{33} = \sqrt{\frac{r_{90}(r_0 + 1)}{r_0 + r_{90}}}$$

或者

$$F = \frac{r_0}{r_{90}(r_0 + 1)}, \ G = \frac{1}{r_0 + 1}, \ H = \frac{r_0}{r_0 + 1} \tag{5.10}$$

薄板料难以直接做剪切实验，屈服方程中的常数 N 需要用其他的拉伸实验获得。对于与轧制方向成 θ 角的试件进行单向拉伸试验时，设 σ_θ 为实验所作用的拉伸应力，根据板料平面内的应力平衡方程，将其换算成材料主轴方向的应力，有

$$\sigma_{11} = \sigma_\theta \cos^2\theta, \ \sigma_{22} = \sigma_\theta \sin^2\theta, \ \sigma_{12} = \sigma_\theta \sin\theta\cos\theta \tag{5.11}$$

由式（5.4）得到材料主轴方向的应变后，根据应变转轴公式，可进一步得

到拉伸方向以及板面内垂直拉伸方向的线应变:

$$d\varepsilon_\theta = d\varepsilon_{11}\cos^2\theta + d\varepsilon_{22}\sin^2\theta + 2d\varepsilon_{12}\cos\theta\sin\theta$$

$$d\varepsilon_{90+\theta} = d\varepsilon_{11}\cos^2(90° + \theta) + d\varepsilon_{22}\cos^2\theta + 2d\varepsilon_{12}\cos(90° + \theta)\cos\theta$$

同样定义

$$r_\theta = \frac{d\varepsilon_{90+\theta}}{d\varepsilon_{33}} = \frac{H + (2N - F - G - 4H)\sin^2\theta\cos^2\theta}{F\sin^2\theta + G\cos^2\theta} \tag{5.12}$$

则对于与轧制方向成 45°的单向拉伸,有

$$r_{45} = \frac{2N - (F + G)}{2(F + G)} \tag{5.13}$$

联立式 (5.13) 和式 (5.10) 得

$$N = \frac{(r_0 + r_{90})(1 + 2r_{45})}{2r_{90}(1 + r_0)} \tag{5.14}$$

将式 (5.14) 代入式 (5.2) 得

$$R_{12} = \sqrt{\frac{3(r_0 + 1)r_{90}}{(2r_{45} + 1)(r_0 + r_{90})}} \tag{5.15}$$

以上用三个 Lankford 各向异性系数 r_0、r_{90} 和 r_{45},定义了材料的各向异性性质,也确定了 Hill'48 屈服准则的系数。板材受到拉伸时,r 值描述了板面内横向应变和板厚应变的比值,该比值越大表明板厚越难变形,板料抵抗变薄的能力越强,就越有利于板材的冲压成形。

当各 r 值都等于 1 时,材料是各向同性的,其屈服准则也变成了 Mises 准则。

注意,以上确定各参数时都是以 $R_{11} = 1$ 为基础的,式 (5.1) 所对应的材料屈服应力也必须是材料主轴 1 方向的,并且在计算塑性变形时,等效应力与等效应变的关系也应该服从材料主轴方向 1 的应力应变曲线。如采用其他材料主轴方向,参数的确定也应随之改变。

板面内的应力主轴方向与材料的主轴方向一般不会重合,并且在成形过程中材料主轴方向与坐标轴方向的夹角一般总在变化,追踪材料的主轴方向变化势必给计算带来很多麻烦。实际应用中为了简化,常假设材料在板面内为各向同性,仅存在厚向异性。厚向异性系数可用 r_0、r_{90} 和 r_{45} 的平均值来表示,定义为

$$r = \frac{r_0 + r_{90} + 2r_{45}}{4} \tag{5.16}$$

以 r 替代 r_0、r_{90} 和 r_{45}，可得到 F、G、H 和 N 的值。相应地，式（5.3）简化为

$$\sqrt{\sigma_{11}^2 - \frac{2r}{1+r}\sigma_{11}\sigma_{22} + \sigma_{22}^2 + \frac{2(1+2r)}{1+r}\sigma_{12}^2} = \bar{\sigma} \qquad (5.17)$$

另外，由于忽略了板面内的各向异性，应力可不必用材料主轴的应力来表示，因而对于板面内任意直角坐标系，有

$$\sqrt{\sigma_x^2 - \frac{2r}{1+r}\sigma_x\sigma_y + \sigma_y^2 + \frac{2(1+2r)}{1+r}\sigma_{xy}^2} = \bar{\sigma} \qquad (5.18)$$

特别是，当 x 和 y 分别是应力主轴方向时，式（5.18）可写成主应力表示的形式：

$$\sqrt{\sigma_1^2 - \frac{2r}{1+r}\sigma_1\sigma_2 + \sigma_2^2} = \bar{\sigma} \qquad (5.19)$$

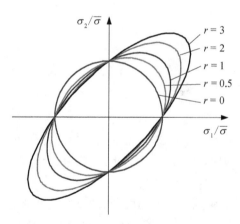

在 $\sigma_1 - \sigma_2$ 坐标平面上，该式对应的屈服轨迹如图5.5所示。

在确定材料的屈服应力时，还是应该考虑不同方向的拉伸屈服应力不同这一事实，把屈服应力取作 0°、45° 和 90° 试件屈服应力的平均值：

$$\bar{\sigma} = \frac{\sigma_0 + 2\sigma_{45} + \sigma_{90}}{4} \qquad (5.20)$$

图 5.5 不同厚向异性系数下的屈服轨迹

下面再来观察服从 Hill'48 屈服准则的板料塑性变形本构关系。以式（5.18）为塑性势函数，根据塑性势流动理论得到：

$$\mathrm{d}\varepsilon_x^p = \frac{\mathrm{d}\lambda}{\bar{\sigma}}\left(\sigma_x - \frac{r}{1+r}\sigma_y\right)$$

$$\mathrm{d}\varepsilon_y^p = \frac{\mathrm{d}\lambda}{\bar{\sigma}}\left(\sigma_y - \frac{r}{1+r}\sigma_x\right)$$

$$\mathrm{d}\varepsilon_z^p = -(\mathrm{d}\varepsilon_x^p + \mathrm{d}\varepsilon_y^p) = -\frac{\mathrm{d}\lambda}{\bar{\sigma}}\frac{1}{1+r}(\sigma_x + \sigma_y)$$

$$\mathrm{d}\varepsilon_{xy}^p = \frac{\mathrm{d}\lambda}{\bar{\sigma}}\frac{1+2r}{1+r}\sigma_{xy}$$

$$(5.21)$$

以及用应变表示应力的表达式:

$$\sigma_x = \frac{\bar{\sigma}}{\mathrm{d}\lambda} \frac{1+r}{1+2r} \left[\,(1+r)\mathrm{d}\varepsilon_x^p + r\mathrm{d}\varepsilon_y^p\,\right]$$

$$\sigma_y = \frac{\bar{\sigma}}{\mathrm{d}\lambda} \frac{1+r}{1+2r} \left[\,(1+r)\mathrm{d}\varepsilon_y^p + r\mathrm{d}\varepsilon_x^p\,\right] \qquad (5.22)$$

$$\sigma_{xy} = \frac{\bar{\sigma}}{\mathrm{d}\lambda} \frac{1+r}{1+2r} \mathrm{d}\varepsilon_{xy}^p$$

令 $\mathrm{d}\bar{\varepsilon}^p$ 为等效塑性应变增量,则塑性功增量为

$$\mathrm{d}W_p = \bar{\sigma}\mathrm{d}\bar{\varepsilon}^p = \sigma_x\mathrm{d}\varepsilon_x^p + \sigma_y\mathrm{d}\varepsilon_y^p + 2\sigma_{xy}\mathrm{d}\varepsilon_{xy}^p \qquad (5.23)$$

将式(5.21)代入式(5.23),得到:

$$\mathrm{d}\lambda = \mathrm{d}\bar{\varepsilon}^p \qquad (5.24)$$

将式(5.22)代入式(5.23),得到:

$$\mathrm{d}\bar{\varepsilon}^p = \frac{1+r}{\sqrt{1+2r}} \sqrt{(\mathrm{d}\varepsilon_x^p)^2 + \frac{2r}{1+r}\mathrm{d}\varepsilon_x^p\mathrm{d}\varepsilon_y^p + (\mathrm{d}\varepsilon_y^p)^2 + \frac{2}{1+r}(\mathrm{d}\varepsilon_{xy}^p)^2} \qquad (5.25)$$

这是当材料以式(5.18)为屈服准则时所对应的等效塑性应变增量的计算公式。根据拉伸实验测量各向异性板料的流动应力曲线时,应力和应变必须经过式(5.20)和式(5.25)的换算,才能作为板料实际的应力应变曲线。

§5.3　Barlat 屈服准则与流动方程

1989 年,F. Barlat 和连建设在参考了多晶体塑性理论计算结果的基础上,提出了描述平面应力条件下材料各向异性屈服准则,其屈服方程为

$$\phi(\sigma_{ij}) = a\,|\,K_1 + K_2\,|^m + a\,|\,K_1 - K_2\,|^m + c\,|\,2K_2\,|^m = 2\bar{\sigma}^m \qquad (5.26)$$

其中,K_1 和 K_2 被定义为

$$K_1 = \frac{\sigma_{11} + h\sigma_{22}}{2} \qquad K_2 = \sqrt{\left(\frac{\sigma_{11} - h\sigma_{22}}{2}\right)^2 + p^2\sigma_{12}^2} \qquad (5.27)$$

m 是与晶体结构有关的材料常数,当板料金属为体心立方(BCC)时,$m=6$;当板料金属为面心立方(FCC)时,$m=8$。a、c、h 和 p 也是材料常数,但当沿着材料主轴方向做拉伸实验时(例如,沿主轴 1 方向,此时 $K_1 = K_2 = \dfrac{\sigma_{11}}{2}$,屈服时

$\bar{\sigma} = \bar{\sigma}_{11}$），此时由式（5.26）很容易得到 $a + c = 2$，因此，a 和 c 只有一个是独立的。

容易验证，当 $m = 2$ 时，式（5.26）等价于式（5.3），该准则等同于 Hill'48 准则，若再有 $h = p = 2$，则该式就是各向同性材料的 Mises 屈服准则。

实际上，各向同性材料在平面应力状态下的 Mises 屈服函数可以表达为

$$\left(\frac{\sigma_x + \sigma_y}{2} + \sqrt{\left(\frac{\sigma_x - \sigma_y}{2} \right)^2 + \tau_{xy}^2} \right)^2 + \left(\frac{\sigma_x + \sigma_y}{2} - \sqrt{\left(\frac{\sigma_x - \sigma_y}{2} \right)^2 + \tau_{xy}^2} \right)^2$$
$$+ \left(2 \sqrt{\left(\frac{\sigma_x - \sigma_y}{2} \right)^2 + \tau_{xy}^2} \right)^2 = 2\sigma_s^2$$

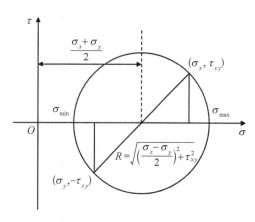

图 5.6 平面应力状态的莫尔圆

对比应力莫尔圆（图 5.6），可见上式还可以写成

$$\sigma_{\max}^2 + \sigma_{\min}^2 + (2R)^2 = 2\sigma_s^2$$

"各向异性"的本质是不同方向的应力分量对材料变形所起的作用不同，如果在上式中给不同的应力赋予一个不同的系数以彰显其作用效果的不同，则该式就转化为式（5.26）的形式。可见平面应力状态下 Mises 屈服准则是 Barlat 屈服准则的一个特例。

当 m 值给定时，其余的三个独立材料常数，可以通过两种方法来获得。

方法 1，通过测量以下三个实验的屈服应力。

（1）沿材料主轴 2 方向拉伸，得到屈服应力 $\bar{\sigma}_{90}$。由式（5.26）得到：

$$a \mid h\bar{\sigma}_{90} \mid^m + c \mid h\bar{\sigma}_{90} \mid^m = 2\bar{\sigma}^m$$

（2）取 $\sigma_{11} = \sigma_{22} = 0$，$\sigma_{12} \neq 0$ 做剪切实验，得到屈服时的应力 $\sigma_{12} = \tau_{S1}$。由式（5.26）得到：

$$a \mid p\tau_{S1} \mid^m + a \mid p\tau_{S1} \mid^m + c \mid 2p\tau_{S1} \mid^m = 2\bar{\sigma}^m$$

（3）取 $\sigma_{11} = -\sigma_{22}$，$\sigma_{12} = 0$ 做剪切实验，得到屈服时的应力 $\sigma_{11} = -\sigma_{22} = \tau_{S2}$。由式（5.26）得到：

$$a \mid \tau_{S2} \mid^m + a \mid h\tau_{S2} \mid^m + c \mid (1 + h)\tau_{S2} \mid^m = 2\bar{\sigma}^m$$

由以上三式得到：

$$h = \frac{\bar{\sigma}}{\sigma_{90}} \quad p = \frac{\bar{\sigma}}{\tau_{S1}} \left(\frac{2}{2a + 2^m c} \right)^{1/m} \quad a = 2 - c = \frac{2\left(\frac{\bar{\sigma}}{\tau_{S2}} \right)^m - 2(1 + h)^m}{1 + h^m - (1 + h)^m} \quad (5.28)$$

需要指出的是，该方法需要在面内做两次剪切实验，当板料比较薄时，剪切变形会引起薄板翘曲，甚至翘曲会发生在塑性变形之前，因此这种测量方法不容易实现。

方法 2，通过测量单向拉伸实验的应变。

以 $\phi(\sigma_{ij})$ 作为塑性势函数，根据塑性流动准则和体积不变定律，材料主轴方向的应变有如下关系：

$$\mathrm{d}\varepsilon_{11} : \mathrm{d}\varepsilon_{22} : \mathrm{d}\varepsilon_{33} = \frac{\partial\phi}{\partial\sigma_{11}} : \frac{\partial\phi}{\partial\sigma_{22}} : -\left(\frac{\partial\phi}{\partial\sigma_{11}} + \frac{\partial\phi}{\partial\sigma_{22}} \right) \qquad (5.29)$$

其中，

$$
\begin{aligned}
\frac{\partial\phi}{\partial\sigma_{11}} &= ma(K_1 + K_2) \mid K_1 + K_2 \mid^{m-2} \left[\frac{1}{2} + \frac{1}{4K_2}(\sigma_{11} - h\sigma_{22}) \right] \\
&+ ma(K_1 - K_2) \mid K_1 - K_2 \mid^{m-2} \left[\frac{1}{2} - \frac{1}{4K_2}(\sigma_{11} - h\sigma_{22}) \right] \\
&+ mc \mid 2K_2 \mid^{m-2} (\sigma_{11} - h\sigma_{22})
\end{aligned} \qquad (5.30-1)
$$

$$
\begin{aligned}
\frac{\partial\phi}{\partial\sigma_{22}} &= ma(K_1 + K_2) \mid K_1 + K_2 \mid^{m-2} \left[\frac{h}{2} - \frac{h}{4K_2}(\sigma_{11} - h\sigma_{22}) \right] \\
&+ ma(K_1 - K_2) \mid K_1 - K_2 \mid^{m-2} \left[\frac{h}{2} + \frac{h}{4K_2}(\sigma_{11} - h\sigma_{22}) \right] \\
&- mc \mid 2K_2 \mid^{m-2} h(\sigma_{11} - h\sigma_{22})
\end{aligned} \qquad (5.30-2)
$$

$$
\begin{aligned}
\frac{\partial\phi}{\partial\sigma_{12}} &= ma(K_1 + K_2) \mid K_1 + K_2 \mid^{m-2} \frac{p^2}{K_2}\sigma_{12} \\
&- ma(K_1 - K_2) \mid K_1 - K_2 \mid^{m-2} \frac{p^2}{K_2}\sigma_{12} \\
&+ 4mc \mid 2K_2 \mid^{m-2} p^2 \sigma_{12}
\end{aligned} \qquad (5.30-3)
$$

沿材料主轴 1 方向做单向拉伸时，其应变比为

$$\mathrm{d}\varepsilon_{11} : \mathrm{d}\varepsilon_{22} : \mathrm{d}\varepsilon_{33} = 2 : -hc : (hc - 2)$$

Lankford 各向异性系数为

$$r_0 = \frac{\mathrm{d}\varepsilon_{22}}{\mathrm{d}\varepsilon_{33}} = \frac{hc}{2-hc}$$

沿材料主轴 2 方向做单向拉伸时，其应变比为

$$\mathrm{d}\varepsilon_{11} : \mathrm{d}\varepsilon_{22} : \mathrm{d}\varepsilon_{33} = -c : 2h : (c-2h)$$

Lankford 各向异性系数为

$$r_{90} = \frac{\mathrm{d}\varepsilon_{11}}{\mathrm{d}\varepsilon_{33}} = \frac{c}{2h-c}$$

联立求解后，得到：

$$h = \sqrt{\frac{r_0}{1+r_0} \frac{1+r_{90}}{r_{90}}}, \quad c = 2\sqrt{\frac{r_0}{1+r_0} \frac{r_{90}}{1+r_{90}}}, \quad a = 2 - 2\sqrt{\frac{r_0}{1+r_0} \frac{r_{90}}{1+r_{90}}}$$

$$(5.31)$$

p 值可以根据斜方向的单向拉伸实验结果计算出来，例如沿 45°方向拉伸时，参照式（5.11）有

$$\sigma_{11} = \sigma_{22} = \sigma_{12} = \frac{1}{2}\sigma_{45}$$

$$K_1 = \frac{1}{4}\sigma_{45}(1+h), \quad K_2 = \frac{1}{2}\sigma_{45}\sqrt{\left(\frac{1-h}{2}\right)^2 + p^2}$$

拉伸方向和板面内垂直拉伸方向的线应变为

$$\mathrm{d}\varepsilon_{45} = \frac{1}{2}(\mathrm{d}\varepsilon_{11} + \mathrm{d}\varepsilon_{22} + 2\mathrm{d}\varepsilon_{12})$$

$$\mathrm{d}\varepsilon_{90+45} = \frac{1}{2}(\mathrm{d}\varepsilon_{11} + \mathrm{d}\varepsilon_{22} - 2\mathrm{d}\varepsilon_{12})$$

因此

$$r_{45} = \frac{\mathrm{d}\varepsilon_{90+45}}{\mathrm{d}\varepsilon_{33}} = \frac{\mathrm{d}\varepsilon_{11} + \mathrm{d}\varepsilon_{22} - 2\mathrm{d}\varepsilon_{12}}{-2(\mathrm{d}\varepsilon_{11} + \mathrm{d}\varepsilon_{22})} = \frac{2\dfrac{\partial\phi}{\partial\sigma_{12}} - \dfrac{\partial\phi}{\partial\sigma_{11}} - \dfrac{\partial\phi}{\partial\sigma_{22}}}{2\left(\dfrac{\partial\phi}{\partial\sigma_{11}} + \dfrac{\partial\phi}{\partial\sigma_{22}}\right)} \quad (5.32)$$

由式（5.32）无法写出 p 的直接计算表达式，但当 a、c、h 和 r_{45} 已知时，式（5.32）是只包含 p 这一个未知数的代数方程，应用图解法或数值求解方法可以得到 p 的数值。令

$$f_1(p) = 2r_{45}\left(\frac{\partial\phi}{\partial\sigma_{11}} + \frac{\partial\phi}{\partial\sigma_{22}}\right)$$

$$f_2(p) = 2\frac{\partial\phi}{\partial\sigma_{12}} - \frac{\partial\phi}{\partial\sigma_{11}} - \frac{\partial\phi}{\partial\sigma_{22}} \tag{5.33}$$

显然，使 $f_1(p) = f_2(p)$ 的 p 即为所求值。

例如，某 08AL 板材的各向异性系数为 $r_0 = 1.86$、$r_{45} = 1.18$、$r_{90} = 2.53$，由式（5.31）得到 $a = 0.635$，$c = 1.365$，$h = 0.953$。当 $m = 6$ 时，根据式（5.33）做出 f_1、f_2 与 p 的关系如图 5.7 所示，由此得到 $p = 0.662$。

若应用 Hill'48 屈服准则描述该 08AL 板，则由式（5.10）和式（5.14）得到，$F = 0.257$、$G = 0.350$、$H = 0.650$、$N = 1.019$。当应力主轴和材

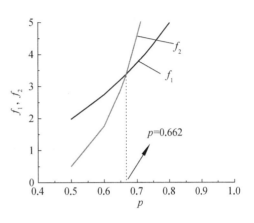

图 5.7　p 值图解法

料主轴相同时，与 Barlat'89、Hill'48 和 Mises 屈服准则相对应的 08AL 板材料屈服轨迹如图 5.8 所示。可见，该材料在双向受拉（第 1 象限）和双向受压（第 3 象限）情况下，Hill'48 屈服轨迹所围成的面积比 Barlat'89 和 Mises 屈服轨迹的面积都大，表明应用 Hill'48 判断材料的屈服时所需应力最大。有意思的是，当板料的各向异性系数发生变化时，这一现象可能正好相反。例如，某铝板的各向异性系数为：$r_0 = 0.8$、$r_{45} = 0.58$、$r_{90} = 0.7$，计算得到 Barlat'89 和 Hill'48 屈服准则对应的系数分别为：$a = 1.144$、$c = 0.856$、$h = 1.039$、$p = 0.75$、$F = 0.635$、$G = 0.556$、$H = 0.444$、$N = 1.286$，相应的屈服轨迹如图 5.9 所示。板料成形过程中材料的应力状态一般在第 1、4 象限，基本不会出现第 3 象限的情况。另外，图中还给出另外一个现象，在第 1、3 象限，Barlat'89 屈服轨迹在角部有较小的曲率半径，表明在双向同号应力作用下，最大剪应力对于屈服起着决定性的作用，这一点很适合铝合金等 FCC 金属板料的变形。

当应力主轴和材料主轴不相同时，材料主轴方向的剪应力对于不同屈服准则对应的屈服轨迹有显著影响。对于前面给出的 08AL 板，图 5.10 描绘了不同剪切/屈服应力比 $S = \sigma_{12}/\bar{\sigma}$ 下的各屈服轨迹的对比，可见在剪应力较大时，三个准则的屈服轨迹有明显差异，剪应力的作用效果在 Mises 准则中最明显，而在 Barlat 准则中最不明显。剪应力的作用效果在 Barlat 和 Hill 准则中是分别通过 p 和 N 来描述的，对于该材料，剪应力的作用效果在 Mises 模型中比在 Hill 模型中

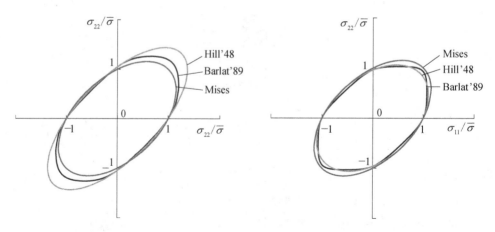

图 5.8 不同屈服准则下 08AL 板的屈服轨迹　　图 5.9 不同屈服准则下某铝板的屈服轨迹

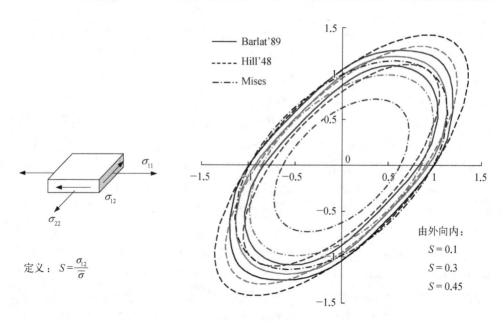

定义：$S = \dfrac{\sigma_{12}}{\overline{\sigma}}$

图 5.10 不同剪切/屈服应力比下三种屈服轨迹的对比

大，而后者又比在 Barlat 模型中大。注意到 r_{45} 是对材料主轴方向剪应力作用效果的直接反映，相比于 r_0 和 r_{90}，r_{45} 越小，材料主轴方向的剪应力在不同准则中的作用差异就越大。因此，在应用以上模型时，最好通过实验来判定应用哪个模型更合适，否则可能会导致计算结果产生明显误差。

若面内各向异性可以忽略，则也可以像 Hill 准则一样，建立只考虑厚向异性板料的 Barlat 屈服准则。此时 $h = 1$，$a = 2 - c = 2 - \dfrac{2r}{1 + r}$，且在式（5.26）中：

$$K_1 = \frac{\sigma_{11} + \sigma_{22}}{2}, \quad K_2 = \sqrt{\left(\frac{\sigma_{11} - \sigma_{22}}{2}\right)^2 + p^2\sigma_{12}^2}$$

但这样建立的准则不能预报类似拉深"制耳"等面内各向异性产生的现象。

§5.4 板料的塑性强化模型

一般材料都存在 Bauschinger 效应,即在经历加载-卸载-反向加载时,反向变形的屈服点降低。实际上,材料在复杂应力状态下的屈服函数与已发生的塑性变形历史有关,在后继变形过程中,应力路径不同,材料的屈服条件有可能不同,表现出不同的强化(或软化)特征。在应力空间上,这种变化体现为后继屈服面(或加载面)的大小或者位置发生变化。强化准则用来描述材料进入塑性变形后的后续屈服面在应力空间中变化的规则,它不仅与应力状态 σ_{ij} 有关,还与塑性应变和强化参数 h 有关,可表达为

$$\phi(\sigma_{ij}, \ \varepsilon_{ij}^p, \ h) = 0 \tag{5.34}$$

ϕ 的具体形式由所采用的塑性强化法则决定。对于强化材料,通常的材料强化模型有:各向同性强化、随动强化及混合强化。在后面的讨论中,为了描述的方便,将初始屈服函数用 Mises 函数表示,但模型给出的规则对其他屈服函数一般也成立。

5.4.1 各向同性强化准则

当材料进入塑性变形后,若在强化过程中,屈服面的形状、中心及其在应力空间中的方位均保持不变,只是其大小在各方向均匀的扩张,则该过程称为各向同性强化。在这种情况下,后续屈服函数与初始屈服函数具有相同的表达形式,如图 5.11 所示。

各向同性强化的屈服面以材料所作塑性功的大小为基础,在形状上作等比例扩张。后继屈服面的大小仅由材料曾加载过的最大应力点决定,与加载历史无关,并且也与应力方向无关,在受压方向上的屈服应力等于受拉过程中所达到的最大应力。

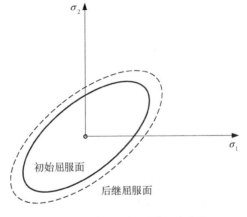

图 5.11 等向强化屈服面移动图

等向强化的屈服准则可以表达为

$$\phi(\sigma_{ij}, k) = f - k = 0$$

其中，k 是剪切屈服应力的平方，在材料满足 Mises 初始屈服函数时，有

$$f = \frac{1}{2}\sigma'_{ij}\sigma'_{ij}, \quad k = \frac{1}{3}\sigma_s^2(\bar{\varepsilon}^p)$$

其中，$\sigma_s(\bar{\varepsilon}^p)$ 是单次加载的后继屈服应力。

5.4.2 随动强化准则

金属材料在变形强化中大多具有 Bauschinger 效应。理想的 Bauschinger 效应在应力空间中的表现为，材料屈服面的形状、大小和方位均保持不变，只是在应力空间中作刚体移动，如图 5.12 所示，该过程称为随动强化。在应力空间上，沿某个方向加载的屈服应力升高时，其相反方向加载的屈服应力降低。相应的屈服函数可表达为

$$\phi(\sigma_{ij}, \varepsilon_{ij}^p, \alpha_{ij}, h) = f(\sigma_{ij} - \alpha_{ij}) - k = 0 \tag{5.35}$$

其中，α_{ij} 是屈服面中心在应力空间中的移动量，称为背应力，它与材料硬化特性及变形历史有关。因屈服面大小不变，k 与变形过程无关。

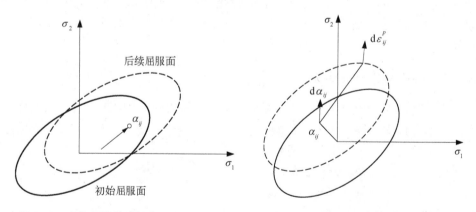

图 5.12　各向异性随动强化屈服面移动图　　图 5.13　线性随动强化的 Prager 模型

目前有两种常用的随动强化理论：线性随动强化理论和非线性随动强化理论。

线性随动强化是指屈服面的移动量（或背应力的变化量）与塑性应变增量或者应力的某种变化方式有线性关系。Prager 在研究线性随动强化理论时，规定加载时屈服面的中心是沿着表征现时应力点的法线方向移动，或者说沿着塑性应变增量的方向移动，如图 5.13 所示。而塑性应变增量取决于偏应力，因此背应

力的变化始终与偏应力同向。其屈服准则可以表达为

$$\phi(\sigma_{ij},\ \alpha_{ij}) = f - k_0 = 0$$
$$f = \frac{1}{2}(\sigma'_{ij} - \alpha_{ij})(\sigma'_{ij} - \alpha_{ij}),\ \ k_0 = \frac{1}{3}\sigma_{s0}^2 \tag{5.36}$$

在一个应变增量步中，背应力增量为

$$d\alpha_{ij} = cd\varepsilon_{ij}^p = cd\lambda(\sigma'_{ij} - \alpha_{ij}) \tag{5.37}$$

其中，α_{ij} 是本增量步开始时的屈服面中心。塑性变形时，背应力的变化等价于加载点在应力应变曲线上移动时对应的屈服应力增量，即 $\frac{3}{2}d\alpha_{ij}d\alpha_{ij} = (d\sigma_s)^2$，因此，$c = \frac{2}{3}\frac{d\sigma_s}{d\bar{\varepsilon}^p}$，如定义 $H = \frac{d\sigma_s}{d\bar{\varepsilon}^p}$ 为硬化模量，则

$$c = \frac{2}{3}H,\ \ d\alpha_{ij} = \frac{2}{3}Hd\varepsilon_{ij}^p \tag{5.38}$$

变形初始时，$\alpha_{ij} = 0$。加载过程中，$\alpha_{ij} = \int d\alpha_{ij}$。

Prager 模型适用于 9 维应力空间上的屈服面，但对于板料成形的平面应力问题，一般用 σ_1 和 σ_2 构成的应力子空间来表达屈服轨迹，而塑性应变增量并不在该子空间上，因此后继屈服面与初始屈服面不能保持一致性，这导致了 Prager 模型在应用上的困难。

Zeigler 改进了 Prager 线性随动强化模型，规定加载时屈服面沿连结其中心和现时应力点的向量方向移动，如图 5.14 所示，这样就解决了初始屈服面和后继屈服面的一致性问题。

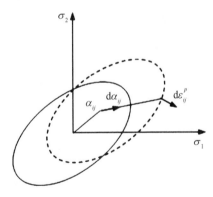

图 5.14　线性随动强化的 Zeigler 模型

由此可见，α_{ij} 始终与 σ_{ij} 在相同的维度空间里，当屈服面可以在二维空间中描述时，屈服面的移动也可以相应地在二维空间中描述，但 α_{ij} 不再具有偏张量的特征，因此屈服面的方程中必须采用偏张量 α'_{ij} 的形式。其屈服准则表达为

$$\phi(\sigma_{ij},\ \alpha'_{ij}) = f - k_0 = 0$$
$$f = \frac{1}{2}(\sigma'_{ij} - \alpha'_{ij})(\sigma'_{ij} - \alpha'_{ij}),\ \ k_0 = \frac{1}{3}\sigma_{s0}^2 \tag{5.39}$$

其中，

$$\alpha'_{ij} = \alpha_{ij} - \delta_{ij}\alpha_m$$

$$\alpha_m = \frac{1}{3}(\alpha_{11} + \alpha_{22} + \alpha_{33})$$

变形中屈服面的移动距离为

$$\mathrm{d}\alpha_{ij} = \mathrm{d}\mu(\sigma_{ij} - \alpha_{ij}) \tag{5.40}$$

其中，$\mathrm{d}\mu$ 是比例系数。同样，屈服面在偏应力空间移动距离应该等价于强化量 $\mathrm{d}\sigma_s$，因此，$\frac{3}{2}\mathrm{d}\alpha'_{ij}\mathrm{d}\alpha'_{ij} = (\mathrm{d}\sigma_s)^2$（这里要特别注意 $\mathrm{d}\alpha'_{ij}$ 是背应力的偏张量，因为只有偏张量才能与屈服应力对等）。即

$$\frac{3}{2}(\mathrm{d}\mu)^2(\sigma'_{ij} - \alpha'_{ij})(\sigma'_{ij} - \alpha'_{ij}) = (\mathrm{d}\sigma_s)^2, \ \ 而\frac{3}{2}(\sigma'_{ij} - \alpha'_{ij})(\sigma'_{ij} - \alpha'_{ij}) = (\sigma_{s0})^2$$

于是，有

$$\mathrm{d}\mu = \frac{\mathrm{d}\sigma_s}{\sigma_{s0}} = \frac{H}{\sigma_{s0}}\mathrm{d}\bar{\varepsilon}^p, \ \ \mathrm{d}\alpha_{ij} = \frac{H}{\sigma_{s0}}(\sigma_{ij} - \alpha_{ij})\mathrm{d}\bar{\varepsilon}^p \tag{5.41}$$

其中，$\mathrm{d}\bar{\varepsilon}^p$ 是本次增量步产生的应变增量。

综上所述，各向同性强化和线性随动强化的对比如图 5.15 所示。

下面给出一个应用。假设材料在拉伸实验时的刚塑性应力应变关系为 $\sigma = \sigma_{s0} + 2\sigma_{s0}\varepsilon$（也即材料的硬化模量为 $H = 2\sigma_{s0}$），先使材料发生等效应变为 $\bar{\varepsilon} = 0.2$ 的扭转剪切变形，然后卸载。再对该材料做拉伸实验，按不同硬化方式计算拉伸时的屈服应力值。

材料经过扭转变形后，其后继屈服应力达到 $\sigma = \sigma_{s0} + 2\sigma_{s0} \times 0.2 = 1.4\sigma_{s0}$。按照等向强化原则，再做拉伸实验时，其屈服应力为 $1.4\sigma_{s0}$。

按照 Prager 随动强化原则，首先要知道扭转变形时的最终剪应变。由于扭转变形结束时等效应变 $\bar{\varepsilon} = \frac{2}{\sqrt{3}}\varepsilon_{z\theta} = \frac{2}{\sqrt{3}}\varepsilon_{\theta z}$，故该过程屈服面移动对应的背应力为

$$\Delta\alpha_{z\theta} = \Delta\alpha_{\theta z} = \frac{2}{3} \times 2\sigma_{s0}\varepsilon_{z\theta} = 0.231\sigma_{s0}$$

其余分量为 0。

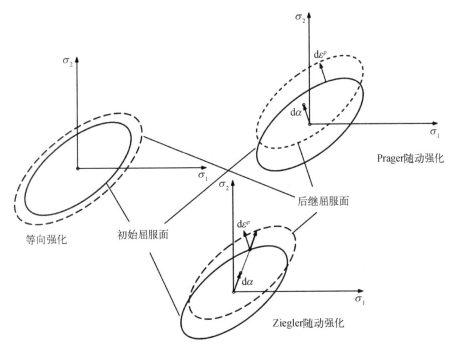

图 5.15　等向强化和两种线性强化准则的对比

再次拉伸时，假设 σ^* 是新的屈服应力，对应的屈服准则为

$$\sqrt{\frac{3}{2}\left[\left(\frac{2\sigma^*}{3}\right)^2+\left(-\frac{\sigma^*}{3}\right)^2+\left(-\frac{\sigma^*}{3}\right)^2+(-0.231\sigma_{s0})^2+(-0.231\sigma_{s0})^2\right]}=\sigma_{s0}$$

解该方程得到 $\sigma^* = 0.916\,5\sigma_{s0}$，即拉伸时的屈服应力比原始屈服应力降低约 8.35%。

按照 Ziegler 随动强化原则，首先要知道扭转变形时的最终剪应力。由于扭转变形结束时等效应力 $\bar{\sigma}=\sqrt{3}\,\tau_{z\theta}=\sqrt{3}\,\tau_{\theta z}=1.4\sigma_{s0}$，故根据式（5.41），该过程屈服面移动对应的背应力为

$$\Delta\alpha_{z\theta}=\Delta\alpha_{\theta z}=0.323\,3\sigma_{s0}$$

其余分量为 0。

再次拉伸时，对应的屈服准则为

$$\sqrt{\frac{3}{2}\left[\left(\frac{2\sigma^*}{3}\right)^2+\left(-\frac{\sigma^*}{3}\right)^2+\left(-\frac{\sigma^*}{3}\right)^2+(-0.323\,3\sigma_{s0})^2+(-0.323\,3\sigma_{s0})^2\right]}=\sigma_{s0}$$

解该方程得到 $\sigma^* = 0.828\,5\sigma_{s0}$，即拉伸时的屈服应力比原始屈服应力降低约 17.15%。可见，这两个随动强化准则得到的拉伸屈服应力都有所降低，这反映

了加载路径对材料屈服面移动的影响，从而也解答了更复杂的 Bauschinger 效应。

5.4.3 混合强化材料模型

一般金属材料在循环加载时既不完全是等向强化，也不完全是随动强化，而是兼而有之。其屈服准则一般可以表达为

$$\phi(\sigma_{ij}, \bar{\alpha}_{ij}, k) = f - k = 0$$

$$f = \frac{1}{2}(\sigma'_{ij} - \bar{\alpha}_{ij})(\sigma'_{ij} - \bar{\alpha}_{ij}), \quad k = \frac{1}{3}\sigma_s^2(\bar{\varepsilon}^p, M) \tag{5.42}$$

其中，考虑应变硬化后的屈服应力为

$$\sigma_s(\bar{\varepsilon}^p, M) = \sigma_{s0} + \int M d\sigma_s(\bar{\varepsilon}^p) \tag{5.43}$$

其中，σ_{s0} 是初始屈服应力，$\sigma_s(\bar{\varepsilon}^p)$ 是单次加载的后继屈服应力，M 是等向强化在混合强化中所占的比例，是介于 0 与 1 之间的数，一般由循环加载实验确定，$M = 0$ 即为理想随动强化模型。当 M 为常数时，便可写成

$$\sigma_s(\bar{\varepsilon}^p, M) = \sigma_{s0} + M[\sigma_s(\bar{\varepsilon}^p) - \sigma_{s0}]$$

当屈服面的移动遵从 Prager 规则时，$\bar{\alpha}_{ij} = \alpha_{ij}$，$d\alpha_{ij} = \frac{2}{3}\frac{d\sigma_s}{d\bar{\varepsilon}^p}d\lambda(\sigma'_{ij} - \alpha_{ij})$；当屈服面的移动遵从 Ziegler 规则时，$\bar{\alpha}_{ij} = \alpha'_{ij}$，$d\alpha_{ij} = \frac{2}{3}\frac{d\sigma_s}{d\bar{\varepsilon}^p}d\lambda(\sigma_{ij} - \alpha_{ij})$。

5.4.4 非线性随动强化模型

Lemaitre 和 Chaboche 在 Ziegler 基础上，提出了非线性随动强化理论，其背应力增量 $d\alpha_{ij}$ 可表示成

$$d\alpha_{ij} = c\frac{d\bar{\varepsilon}^p}{\bar{\sigma}}(\sigma_{ij} - \alpha_{ij}) - \gamma\alpha_{ij}d\bar{\varepsilon}^p \tag{5.44}$$

式中，右端第二项称为动态回复项，c 与 γ 为非线性随动强化材料常数。通过适当地选择参数，该理论能很好地反映材料复杂加载模式下的两大特征：反向加载时的低屈服应力和快速应力应变强化。

思考与练习

1. 求解板料冷冲压问题时，为什么一般不用 Mises 屈服准则或 Tresca 屈服准

则？板料的各向异性系数 r 是如何定义的？ r 值对板料的成形性能有什么影响？

2. 已知某冷轧铝板的各向异性系数为 $r_0 = 0.85$、 $r_{45} = 0.6$、 $r_{90} = 0.8$，试计算与 Hill'48 和 Barlat'89 屈服准则对应的系数，并在二向应力状态下作出屈服轨迹图。

3. 已知某冷轧钢板的各向异性系数为 $r_0 = 2.0$、 $r_{45} = 1.45$、 $r_{90} = 1.65$，屈服应力 $\sigma_{s0} = 200\ \mathrm{MPa}$， $\sigma_{s90} = 180\ \mathrm{MPa}$。试分别用 Hill'48 和 Barlat'89 屈服准则绘制屈服应力 Y 与取样方向 θ 的关系曲线，并指出屈服应力最大和最小的取样方向。

4. 某材料单向变形时应力应变关系为 $\sigma = \sigma_0(1 + \varepsilon)$，先使材料发生拉伸应变 $\varepsilon = 0.18$，然后让材料发生纯剪切变形（例如扭转），试根据等向强化模型、Prager 随动强化模型和 Ziegler 随动强化模型分别预测纯剪切变形的屈服应力。

5. 某热轧钢板具有各向异性， $r_0 = 0.65$， $r_{45} = 0.9$， $r_{90} = 0.83$，已知轧制方向的屈服应力为 $\sigma_0 = 350\ \mathrm{MPa}$。试评估 Hill'48 准则和 Mises 屈服准则在板宽方向和 45° 方向预测的屈服应力差异。

第6章
上限原理及其应用

塑性成形问题的控制方程包含了应力平衡、几何关系、本构关系和屈服条件四个方面的方程，以及力边界和位移边界两类定解条件，这些方程和边界条件中包含了多个非线性微分方程和代数方程，几乎无法求出满足所有方程的解析解。求解成形载荷是塑性成形工艺设计的基础性问题，为了以简便可行的方法获得成形载荷，可以通过一定简化，仅考虑某些方面的方程而忽略另外一些方程，以牺牲精度或某些未知量为代价，获得成形载荷的上限值或下限值，这种方法称为界限法。

§6.1 塑性变形的控制方程与界限载荷

6.1.1 塑性变形问题的控制方程与边界条件

已知金属材料发生塑性变形时要满足三类方程。

（1）关于应力方面的方程，即平衡微分方程：

$$\sigma_{ij,\,j} = 0$$

（2）关于变形方面的方程，即几何方程，用增量或率形式表示如下：

$$\mathrm{d}\varepsilon_{ij} = \frac{1}{2}(\mathrm{d}u_{i,\,j} + \mathrm{d}u_{j,\,i}) \quad \text{或} \quad \dot{\varepsilon}_{ij} = \frac{1}{2}(\dot{u}_{i,\,j} + \dot{u}_{j,\,i})$$

对于塑性变形，其塑性应变还要满足体积不变定律（或称为不可压缩条件）：

$$\mathrm{d}\varepsilon_{ii} = 0 \quad \text{或} \quad \dot{\varepsilon}_{ii} = 0$$

（3）关于塑性变形发生的前提条件和塑性变形与应力之间关系的方程，即屈服准则和本构关系方程，这组方程起到连接变形和应力的桥梁作用：

$$3J_2 = \sigma_s^2 \quad \text{或} \quad \frac{3}{2}\sigma'_{ij}\sigma'_{ij} = \sigma_s^2$$

$$d\varepsilon_{ij}^{p} = \frac{3d\bar{\varepsilon}^{p}}{2\bar{\sigma}}\sigma_{ij}' \quad \text{或} \quad \dot{\varepsilon}_{ij}^{p} = \frac{3\dot{\bar{\varepsilon}}^{p}}{2\bar{\sigma}}\sigma_{ij}'$$

以上的独立方程共 15 个, 其中有 9 个微分方程和 6 个代数方程, 共计含有 15 个未知数。对应的边界条件如下。

(1) 位移边界条件:

$$\text{在 } S_u \text{ 上: } u_i = \bar{u}_i \quad \text{或} \quad \dot{u}_i = \dot{\bar{u}}_i$$

即在位移边界上, 方程的解给出的位移 (或速度) 应等于边界上给定的位移 (或速度)。

(2) 应力边界条件:

$$\text{在 } S_\sigma \text{ 上: } \sigma_{ij}n_j = p_i$$

即在应力边界上, 方程的解给出的应力应与边界上的外力平衡。

塑性成形问题往往存在着非常复杂的边界条件, 例如可动边界, 其边界条件随时间发生变化, 另外, 边界上的摩擦力一般也难以用公式来描述, 因此求解起来一般很困难。

6.1.2　上限法与下限法

求解力学问题有两种思路。一种思路是基于位移的解法, 即设定位移场试探函数, 根据几何方程和本构方程, 得到与试探位移对应的应变场和应力场, 然后通过选择位移试探函数的待定量, 使应力平衡微分方程和力边界条件得到满足。另一种思路是基于应力的解法, 即设定应力场试探函数, 根据本构方程得到应变场, 再试图根据应变和位移的微分关系, 通过选择试探函数的待定量, 得到满足边界条件的连续位移场。这两种思路都把本构方程作为 "桥梁", 以连接设定位移场 (或应力场) 与对应的应力场 (或位移场)。解析复杂问题时, 一般很难通过设定试探函数和选择待定参数, 使 "桥梁" 另一端的物理量满足相应的控制方程, 因此, 这两种思路一般仅能求得简单问题的解析解。

但是, 如果放弃 "桥梁" 另一端的物理量要满足的方程, 而仅考虑试探函数这一侧要满足的条件, 就能得到问题的近似解。这种解答由于不能满足所有的控制方程, 因此称为非完全解。采用位移解法时, 可以假设材料变形时的位移或速度模式, 并要求其满足塑性变形的体积不变原则和位移 (速度) 边界条件, 借助能量原理就可以得到与之相应的变形载荷。这种方法相当于驱使材料按照设定的方式发生变形, 而设定的变形方式未必是克服变形阻力条件下最容易发生的, 因而求得的载荷总会大于真实载荷, 最少是等于真实载荷, 这种方法称为上限法。在采用应力解法时, 可以假设能够使材料发生塑性变形 (满足屈服条件)

并且满足应力平衡微分方程的应力场，根据平衡关系或能量原理得到相应的变形载荷。这种应力场只能保证材料发生塑性变形，而未必能使变形满足边界约束和连续性要求，因而求得的载荷总会小于真实载荷，最多会等于真实载荷，这种方法称为下限法。

上限解得到的载荷越小越精确，而下限法得到的载荷越大越精确。实际上，当不断改善上限法设定的位移（速度）场或下限法设定的应力场时，由上限法得到的载荷将趋于下降，而下限法得到的载荷将趋于上升。如果上限法和下限法得到的载荷相同，则该载荷即为实际载荷，而这时假设的应力场和位移场（或速度场）即为真实的应力场和位移场（或速度场）。由于这样的解满足塑性力学中的全部方程，因此称为完全解。

应用时，上限解法常用来求加工载荷，而下限解法常用来求结构或材料的承载能力。

§6.2 虚功率原理

塑性加工问题通常已知位移（或速度）边界条件，要求解位移（或速度）边界上的反力也即加工力 p_i，若将加工力 p_i 作为待求外力，则可以将位移（或速度）边界作为力边界来处理，在该边界上 $\sigma_{ij} n_j = p_i$，但 p_i 是未知的。

所谓物体的虚速度是指这样一组速度，它不违背对速度场的相容性要求，如必须满足连续性条件和速度边界条件，对于塑性变形问题，还应该满足体积塑性应变速率为零。在应用中，通常可将虚速度看作是在真实速度场上叠加上不同的扰动。因此，对于一个确定的问题，通常可以假设出无数组虚速度场。

设变形体的应力为 σ_{ij}，则 σ_{ij} 满足平衡方程式（3.4）和力边界条件 [式（3.2）]。给定任意一组满足相容条件的虚速度 $\dot{u}_i^*$，则下式恒成立：

$$\int_V \sigma_{ij,j} \dot{u}_i^* \, \mathrm{d}V + \int_S (p_i - \sigma_{ij} n_j) \dot{u}_i^* \, \mathrm{d}S = 0 \tag{6.1}$$

考察 $\int_V \sigma_{ij,j} \dot{u}_i^* \, \mathrm{d}V$。由于

$$(\sigma_{ij} \dot{u}_i^*)_{,j} = \sigma_{ij,j} \dot{u}_i^* + \sigma_{ij} \dot{u}_{i,j}^*$$

于是

$$\int_V \sigma_{ij,j} \dot{u}_i^* \, \mathrm{d}V = \int_V (\sigma_{ij} \dot{u}_i^*)_{,j} \, \mathrm{d}V - \int_V \sigma_{ij} \dot{u}_{i,j}^* \, \mathrm{d}V$$

$$= \int_S \sigma_{ij} n_j \dot{u}_i^* \, \mathrm{d}S - \int_V \frac{1}{2} (\sigma_{ij} \dot{u}_{i,j}^* + \sigma_{ji} \dot{u}_{j,i}^*) \, \mathrm{d}V$$

注意到 $\sigma_{ij} = \sigma_{ji}$，且定义

$$\dot{\varepsilon}_{ij}^* = \frac{1}{2}(\dot{u}_{i,j}^* + \dot{u}_{j,i}^*)$$

为对应于虚速度的虚应变速率，因此

$$\int_V \sigma_{ij,j} \dot{u}_i^* \, \mathrm{d}V = \int_S \sigma_{ij} n_j \dot{u}_i^* \, \mathrm{d}S - \int_V \sigma_{ij} \dot{\varepsilon}_{ij}^* \, \mathrm{d}V \qquad (6.2)$$

将式（6.2）代入式（6.1），有

$$\int_S p_i \dot{u}_i^* \, \mathrm{d}S = \int_V \sigma_{ij} \dot{\varepsilon}_{ij}^* \, \mathrm{d}V \qquad (6.3)$$

式中左端项是外力在虚速度上做的功率，右端项是物体的虚应变能变化率。式（6.3）表明，当变形体上的载荷处于平衡状态时，对于符合约束条件的任意虚速度，外力在虚速度上作的虚功率等于变形体的虚应变能变化率。该原理称为虚功率原理或虚速度原理。

推导过程表明，若 σ_{ij} 满足平衡方程和力边界条件，则虚功率原理必然成立。反之，对于应力 σ_{ij}，若对于任意给定的虚速度 $\dot{u}_i^*$，均能使虚功率原理式（6.3）得到满足，则可证明 σ_{ij} 必在物体内满足平衡方程，在边界上满足力边界条件。为此，考察 $\int_V \sigma_{ij} \dot{\varepsilon}_{ij}^* \, \mathrm{d}V$，有

$$\int_V \sigma_{ij} \dot{\varepsilon}_{ij}^* \, \mathrm{d}V = \int_V \sigma_{ij} \dot{u}_{i,j}^* \, \mathrm{d}V = \int_S \sigma_{ij} n_j \dot{u}_i^* \, \mathrm{d}S - \int_V \sigma_{ij,j} \dot{u}_i^* \, \mathrm{d}V \qquad (6.4)$$

将式（6.4）代入式（6.3），有

$$\int_V \sigma_{ij,j} \dot{u}_i^* \, \mathrm{d}V + \int_S (p_i - \sigma_{ij} n_j) \dot{u}_i^* \, \mathrm{d}S = 0 \qquad (6.5)$$

由于 $\dot{u}_i^*$ 是一组任意给定的虚速度，当式（6.5）对于任意的 $\dot{u}_i^*$ 均成立时，则 σ_{ij} 必然满足：

$$\text{在 } V \text{ 内} \quad \sigma_{ij,j} = 0$$
$$\text{在 } S \text{ 上} \quad \sigma_{ij} n_j = p_i$$

可见，若 σ_{ij} 满足虚功率原理，则必然满足平衡方程和力边界条件。由此可得出结论：虚功率原理等价于物体的平衡方程和力边界条件。另外，由于推导过程并未涉及材料性质和变形类型，因此，虚功率原理与材料特性或本构关系无关，也即对于弹性、塑性、弹塑性或其他问题都成立，方程式（6.3）也是材料发生变形的基本能量方程式。

若将虚速度换成小变形时的虚位移，则得到虚位移原理或虚功原理：

$$\int_S p_i u_i^* \, \mathrm{d}S = \int_V \sigma_{ij} \varepsilon_{ij}^* \, \mathrm{d}V \tag{6.6}$$

实际上，在研究界限法时，应用虚功率原理更加普遍。

§6.3 应力间断和速度间断

当采用刚塑性变形模型时，材料是由不变形的刚性体直接转变为塑性变形体，并且在同一个物体上可能会同时存在塑性变形区和刚性区，这种模型的特点导致变形体内经常会出现应力间断和速度间断现象。

6.3.1 应力间断和速度间断的概念

1. 应力间断

以纯弯曲梁和扭转杆件为例，如图 6.1 所示。发生塑性变形时，横截面上离中性层较远的部位首先发生屈服，随着外载荷的增加，塑性变形区逐步向中性轴靠拢，弹性核不断缩小，直到整个截面都发生屈服。如果梁的材料是无硬化的理想塑性，横截面弯曲应力构成的弯矩将达到极大值，梁失去了进一步抵抗载荷的能力，而进入塑性极限状态。如果外载荷再增加，处于塑性极限状态的横截面两侧材料可以像"铰链"一样发生相对转动，这样的横截面称为"塑性铰"。同样，杆件的扭转也存在塑性极限状态。在塑性极限状态下，梁的中性层上下或扭转杆的形心两侧，应力方向发生突然变化，表现为应力在此处不连续，这种现象

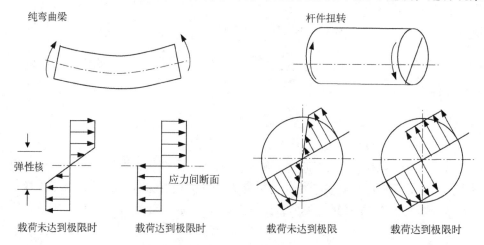

图 6.1　应力间断面举例

称为应力间断。实际上，应力间断现象是采用刚塑性模型引起的，在其他物体的塑性变形中，也会产生类似现象。

假设应力间断面把变形体上某微小单元体分割成区域①和②，则这两个区域的应力平衡关系如图 6.2 所示。由作用力与反作用力的关系，在应力间断面两侧，必然有法向应力和剪应力数值相等，但方向相反，即 $\sigma_{n1} = \sigma_{n2}$，$\tau_1 = \tau_2$，而应力间断只能发生在垂直应力间断面的侧面上。将间断面两侧的平衡条件写成统一表达式，有

$$p_i^{(1)} + p_i^{(2)} = 0 \quad 或 \quad \sigma_{ij}^{(1)} n_j + \sigma_{ij}^{(2)} n_j = 0 \tag{6.7}$$

其中，$p_i^{(1)}$ 和 $p_i^{(2)}$ 分别是应力间断面两侧的内力分布密度；$\sigma_{ij}^{(1)}$ 和 $\sigma_{ij}^{(2)}$ 分别是单元体区域①和②的应力张量分量；n_j 是应力间断面的法向方向余弦。

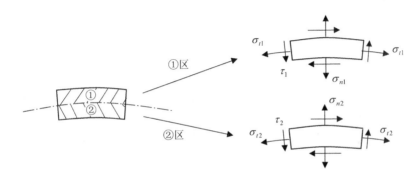

图 6.2　应力间断面上的应力平衡关系

2. 速度间断

若忽略材料的弹性变形，则在刚性区和塑性区的分界面上以及流动速度不同的塑性区交界面上，都有可能存在速度的突然跳跃，即速度间断，如图 6.3 所示。

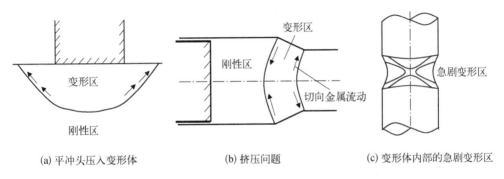

(a) 平冲头压入变形体　　　(b) 挤压问题　　　(c) 变形体内部的急剧变形区

图 6.3　速度间断面举例

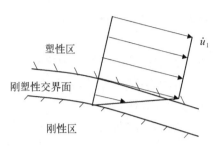
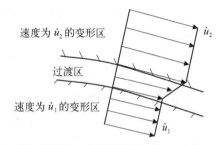

(a) 刚性区与塑性区界面的真实速度分布　　(b) 两不同速度塑性区界面的真实速度分布

图 6.4　真实速度与速度间断面的简化

速度间断面也是由变形材料的刚塑性假设引起的。在真实变形上，往往在变形体的某些部位材料流动速度存在很大的梯度，表现为变形相对于邻近区域要剧烈得多，这时就可以视该区域为速度间断区。实际上材料的流动速度仍是连续的，如图 6.4 所示。

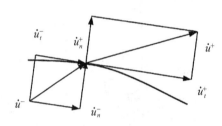

图 6.5　法向速度相等的关系

速度间断面两侧的材料流动速度存在着一定的关系，如图 6.5 所示。如果将间断面两侧的速度分解为法向速度 $\dot{u}_n$ 和切向速度 $\dot{u}_t$，按照体积不变（或秒流量相等）原则，单位时间内流入速度间断面某微面积的物质应等于由该面积流出的物质，因此必须有 $\dot{u}_n^+ = \dot{u}_n^-$，可见速度间断只能发生在切向上，定义速度间断量为

$$[\dot{u}] = \dot{u}_t^+ - \dot{u}_t^- \tag{6.8}$$

以上分析可以归结为三点结论：① 速度间断只能发生在速度间断面的切线方向，而不可能发生在法线方向，否则违反体积不变定律；② 材料越过速度间断面时，其方向必然发生变化；③ 间断面的产生是刚塑性力学的基本假设带来的，在实际变形时一般指流动速度急剧变化的区域。

如设 $[\dot{u}]$ 沿 t 方向，则 $\dot{\varepsilon}_{tn} \to \infty$，相比之下，$\dot{\varepsilon}_t$、$\dot{\varepsilon}_n$ 等其他应变均远小于 $\dot{\varepsilon}_{tn}$，$\dot{\varepsilon}^p \approx \dfrac{2}{\sqrt{3}}\dot{\varepsilon}_{tn}$，由

$$\sigma'_{ij} = \frac{2\bar{\sigma}}{3\dot{\bar{\varepsilon}}^p}\dot{\varepsilon}_{ij}^p$$

得到 $\sigma'_t = \sigma'_n = \sigma'_z = 0$，$\sigma_t = \sigma_n = \sigma_z = \sigma_m$，$\tau_{tn} = \tau_s$。即在速度间断面上，应力状态为球应力状态叠加上一个纯剪切。当然，这个结论是在刚塑性假设条件下产生

的，因此是一个极端情况。

6.3.2　间断现象对基本能量方程的影响

在忽略体积力的情况下，虚功率原理作为基本能量方程可以写成

$$\int_V \sigma_{ij}\dot{\varepsilon}_{ij}\mathrm{d}V = \int_S p_i \dot{u}_i \mathrm{d}S \tag{6.9}$$

无论 $\dot{u}_i$ 是虚速度还是实际速度，上式都成立。对于有间断情况，可沿间断面将变形体分成若干个区域，如图 6.6 所示，将上式的积分过程分解为在每个区域上积分后再求和：

$$\int \sigma_{ij}\dot{\varepsilon}_{ij}\mathrm{d}V = \int_{S_p^{(1)}} p_i \dot{u}_i \mathrm{d}S_p^{(1)} + \int_{S_D^{(1)}} p_i \dot{u}_i \mathrm{d}S_D^{(1)} + \cdots + \int_{S_p^{(k)}} p_i \dot{u}_i \mathrm{d}S_p^{(k)} + \int_{S_D^{(k)}} p_i \dot{u}_i \mathrm{d}S_D^{(k)}$$

$$\tag{6.10}$$

其中，$\mathrm{d}S_p^{(k)}$ 是原来物体表面落在第 k 个区域的部分；$\mathrm{d}S_D^{(k)}$ 是第 k 个区域剖分时增加的表面，即与间断面重合的剖面。

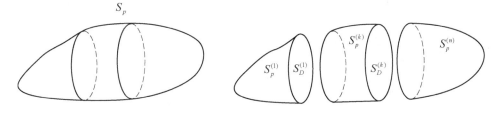

图 6.6　间断面对能量方程的影响

（1）应力间断面

在同一间断面上，两侧表面满足 $p_i^{(+)} + p_i^{(-)} = 0$，且速度连续，因此积分结果中应力不连续项互相抵消，不影响总积分结果，即可认为应力间断对于基本能量方程式没有影响。

（2）速度不连续面

在速度间断面 S_D 上观察某微分面积 $\mathrm{d}S_D$，由于在 $\mathrm{d}S_D$ 两侧：

$$\dot{u}_n^- = \dot{u}_n^+ \quad [\dot{u}] = \dot{u}_t^+ - \dot{u}_t^-$$

$$p_n^- + p_n^+ = 0 \quad \tau^+ + \tau^- = 0$$

其中，上角标"+""-"号分别代表速度间断面的两侧，所以在任意点上，有

$$\dot{u}_n^- p_n^- + \dot{u}_n^+ p_n^+ + \tau^- \dot{u}_t^- + \tau^+ \dot{u}_t^+ = \dot{u}_n(p_n^- + p_n^+) + \tau^{(+)}(\dot{u}_t^+ - \dot{u}_t^-) = \tau[\dot{u}]$$

可见，当存在速度不连续面时，该面的相对滑动速度要消耗能量。这里要注

意，相对滑动速度永远和剪应力方向相反。实际上，由于有相对滑动，表明在速度不连续面上材料已经发生剪切屈服，因此 $|\tau| = K$，且 $\tau[\dot{u}] = -K[\dot{u}]$。基本能量方程为

$$\int_S p_i \dot{u}_i \mathrm{d}S = \int_V \sigma_{ij} \dot{\varepsilon}_{ij} \mathrm{d}V + \sum \int_{S_D} K[\dot{u}] \mathrm{d}S_D \tag{6.11}$$

§6.4 上限原理

上限原理是在假设满足速度边界条件和体积不变条件的速度场基础上求解成形力的。

6.4.1 动可容速度场

在变形体内给定塑性流动机构（或速度场），使之满足：

相容性——即在内部满足体积不变条件，在边界上满足速度边界条件；

耗散功率非负——即 $\sigma_{ij} \dot{\varepsilon}_{ij}^* \geq 0$。

这种速度场称为动可容速度场，也称为机动容许的速度场，如果这样的速度场对应的应力再满足了平衡方程，则即为真实速度场。

6.4.2 上限定理

设 q_i、σ_{ij}、$\dot{\varepsilon}_{ij}$ 为真实表面力、应力和应变率，$\dot{\varepsilon}_{ij}^*$、σ_{ij}^* 为机动容许的应变率场及其对应的应力场，其中 σ_{ij}^* 不一定满足平衡条件。

由虚功率原理［式（6.11）］，有

$$\int_S q_i \dot{u}_i^* \mathrm{d}S = \int_V \sigma_{ij} \dot{\varepsilon}_{ij}^* \mathrm{d}V + \int_{S_D} |\tau| [\dot{u}_i^*] \mathrm{d}S_D$$

由最大塑性功原理［式（4.37）］，有

$$\int_V (\sigma_{ij}^* - \sigma_{ij}) \dot{\varepsilon}_{ij}^* \mathrm{d}V \geq 0$$

且 $|\tau| \leq K$，因此

$$\int_S q_i \dot{u}_i^* \mathrm{d}S \leq \int_V \sigma_{ij}^* \dot{\varepsilon}_{ij}^* \mathrm{d}V + \int_{S_D} K[\dot{u}_i^*] \mathrm{d}S_D$$

另外，在速度边界 S_u 上，$\dot{u}_i^* = \dot{u}_i$，故

$$\int_{S_u} q_i \dot{u}_i \mathrm{d}S_u \leqslant \int_V \sigma_{ij}^* \dot{\varepsilon}_{ij}^* \mathrm{d}V + \int_{S_D} K[\dot{u}_i^*] \mathrm{d}S_D - \int_{S_\sigma} q_i \dot{u}_i^* \mathrm{d}S \tag{6.12}$$

该公式可叙述如下：在物体发生塑性流动时，表面力在真实速度场上所做的功率，将小于或等于任一机动容许应变率场在其相应应力场上所做的功率。因此，由机动容许速度场求得的载荷值总是大于（至少等于）其真实值。

6.4.3　塑性耗散功率

上限原理表达式（6.12）的右端实质上是消耗在机动容许速度场上的功率，或称为塑性耗散功率。其中，第一项是塑性变形消耗的功率，第二项是速度间断面上消耗的功率，第三项是克服工具表面力消耗的功率。对于塑性加工问题，通常只知道工具的运动速度或位移，而不知道加工力，在这个意义上，变形体与工具接触的表面是位移边界，而不是力边界。但接触面上的摩擦力一般认为是可计算的，即已知的，因此第三项一般表示工具接触表面上克服摩擦消耗的功率。对于给定的假设速度场 $\dot{u}_i$ 及其对应的应变速率场 $\dot{\varepsilon}_{ij}$ 和应力场 σ_{ij}，有以下表达式。

1. 单位体积塑性变形功率耗散

$$\dot{W}_p = \sigma_{ij} \dot{\varepsilon}_{ij}^p = \sigma_{ij}' \dot{\varepsilon}_{ij}^p + \sigma_m \delta_{ij} \dot{\varepsilon}_{ij}^p = \sigma_{ij}' \dot{\varepsilon}_{ij}^p$$

由于 $\dot{\varepsilon}_{ij}^p = \dot{\lambda} \sigma_{ij}' = \dfrac{3\dot{\bar{\varepsilon}}^p}{2\bar{\sigma}} \sigma_{ij}'$，所以

$$\dot{W}_p = \sigma_{ij}' \sigma_{ij}' \frac{3\dot{\bar{\varepsilon}}^p}{2\bar{\sigma}} = \bar{\sigma} \dot{\bar{\varepsilon}}^p$$

塑性变形时，$\bar{\sigma} = \sigma_s$，故

$$\dot{W}_p = \sigma_s \dot{\bar{\varepsilon}}^p \tag{6.13}$$

塑性变形功率还可表示成另外的形式。由 Mises 屈服准则：$\sigma_s = \sqrt{3} K$，定义 $\dot{\bar{\gamma}}^p = \sqrt{3} \dot{\bar{\varepsilon}}^p$，则

$$\dot{W}_p = K \dot{\bar{\gamma}}^p \tag{6.14}$$

其中，$\dot{\bar{\gamma}}^p = \sqrt{3} \dot{\bar{\varepsilon}}^p = \sqrt{2 \dot{\varepsilon}_{ij} \dot{\varepsilon}_{ij}}$，称为等效剪切应变率。

2. 速度间断面的单位面积功率耗散

由于速度间断面上剪应力为屈服剪应力 K，当速度间断量为 $[\dot{u}_i]$ 时，功率为

$$\dot{W}_u = K[\dot{u}_i] \tag{6.15}$$

3. 摩擦边界单位面积消耗功率

摩擦力有两种表示方法。

(1) 库仑摩擦模型：$\tau_n = \mu\sigma_n$。

(2) 剪切摩擦模型：$\tau_n = mK$。

其中，μ 为库仑摩擦系数；σ_n 为表面法向应力；m 为剪切摩擦因子，且 $0 \leqslant m \leqslant 1$。

在塑性加工领域，由于摩擦机理十分复杂，很难表示成某一确定形式，且库仑摩擦一般不成立，因此常用第二种表达方法，此时剪切摩擦功率为

$$\dot{W}_f = mK[\dot{u}] \tag{6.16}$$

以上表达式中，均为单位体积或单位表面积上的功率。在整个变形体上，塑性耗散功率为

$$\dot{W} = \int_V \sigma_s\dot{\bar{\varepsilon}}^p \mathrm{d}V + \int_{S_D} K[\dot{u}]\mathrm{d}S_D + \int_{S_f} mK[\dot{u}_i]\mathrm{d}S_f$$

考虑以上各因素后，上限法公式可表示为

$$\int_{S_u} q_i\dot{u}_i\mathrm{d}S_u \leqslant \int_V \sigma_s\dot{\bar{\varepsilon}}^p \mathrm{d}V + \int_{S_D} K[\dot{u}_i]\mathrm{d}S_D + \int_{S_f} mK[\dot{u}_i]\mathrm{d}S_f \tag{6.17}$$

在应用上限法求解成形力时，首先应判断材料流动的可能方式，设定出动可容的速度场，该速度场可以由连续函数和速度间断面来构成，然后根据式 (6.17) 就可以求得与该速度场相对应的成形力。根据上限法的性质，假设的动可容速度场越接近实际，求得的载荷就越小，越接近真实解。实际上，式 (6.17) 提供了两种实用求解方法。第一种方法是刚性块法，即假设变形体由刚性块组成，刚性块边界是速度不连续面（线），刚性块之间的相对滑动构成了宏观的塑性变形，这时式 (6.17) 的右端将不包含第一项，可以比较容易地得到成形载荷。第二种方法是连续速度场法，即假设出满足体积不变要求的连续速度场函数，并得到相应的等效应变速率，积分式 (6.17) 得到相应的成形载荷。第二种方法中，式 (6.17) 可以包含也可以不包含右端第二项，视速度场是否分区连续而定。特别是如果该速度场包含适当的待定常数，还可以根据极值算法，得到该速度模式下的载荷最小解。但与刚性块法相比，构造满足体积不变的连续速度场往往比较困难。

理论上，上限法可用来求解任何问题。但是，对于复杂问题，通常难以假设符合条件的动可容速度场，因而也就难以求得上限解。而平面应变问题和轴对称问题都有一个方向上速度为零的特点，比较容易假设可行的速度场，因而经常用上限法求解成形力。

§6.5　下限原理简介

下限原理是在假设应力场的基础上求解成形载荷的。

在变形体内给定如下应力场:

(1) 满足平衡方程和力边界条件;

(2) 不破坏屈服条件 (可以满足屈服条件, 也可以在部分区域内 $\bar{\sigma} < \sigma_s$)。

这种应力场称为静可容应力场 (或静力容许的应力场), 若由此产生的应变场再满足相容条件, 则即为真实应力场。

设 q_i、σ_{ij}、$\dot{\varepsilon}_{ij}$、$\dot{u}_i$ 为真实表面力、应力、应变率和速度场, σ_{ij}^*, q_i^* 为静力容许的应力场及其对应的表面力, 由虚功率原理有

$$\int_S q_i \dot{u}_i \mathrm{d}S = \int_V \sigma_{ij} \dot{\varepsilon}_{ij} \mathrm{d}V + \int_{S_D} K[\dot{u}] \mathrm{d}S_D$$

$$\int_S q_i^* \dot{u}_i \mathrm{d}S = \int_V \sigma_{ij}^* \dot{\varepsilon}_{ij} \mathrm{d}V + \int_{S_D} \tau^* [\dot{u}] \mathrm{d}S_D$$

两者相减, 得到:

$$\int_S q_i \dot{u}_i \mathrm{d}s - \int_S q_i^* \dot{u}_i \mathrm{d}S = \int_V (\sigma_{ij} - \sigma_{ij}^*) \dot{\varepsilon}_{ij} \mathrm{d}V + \int_{S_D} (K - \tau^*)[\dot{u}] \mathrm{d}S_D$$

由于

$$\int_V (\sigma_{ij} - \sigma_{ij}^*) \dot{\varepsilon}_{ij} \mathrm{d}V \geqslant 0 \quad \int_{S_D} (K - \tau^*)[\dot{u}] \mathrm{d}S_D \geqslant 0$$

所以

$$\int_S q_i \dot{u}_i \mathrm{d}S \geqslant \int_S q_i^* \dot{u}_i \mathrm{d}S \qquad (6.18)$$

该原理可表述为:在塑性流动过程中, 物体的表面力在真实速度场上所做的功率, 将大于或等于任一静力容许应力场在真实速度场上所做的功率。因此, 由静可容应力场得到的载荷值总是小于或等于真实载荷值。

§6.6　基于刚性块流动模式的上限解法

20 世纪 50 年代, Johnson 与工藤英明 (Kudo) 等根据简化的滑移线法, 提出

了一种简化的上限法速度场。即认为在任一瞬时，塑性变形是由刚性块的相对滑动来实现的，即在变形功率中，不考虑刚性块内部的变形，而只记入速度间断面的功率。该方法一般称为 Johnson 上限法。该方法避免了积分的困难，使得计算非常方便。

6.6.1　速度平面和速度端点图

用刚性块法求解上限问题时，关键在于求解不同刚性块间的相对滑动速度，而相对滑动速度可以通过速度矢量的加减法来得到。为此，把各刚性块的速度表示在一个平面上，该平面称为速度平面，表示各点速度的矢量端点称为速度端点图，简称速端图，以相邻两刚性块的速度端点作矢量，则得到相邻刚性块之间的相对滑动。

例如，设速度间断面两侧的速度分别是 $\dot{u}_1$ 和 $\dot{u}_2$。已知 $\dot{u}_1$ 的大小及方向和 $\dot{u}_2$ 的方向（或者大小）即可作出速端图，如图 6.7 所示。方法如下：

（1）作 $\dot{u}_1$；

（2）在 $\dot{u}_1$ 的端点作速度间断面的平行线；

（3）按 $\dot{u}_2$ 的方向作矢量，与速度间断面的平行线的交点即为 $\dot{u}_2$ 的矢量端点。由 $\dot{u}_1$ 端点到 $\dot{u}_2$ 端点所画的矢量即为速度间断。

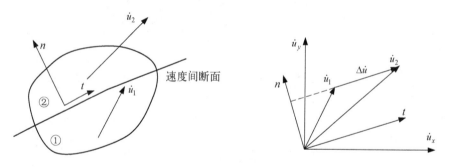

图 6.7　速端图的作法

6.6.2　刚性块法应用

例 1：用上限法求解平滑冲头压入半无限大问题的极限压强 q。

该问题类似于锻造中的拔长工艺，可以假设沿垂直纸面方向材料不发生流动，因而这是一个平面应变问题。求解时可将垂直纸面方向的尺寸当作单位尺寸，相应地，速度间断面也投影成速度间断线。取刚性块为等边三角形形状，可按图 6.8（a）所示方法进行刚性块分区，①区为冲头，②区为不变形区，也称为"死区"，③、④、⑤是刚性块，各区或各刚性块之间的分界线即速度间断线。①区与刚性块③之间的相对运动要克服摩擦阻力，对于平滑冲头情况该摩擦阻力为 0；刚性块③、④、⑤之间的相对运动要克服屈服剪应力；另外刚性块

③、④、⑤相对于②区的运动也要克服屈服剪应力。

假设冲头以单位速度压入，即 $\dot{u}_0 = 1$。根据速度端点图的做法，可得到相应于各刚性块的速度端点，如图 6.8（b）所示。

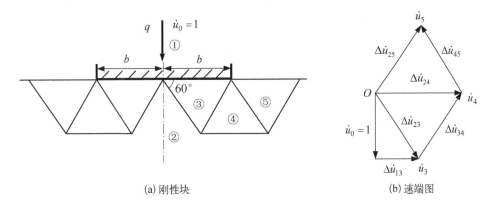

(a) 刚性块　　　　　　　　　　　　　(b) 速端图

图 6.8　刚性块和速端图

根据上限公式，需要计算速度间断线长度、速度间断量的大小。由刚性块分区和速端图可见，各速度间断线长度均相等，且各速度间断量也相等，即

$$S_{13} = S_{23} = S_{34} = S_{45} = S_{24} = S_{25} = b$$

$$\Delta\dot{u}_{13} = \frac{1}{\sqrt{3}}\dot{u}_0$$

其中，S_{13} 是①区和刚性块③之间的速度间断面长度；$\Delta\dot{u}_{23}$ 是②区和刚性块③之间的速度间断量；其余以此类推。

$$\Delta\dot{u}_{23} = \Delta\dot{u}_{34} = \Delta\dot{u}_{24} = \Delta\dot{u}_{45} = \Delta\dot{u}_{25} = \frac{2}{\sqrt{3}}\dot{u}_0$$

由于速度间断线为直线，且 K 与 $[\dot{u}]$ 为常数，因此可避免积分过程，由式（6.17）得到：

$$q \cdot \dot{u}_0 \cdot b \leqslant 5 \cdot b \cdot \frac{2\dot{u}_0}{\sqrt{3}} \cdot K \quad 或 \quad q \leqslant \frac{10}{\sqrt{3}}K$$

平面应变问题的屈服应力为 $2K$，通常将极限压强表达为 $2K$ 的倍数，对本问题有

$$\frac{q}{2K} \leqslant \frac{5}{\sqrt{3}} = 2.89$$

该问题的滑移线解为 $\dfrac{q}{2K} = 2.57$。因此上限解相对滑移线解的误差为 12.4%。

讨论 1：若为非光滑冲头，对摩擦边界采用剪切摩擦模型，求解成形力。

（1）$m = 1$，此时变形材料与冲头之间发生粘接，称为内摩擦状态。

表面摩擦消耗的功率为

$$K \cdot \Delta \dot{u}_{13} \cdot b = K \cdot b \cdot \frac{1}{\sqrt{3}}$$

将该功率叠加在光滑冲头的解上，有

$$q \cdot 1 \cdot b \leqslant \frac{10}{\sqrt{3}} Kb + \frac{1}{\sqrt{3}} Kb = \frac{11}{\sqrt{3}} Kb$$

由此得到：

$$q \leqslant \frac{11}{\sqrt{3}} K, \qquad \frac{q}{2K} \leqslant 3.175$$

（2）$m = 0.5$

表面上的摩擦功率为

$$mK \cdot \Delta \dot{u}_{13} \cdot b = 0.5K \cdot b \cdot \frac{1}{\sqrt{3}} = \frac{1}{2\sqrt{3}} Kb$$

得到对应的解为

$$q \leqslant \frac{10}{\sqrt{3}} K + \frac{1}{2\sqrt{3}} K, \qquad \frac{q}{2K} \leqslant 3.031$$

由此可见，增大摩擦会导致成形载荷增大。为降低成形力，一般塑性加工时要对与变形材料接触的工具表面实施润滑。

讨论2：仍设为光滑冲头问题，考察刚性块的形状对成形力解答的影响。例如，把三角形刚性块的顶角设为变量，在其可变范围内求解成形力最小值（即最优值）。

设刚性块顶角为2α，其刚性块与速端图如图6.9所示。

各速度不连续线的长度与速度间断量的大小为

$$S_{23} = S_{34} = S_{45} = S_{25} = \frac{b}{2\sin\alpha} \quad S_{24} = b$$

$$\Delta \dot{u}_{23} = \Delta \dot{u}_{34} = \Delta \dot{u}_{25} = \Delta \dot{u}_{45} = \frac{1}{\cos\alpha}, \qquad \Delta \dot{u}_{24} = 2\Delta \dot{u}_{23}\sin\alpha = 2\tan\alpha$$

由上限定理得到：

$$q \cdot b \cdot 1 \leqslant 4 \cdot K \cdot \frac{1}{\cos\alpha} \cdot \frac{b}{2\sin\alpha} + K \cdot 2\tan\alpha \cdot b = \frac{2Kb}{\sin\alpha\cos\alpha} + 2Kb\tan\alpha$$

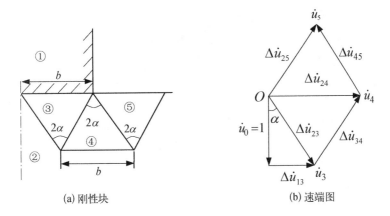

(a) 刚性块   (b) 速端图

图 6.9 刚性块和速端图

即

$$\frac{q}{2K} \leqslant \frac{1}{\sin \alpha \cos \alpha} + \tan \alpha$$

由上式可得到 α 取任何值时的压力 q，取 $\dfrac{\mathrm{d}q}{\mathrm{d}\alpha} = 0$，得到 $\alpha = 35.26°$ 时 q 最小，最小值为

$$\frac{q}{2K} \leqslant 2.828$$

由此可见，当事先难以确定采用何种形状的刚性块更合理时，可以将刚性块形状设定为某些可变参量的函数，将上限结果对可变参量求最小值，就可以得到比较好的上限解。

讨论 3：仿照滑移线场方法，将③区和⑤区设成等腰直角三角形，将④区设成扇形区，如图 6.10 所示。

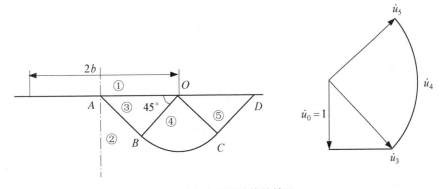

图 6.10 扇形刚性块的情况

OBC 是一个扇形块，弧线 BC 是速度间断线，但在该速度间断线上，不同点的速度间断方向不同，这表明不能把扇形 OBC 作为一个完整的刚性块，而应该沿半径线划分为无数个刚性块，相邻刚性块之间速度间断量发生方向变化，因而每条半径线都是速度间断线，弧线 BC 上各点的速度构成了速度端点图上的 $\dot{u}_3$ 到 $\dot{u}_5$ 的弧线。那么 OB、OC 是不是速度间断线呢？材料从刚性块③通过 OB 后，速度的大小和方向都没有发生变化，因此 OB 不是速度间断线，同理 OC 也不是速度间断线。各速度间断线的长度和速度间断量的大小为

$$BA = \frac{\sqrt{2}}{2}b \quad BC = \frac{\pi}{2} \cdot \frac{\sqrt{2}}{2}b = \frac{\sqrt{2}\pi b}{4} \quad CD = \frac{\sqrt{2}}{2}b$$

$$\dot{u}_3 = \sqrt{2}\,\dot{u}_0 = \sqrt{2} \quad \dot{u}_5 = \sqrt{2} \quad |\dot{u}_4| = \sqrt{2}$$

另外，④区内任意两个相邻的无限小扇形之间的速度间断线长度都等于 OB，速度间断量为 $\mathrm{d}\dot{u}$，有

$$\sum \mathrm{d}\dot{u} = \text{速端图上 } \dot{u}_3 \text{ 到 } \dot{u}_5 \text{ 的曲线长度} = \frac{\pi}{2}\dot{u}_3$$

代入上限定理，得到：

$$q \cdot 1 \cdot b \leqslant \frac{\sqrt{2}}{2}b \cdot \sqrt{2} \cdot K + \frac{\sqrt{2}}{2} \cdot \sqrt{2} \cdot K + \frac{\sqrt{2}}{4}\pi b \cdot \sqrt{2} \cdot K + \frac{\sqrt{2}}{2}b \cdot \sqrt{2} \cdot \frac{\pi}{2} \cdot K$$

$$= (2 + \pi)Kb$$

因此

$$\frac{q}{2K} \leqslant 1 + \frac{\pi}{2} = 2.57$$

该结果与滑移线法结果相同，是完全解。

对该问题还可能假设出其他形式的速度场和刚性块。通常，刚性块数量越多，求得的上限解一般越精确。这是因为在实际变形时，材料的流动有无数个自由度，而用刚性块法离散后，材料的流动仅由有限个自由度来表示，因此自由度数越多就越接近真实变形情况。但增加刚性块数量一般会使求解难度加大，在应用时应注意根据实际可能发生的变形模式来设定刚性块的形状和数量。

例 2：平面变形状态的挤压（注意其与轴对称问题的区别）。

某些型材的挤压问题类似于平面应变状态。在这类变形中，材料的流动方向如图 6.11 中虚线所示，在模具底角处，材料难以发生流动，该位置称为"死区"。

由于对称性，可只取模型的一半进行分析。在图 6.11 中，在对称面的一侧

设置两个可动刚性块 A 和 B，刚性块 O 为"死区"，其材料运动速度为零。C 块和 D 块虽然也可动，但不变形，其运动速度分别为材料的入口速度和出口速度。将刚性块 A 和 B 之间的速度间断线称为 AB，对于其他间断线也依此类推。为计算的方便，假设 AB 线与挤压棒运动方向相同，同时为了提高计算精度，将刚性块中的间断线 AB 长度 x，以及两个角度 α 和 β 设置为可变量，如图 6.12 所示，以便计算该变形模式下的最小挤压力。

设挤压棒运动速度为 $\dot{u}_0$，由体积不变条件，可得到出口端的速度为

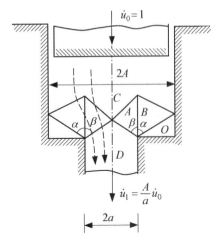

图 6.11　平面挤压问题的刚性块

$$\dot{u}_1 = \frac{A}{a}\dot{u}_0$$

图 6.12 给出了相应的速度端点图。注意速度场的作法：① 因 O 块是"死区"，刚性块 B 的速度平行于 OB，其速度端点由 C 块速度 $\dot{u}_0$、速度间断线 BC 和 OB 的方向确定；② $\dot{u}_A$ 可由 $\dot{u}_D$（等于 $\dot{u}_1$）反向推出，也可根据速度间断线 BA、CA 的方向得到。两种不同的做法得到的结果必须是相同的，据此还可判断速度场的做法是否正确。

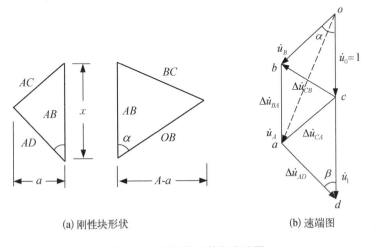

(a) 刚性块形状　　　　　　　(b) 速端图

图 6.12　刚性块形状和速端图

刚性块的几何形状可由三个参数（x, α, β）唯一地确定，根据图 6.12，得到各条速度间断线的长度为

$$\overline{AB} = x$$

$$\overline{OB} = (A - \alpha)/\sin\alpha$$

$$\overline{BC} = \sqrt{\overline{OB}^2 + \overline{AB}^2 - 2\overline{OB} \cdot \overline{AB} \cdot \cos\alpha} = \sqrt{x^2 + (A - \alpha)^2/\sin^2\alpha - 2 \cdot x \cdot (A - \alpha)\cot\alpha}$$

$$\overline{AD} = a/\sin\beta$$

$$\overline{AC} = \sqrt{\overline{AB}^2 + \overline{AD}^2 - 2\overline{AB} \cdot \overline{AD}\cos\beta} = \sqrt{x^2 + a^2/\sin^2\beta - 2x \cdot a \cdot \cot\beta}$$

再计算各速度间断量。不失一般性,假设 $\dot{u}_0 = 1$。由于 $oc // \overline{AB}$,$ob // \overline{OB}$,$bc // \overline{BC}$,所以速端图中 $\triangle obc$ 相似于刚性块 $\triangle B$,$\angle boc = \alpha$,由相似性关系:

$$\frac{\dot{u}_0}{\overline{AB}} = \frac{ob}{\overline{OB}} = \frac{\dot{u}_B}{\overline{OB}} = \frac{\Delta\dot{u}_{OB}}{\overline{OB}}$$

得到:

$$ob = \Delta\dot{u}_{OB} = \frac{\overline{OB}}{\overline{AB}}\dot{u}_0 = \frac{A - a}{x\sin\alpha}$$

$$\frac{\Delta\dot{u}_{BC}}{\overline{BC}} = \frac{\dot{u}_0}{\overline{AB}}, \quad \Delta\dot{u}_{BC} = \frac{\overline{BC}}{\overline{AB}} \cdot 1 = \frac{1}{x} \cdot \overline{BC}$$

同理,由 $\triangle acd \backsim \triangle A$ 得到:

$$\frac{\Delta\dot{u}_{AD}}{\overline{AD}} = \frac{\Delta\dot{u}_{AC}}{\overline{AC}} = \frac{\dot{u}_1 - \dot{u}_0}{x}$$

$$\Delta\dot{u}_{AD} = \frac{\overline{AD}}{x}\left(\frac{A}{a} - 1\right), \quad \Delta\dot{u}_{AC} = \frac{\overline{AC}}{x}\left(\frac{A}{a} - 1\right)$$

$$\Delta\dot{u}_{BA} = \dot{u}_1 - ob \cdot \cos\alpha - ad \cdot \cos\beta = \frac{A}{a} - \frac{A - a}{x\sin\alpha}\cos\alpha - \frac{\overline{AD}}{x}\left(\frac{A - a}{a}\right)\cos\beta$$

$$= \frac{A}{a} - \frac{A - a}{x}\cot\alpha - \frac{A - a}{x}\cot\beta$$

代入上限定理,得到变形功率为

$$\dot{W} = 2 \cdot K \cdot [\overline{AC} \cdot \Delta\dot{u}_{AC} + \overline{BC} \cdot \Delta\dot{u}_{BC} + \overline{AB} \cdot \Delta\dot{u}_{BA} + \overline{OB} \cdot \Delta\dot{u}_{OB} + \overline{AD} \cdot \Delta\dot{u}_{AD}]$$

$$= 2K\left[(x^2 + a^2/\sin^2\beta - 2x \cdot a \cdot \cot\beta)\frac{A - a}{xa}\right.$$

$$+ \frac{1}{x}(x^2 + (A-a)^2/\sin^2\alpha - 2x(A-a)\cot\alpha) \bigg]$$

$$+ 2K\bigg[x\bigg(\frac{A}{a} - \frac{A-a}{x}\cot\alpha - \frac{A-a}{x}\cot\beta\bigg) + \frac{A-a}{\sin\alpha}\frac{A-a}{x\sin\alpha} + \bigg(\frac{a}{\sin\beta}\bigg)^2\frac{A-a}{xa}\bigg]$$

整理得到:

$$\dot{W} = 2K\bigg[\frac{2A}{a}x - 3(A-a)(\cot\alpha + \cot\beta) + \frac{2(A-a)^2}{x}\frac{1}{\sin^2\alpha} + \frac{2(A-a)a}{x}\frac{1}{\sin^2\beta}\bigg]$$

为了求上限解的最小值,令 $\partial\dot{W}/\partial x = 0$,$\partial\dot{W}/\partial\alpha = 0$,$\partial\dot{W}/\partial\beta = 0$,得到:

$$\cot\alpha = \frac{3x}{4(A-a)},\ \cot\beta = \frac{3x}{4a},\ x^2 = \frac{a(A-a)}{A}\bigg[\frac{A-a}{\sin^2\alpha} + \frac{a}{\sin^2\beta}\bigg]$$

解方程得到:

$$x = 4\sqrt{\frac{(A-a)a}{7}},\ \cot\alpha = 3\sqrt{\frac{a}{7(A-a)}},\ \cot\beta = 3\sqrt{\frac{A-a}{7a}}$$

由此得到冲头上作用的单位面积压力:

$$q = \frac{\dot{W}}{2A\dot{u}_0} = \frac{\dot{W}}{2A} = K\sqrt{\frac{7(A-a)}{a}} \tag{a}$$

依照该解答,不同挤压比时 q 计算值如表 6.1 所示。

表 6.1 不同挤压比时 q 计算值

A	2	3	4	5
a	1	1	1	1
$q/2K$	1.32	1.87	2.29	2.65

当 $A/a = 2$ 时,有滑移线场解为 $\dfrac{q}{2K} = 1.29$,上限解的结果高约 2%。

注意,用上限法求解问题时,应尽量使刚性块最大限度地反映材料流动的自由度,或者说速度间断线要尽量多。但同时也要避免起不到间断作用的"虚假"间断线,例如,对于上例若采用图 6.13 所示速度场,根据材料流动的对称性,刚性块②的边界 OC 不能有穿透对称线的运动,其运动只能是沿对称线方向,而这是与刚性块①的运动方向相同的,因此 BC 线实际上不能引起速度间断,在计算消耗功率时不起任何作用。

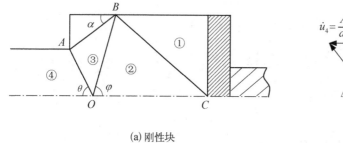

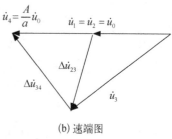

(a) 刚性块　　　　　　　　　　　　(b) 速端图

图 6.13　含"虚假"速度间断线的刚性块与速端图

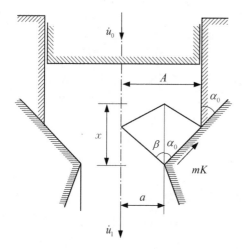

图 6.14　锥形模正挤压

例 3：锥模正挤压问题。

由例 2 可知，平底挤压模具内存在"死区"，材料必须相对于"死区"产生滑移才能被挤压出去，因此导致很大的挤压力。若将模具改为锥形模，则有可能消除"死区"，使材料比较容易地流出模口。

在图 6.14 所示的锥形模中，设锥顶角为 $2\alpha_0$，参考图 6.12 所描述的方法设计刚性块运动模式并计算成形力。

材料变形时，与凹模表面的接触区内，存在摩擦剪应力 $\tau = mK$。仿照例 2 的计算过程，得到塑性变形功率为

$$\dot{W} = 2K\left[\frac{2Ax}{a} - 3(A-a)(\cot\alpha_0 + \cot\beta) + \frac{2a(A-a)}{x}\frac{1}{\sin^2\beta} + \frac{(m+1)(A-a)^2}{x\sin^2\alpha_0}\right]$$

令 $\partial\dot{W}/\partial x = 0$，$\partial\dot{W}/\partial\beta = 0$，得到使 $\dot{w}$ 取极小值时的 x 和 β 为

$$x^2 = \frac{8a(A-a)}{7A+9a}\left[2a + (A-a)(m+1)\frac{1}{\sin^2\alpha_0}\right]$$

$$\cot\beta = \frac{3x}{4a}$$

(b)

相应的单位挤压力为

$$\frac{q}{2K} = \frac{1}{2A}\left[\frac{(7A+9a)x}{8a} - 3(A-a)\cot\alpha_0 + \frac{2a(A-a)}{x} + \frac{(m+1)(A-a)^2}{x\sin^2\alpha_0}\right]$$

(c)

给定模角 α_0，由以上解答可以得到单位挤压力。但应注意，当

$$\alpha_0 > \cot^{-1}3\sqrt{\frac{a}{7(A-a)}}$$

时,若挤压力式(c)的计算值大于平底模式(a)的计算值,则意味着材料沿模具表面流动的阻力已经大于相对于"死区"的滑移,而这是不可能的,因此这种情况下仍会产生死区,挤压力的计算仍应依照平底模式(a)进行。

图 6.15 给出了当 $m = 0.3$ 时,不同挤压比 A/a 下的单位挤压力计算值。

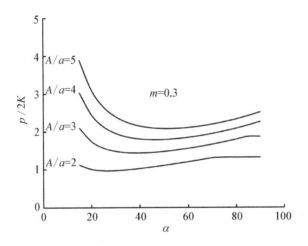

图 6.15 不同挤压比下的单位挤压力

可见,在特定模角 α_0 下,挤压力有最小值。由 $\partial \dot{W}/\partial \alpha_0 = 0$ 得到使挤压力取最小值的模角为

$$(\alpha_0)_{\text{opt}} = \cot^{-1}\frac{3x}{2(m+1)(A-a)} \tag{d}$$

与最优模角相对应,把式(d)代入式(b),求解得到:

$$x = \sqrt{\frac{8a(m+1)(A-a)[2a+(m+1)(A-a)]}{(m+1)(7A+9a)-18a}}$$

图 6.16 给出了挤压比 $A/a = 2$、不同摩擦系数下的单位挤压力。由图 6.15 和图 6.16 可见,单纯减小模角并不一定能减小挤压力,因为这会导致材料变形区加长且与模具表面的摩擦接触区加大。当润滑条件较好时,则存在着使挤压力最小的最佳模角。

例 4:平面变形反挤压问题。

如图 6.17 所示,设凹模宽为 $2R$,挤压凸模宽为 $2r$,材料在凸模作用下沿两侧逆向流出。

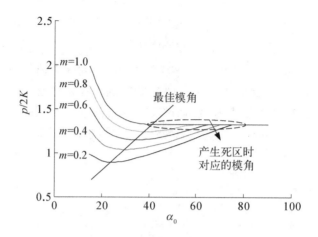

图 6.16　不同摩擦条件下的单位挤压力

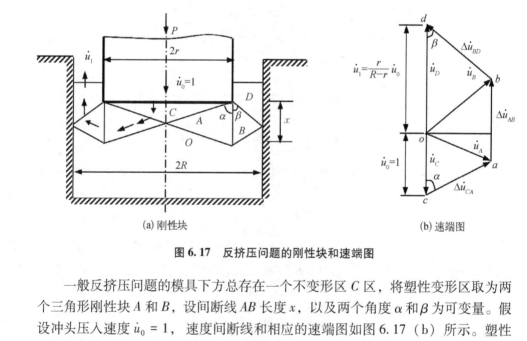

图 6.17　反挤压问题的刚性块和速端图

一般反挤压问题的模具下方总存在一个不变形区 C 区，将塑性变形区取为两个三角形刚性块 A 和 B，设间断线 AB 长度 x，以及两个角度 α 和 β 为可变量。假设冲头压入速度 $\dot{u}_0 = 1$，速度间断线和相应的速端图如图 6.17（b）所示。塑性变形功率和冲头单位面积压力计算如下。

根据图 6.17（a）计算三角形刚性块的各边长，获得速度间断线长度：

$$\overline{AB} = x, \quad \overline{AC} = r\csc\alpha, \quad \overline{BD} = (R - r)\csc\beta$$

$$\overline{OA} = \sqrt{x^2 + r^2\csc^2\alpha - 2rx\cot\alpha}$$

$$\overline{OB} = \sqrt{x^2 + (R - r)^2\csc^2\beta - 2x(R - r)\cot\beta}$$

从速端图上计算各速度间断量的大小：

$$\dot{u}_C = 1, \qquad \Delta\dot{u}_{CA} = \frac{\overline{AC}}{x}, \qquad \dot{u}_A = \frac{\overline{OA}}{x}$$

$$\dot{u}_B = \frac{1}{x}\frac{r}{R-r}\overline{OB}, \qquad \Delta\dot{u}_{BD} = \frac{1}{x}\frac{r}{R-r}\overline{BD}$$

$$\Delta\dot{u}_{AB} = \dot{u}_C + \dot{u}_D - \Delta\dot{u}_{BD}\cos\beta - \Delta\dot{u}_{CA}\cos\alpha = \frac{R}{R-r} - \frac{r}{x}\cot\alpha - \frac{r}{x}\cot\beta$$

塑性变形耗散功率为

$$\dot{W} = 2K[\overline{AC}\cdot\Delta\dot{u}_{CA} + \overline{OA}\cdot\dot{u}_A + \overline{AB}\cdot\Delta\dot{u}_{AB} + \overline{OB}\cdot\dot{u}_B + \overline{BD}\cdot\Delta\dot{u}_{BD}]$$

$$= 2K\left[\frac{2R}{R-r}x - 3r(\cot\alpha + \cot\beta) + \frac{2r^2\csc^2\alpha}{x} + \frac{2r(R-r)\csc^2\beta}{x}\right]$$

为得到冲头单位面积压力 q 的极小值，使

$$\frac{\partial\dot{W}}{\partial x} = 0 \qquad \frac{\partial\dot{W}}{\partial\alpha} = 0 \qquad \frac{\partial\dot{W}}{\partial\beta} = 0$$

得到：

$$x = 4\sqrt{\frac{(R-r)r}{7}}, \qquad \cot\alpha = 3\sqrt{\frac{R-r}{7r}}, \qquad \cot\beta = 3\sqrt{\frac{r}{7(R-r)}}$$

与此对应的冲头单位面积挤压力为

$$q = \frac{\dot{W}}{2r\dot{u}_0} = KR\sqrt{\frac{7}{(R-r)r}}$$

依据该解答，在不同挤压比下单位挤压力的计算值见表6.2。

表6.2 在不同挤压比下单位挤压力的计算值

R	2	3	4	5
r	1	2	3	4
$q/2K$	2.65	2.81	3.06	3.31

当 $R=2$、$r=1$ 时，有滑移线理论解为 $\dfrac{q}{2K} = 2.57$，上限解与之差别约为3%。

§6.7　基于连续速度场的上限解法

含有连续速度场的上限流动模型是 B. Avitzur 和 S. Kobayashi 等于 20 世纪 60 年代提出来的一种对成形问题进行极限分析的方法。在这种模型中，只把刚-塑性区的分界线视为速度间断面，而在塑性区内存在连续速度场。在假设连续速度场时，要特别注意必须满足体积不变条件，且计算时应综合考虑塑性变形功率、间断面上耗散功率以及摩擦功率。

以平砧镦粗问题为例，简介该方法。如图 6.18 所示，假设坯料在上下两平板间镦粗，坯料沿 z 方向的尺寸远大于另外两个方向的尺寸，因此可认为沿 z 方向不发生材料流动，变形为平面应变问题。设两平板的相对对击速度为 $2\dot{u}_0$。以 x 轴为速度对称面，将问题简化为上下等速对击的情况，根据对称性，取四分之一进行求解。

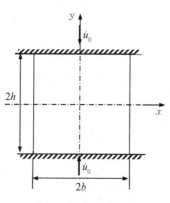

图 6.18　平砧镦粗问题

在图示坐标系下，材料沿 y 向的流动速度设定为以下形式的线性分布：

$$\dot{u}_y = -\frac{\dot{u}_0}{h}y$$

则应变速率：

$$\dot{\varepsilon}_y = \frac{\partial \dot{u}_y}{\partial y} = -\frac{\dot{u}_0}{h}$$

由体积不可压缩条件得到：

$$\dot{\varepsilon}_x = -\dot{\varepsilon}_y = \frac{\dot{u}_0}{h}$$

注意，根据体积不可压缩条件建立应变速率之间的关系，是设定动可容速度场的关键。

求解速度场 $\dot{u}_x$，由 $\dot{\varepsilon}_x = \dfrac{\partial \dot{u}_x}{\partial x}$ 得到：

$$\dot{u}_x = \int \dot{\varepsilon}_x \mathrm{d}x + f(y) = \frac{\dot{u}_0}{h}x + f(y)$$

其中，$f(y)$ 可由边界条件确定。由 $x = 0$ 时，$\dot{u}_x = 0$，得到：

$$f(y) = 0$$

$$\dot{u}_x = \frac{\dot{u}_0}{h}x$$

由此可见，该式不能反映镦粗时的"腰鼓形"变形，相当于没有摩擦时的均匀变形场。且

$$\dot{\varepsilon}_{xy} = \frac{1}{2}\left(\frac{\partial \dot{u}_x}{\partial y} + \frac{\partial \dot{u}_y}{\partial x}\right) = 0$$

$$\dot{\varepsilon} = \sqrt{\frac{2}{3}\dot{\varepsilon}_{ij}\dot{\varepsilon}_{ij}} = \frac{2}{\sqrt{3}}\frac{\dot{u}_0}{h}$$

对于理想塑性材料，该速度场对应的塑性变形功率为

$$\dot{W}_p = \int_V \sigma_s \cdot \dot{\varepsilon}\mathrm{d}V = 4\int_0^b\int_0^h \sigma_s \cdot \frac{2}{\sqrt{3}}\frac{\dot{u}_0}{h}\mathrm{d}x\mathrm{d}y = \frac{8}{\sqrt{3}}\sigma_s b\dot{u}_0$$

若不考虑接触界面的摩擦，由上限原理得到：

$$q \cdot 2b \cdot \dot{u}_0 \times 2 \leqslant \frac{8}{\sqrt{3}}\sigma_s b\dot{u}_0 = 8Kb\dot{u}_0$$

单位面积上的压力为

$$q \leqslant 2K$$

若考虑接触界面摩擦，设剪切摩擦系数为 m。则摩擦功率为

$$\dot{W}_f = 4\int_0^b mK \cdot \frac{\dot{u}_0}{h}x\mathrm{d}x = 2mK\frac{\dot{u}_0}{h}b^2$$

于是由上限原理，有

$$q \cdot \dot{u}_0 \cdot 2b \cdot 2 \leqslant \frac{8}{\sqrt{3}}\sigma_s b\dot{u}_0 + 2mK\frac{\dot{u}_0}{h}b^2 = 8Kb\dot{u}_0 + 2mK\frac{\dot{u}_0}{h}b^2$$

此时的单位面积上的压力为

$$\frac{q}{2K} \leqslant 1 + \frac{m}{4}\frac{b}{h}$$

由此可见，表面摩擦会导致单位压力的上升。但必须指出，尽管该式考虑了接触面的摩擦功，但没有考虑摩擦造成的变形不均匀，因为假设速度场时并没有考虑摩擦的影响。

§6.8　连续速度场上限法在轴对称问题中的应用

上限法是以假设机动容许的速度场为前提的。在平面应变问题中，只有两个独立的速度分量，比较容易假设机动容许的速度场，因而上限法获得了广泛的应用。同样，在轴对称问题中，一般独立速度分量只有一个或两个，也可以应用上限法求解。但轴对称问题一般采用柱坐标系或球坐标系来描述，其应变位移关系与直角坐标系下有所不同。

6.8.1　柱坐标系和球坐标系下的几何方程

这里不加推导，给出图 6.19 所示的柱坐标系和球坐标系下应变的表达式。

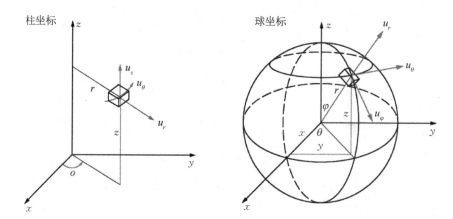

图 6.19　柱坐标系与球坐标系

柱坐标系下，位移分量为 u_r、u_θ 和 u_z，相应的应变分量为

$$\varepsilon_r = \frac{\partial u_r}{\partial r}, \qquad \varepsilon_\theta = \frac{1}{r}\frac{\partial u_\theta}{\partial \theta} + \frac{u_r}{r}, \qquad \varepsilon_z = \frac{\partial u_z}{\partial z},$$

$$\varepsilon_{r\theta} = \frac{1}{2}\left(\frac{1}{r}\frac{\partial u_r}{\partial \theta} - \frac{u_\theta}{r} + \frac{\partial u_\theta}{\partial r} \right), \quad \varepsilon_{\theta z} = \frac{1}{2}\left(\frac{\partial u_\theta}{\partial z} + \frac{1}{r}\frac{\partial u_z}{\partial \theta} \right), \quad \varepsilon_{zr} = \frac{1}{2}\left(\frac{\partial u_z}{\partial r} + \frac{\partial u_r}{\partial z} \right)$$

$$(6.19)$$

球坐标系下，位移分量为 u_r、u_θ 和 u_φ，相应的应变分量为

$$\varepsilon_r = \frac{\partial u_r}{\partial r}, \quad \varepsilon_\varphi = \frac{1}{r}\frac{\partial u_\varphi}{\partial \varphi} + \frac{u_r}{r}, \quad \varepsilon_\theta = \frac{1}{r\sin\varphi}\frac{\partial u_\theta}{\partial \theta} + \frac{u_r}{r} + \frac{u_\varphi}{\varphi}\cot\varphi,$$

$$\varepsilon_{r\varphi} = \frac{1}{2}\left(\frac{1}{r}\frac{\partial u_r}{\partial \varphi} - \frac{u_\varphi}{r} + \frac{\partial u_\varphi}{\partial r}\right), \quad \varepsilon_{\varphi\theta} = \frac{1}{2}\left(\frac{1}{r\sin\varphi}\frac{\partial u_\varphi}{\partial \theta} - \frac{u_\theta}{r}\cot\varphi + \frac{1}{r}\frac{\partial u_\theta}{\partial \varphi}\right),$$

$$\varepsilon_{r\theta} = \frac{1}{2}\left(\frac{\partial u_\theta}{\partial r} + \frac{1}{r\sin\theta}\frac{\partial u_r}{\partial \theta} - \frac{u_\theta}{r}\right)$$

$$(6.20)$$

若将位移分量更换为速度分量，则仿照式（2.22）可以得到对应的应变速率。

6.8.2　轴对称挤压问题的上限解

应用实例：设圆棒料通过锥形圆口模具受挤压成形，模具锥角为 2α，入口直径为 D，出口直径为 d，现用上限法求解挤压力 q。假设材料与锥形模具和出口端模具内表面的摩擦因子为 m，出口端模具长度为 l。

如图 6.20 所示，在设定动可容速度场时，以锥角的顶点 O 为中心，过锥形段入口点（半径 $r=b$）和出口点（半径 $r=a$）作两个球面，将变形材料分成三个区域。假设区域①和③为刚性区，只有区域②发生塑性变形。设区域①和③内的材料分别以 $\dot{u}_{(1)}$ 和 $\dot{u}_{(3)}$ 沿轴向运动，并设塑性区域②中的质点运动方向均指向 O 点，在以 O 点为原点的球坐标系中，$\dot{u}_\theta = \dot{u}_\varphi = 0$，而 $\dot{u}_r \neq 0$，其大小与质点的位置有关。$r=a$ 和 $r=b$ 处的球面为速度间断面。若已知挤压凸模的运动速度为 $\dot{u}_0$，则区域①内的材料运动速度为

$$\dot{u}_{(1)} = \dot{u}_0$$

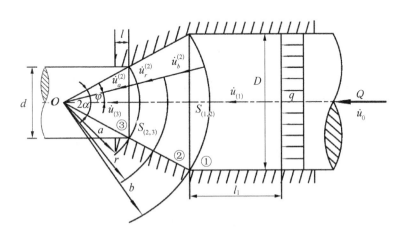

图 6.20　锥形模挤压问题的速度场设定

根据体积不变的要求，在速度间断面 $S_{(1,\,2)}$ 上，如图 6.21（a），法向速度和切向速度分别为

$$\dot{u}_b^{(2)} = \dot{u}_0\cos\varphi$$

$$\dot{u}_{(1,\ 2)} = \dot{u}_0\sin\varphi \tag{a}$$

区域②中的各点速度同样由不可压缩条件得到，在图 6.21（b）所示的微元体中，半径 r 处圆表面微分面积上流过的材料体积与半径 b 处相应微分面积上流过的材料体积相等，即

$$\dot{u}_r^{(2)}\,\mathrm{d}A_r - \dot{u}_b^{(2)}\,\mathrm{d}A_b = 0$$

其中，$\mathrm{d}A_r = r^2\sin\varphi\mathrm{d}\varphi\mathrm{d}\theta$，$\mathrm{d}A_b = b^2\sin\varphi\mathrm{d}\varphi\mathrm{d}\theta$。由此可得

$$\dot{u}_r^{(2)} = \left(\frac{b}{r}\right)^2\dot{u}_b^{(2)} = \left(\frac{b}{r}\right)^2\dot{u}_0\cos\varphi \tag{b}$$

在分界面 $S_{(2,\ 3)}$ 处，有

$$\dot{u}_a^{(2)} = \left(\frac{b}{a}\right)^2\dot{u}_0\cos\varphi \tag{c}$$

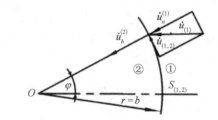

(a) $S_{(1,2)}$ 上的速度间断

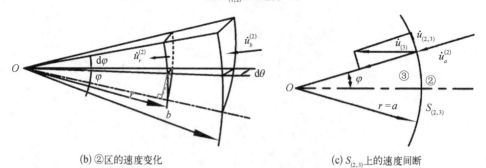

(b) ②区的速度变化 　(c) $S_{(2,3)}$ 上的速度间断

图 6.21　各子域内的速度

区域③的速度由分界面 $S_{(2,\ 3)}$ 上的连续性条件确定，由图 6.21（c）可知：

$$\dot{u}_{(3)} = \dot{u}_a^{(2)}\frac{1}{\cos\varphi} = \left(\frac{b}{a}\right)^2\dot{u}_0 \tag{d}$$

$$\dot{u}_{(2, 3)} = \dot{u}_{(3)} \sin \varphi = \left(\frac{b}{a}\right)^2 \dot{u}_0 \sin\varphi \qquad\qquad (\text{e})$$

以上求得的各区域速度均满足体积不变条件。

在塑性区域②中，应变率分量为

$$\dot{\varepsilon}_r^{(2)} = \frac{\partial \dot{u}_r^{(2)}}{\partial r} = -2\frac{b^2}{r^3}\dot{u}_0 \cos \varphi$$

$$\dot{\varepsilon}_\varphi^{(2)} = \dot{\varepsilon}_\theta^{(2)} = \frac{\dot{u}_r^{(2)}}{r} = \frac{b^2}{r^3}\dot{u}_0 \cos \varphi$$

$$\dot{\varepsilon}_{r\varphi}^{(2)} = \frac{1}{2}\frac{\partial \dot{u}_r^{(2)}}{r\partial \varphi} = -\frac{b^2}{2r^3}\dot{u}_0 \sin \varphi$$

注意，由于 $\dot{u}_r^{(2)}$ 不仅是 r 的函数，同时也是 φ 的函数，故 $\dot{\varepsilon}_{r\varphi}^{(2)}$ 不是零，但其余的剪应变率都是零。可以验证应变速率满足体积不可压缩条件。区域②中的等效应变速率为

$$\dot{\bar{\varepsilon}} = \sqrt{(2/3)\dot{\varepsilon}_{ij}\dot{\varepsilon}_{ij}} = \sqrt{\frac{2}{3}}\frac{b^2}{r^3}\dot{u}_0\sqrt{6\cos^2\varphi + \frac{1}{2}\sin^2\varphi} = \frac{1}{\sqrt{3}}\frac{b^2}{r^3}\dot{u}_0\sqrt{11\cos^2\varphi + 1}$$

与以上速度场模式对应的变形功率为

$$\dot{W} = \int_{V_2} \sigma_s \dot{\bar{\varepsilon}} \mathrm{d}V + \int_{S_{(1, 2)}} K\dot{u}_{(1, 2)}\mathrm{d}S + \int_{S_{(2, 3)}} K\dot{u}_{(2, 3)}\mathrm{d}S$$
$$+ \int_{S_{(0, 2)}} mK\dot{u}_{(0, 2)}\mathrm{d}S + \int_{S_{(0, 3)}} mK\dot{u}_{(0, 3)}\mathrm{d}S \qquad\qquad (\text{f})$$

等号右端五项分别为变形区内的塑性耗散功率、两个速度间断面上的消耗功率以及锥形模具和出口处模具内表面上因摩擦而消耗的功率。这里忽略了入口处坯料和模具内表面的摩擦功率。

下面分别计算上式右端的积分。积分中用到的微体积和微面积如图 6.22 所示。

$$\mathrm{d}V = r^2 \sin \varphi \mathrm{d}\varphi \mathrm{d}\theta \mathrm{d}r$$
$$\mathrm{d}S = r^2 \sin \varphi \mathrm{d}\varphi \mathrm{d}\theta$$

第一项积分：

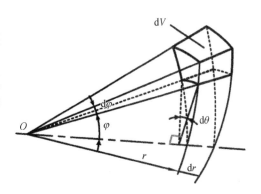

图 6.22　球坐标下的微体积

$$\dot{W}_{(2)} = \int_{V_2} \sigma_s \dot{\bar{\varepsilon}} \mathrm{d}V = \sigma_s \frac{b^2}{\sqrt{3}} \dot{u}_0 \int_a^b \frac{\mathrm{d}r}{r} \int_0^{2\pi} \mathrm{d}\theta \int_0^\alpha \sin\varphi \sqrt{1 + 11\cos^2\varphi} \, \mathrm{d}\varphi$$

$$= \frac{2}{\sqrt{3}} \pi \sigma_s b^2 \dot{u}_0 \ln \frac{b}{a} f(\alpha) \tag{g}$$

其中，

$$f(\alpha) = \int_0^\alpha \sin\varphi \sqrt{1 + 11\cos^2\varphi} \, \mathrm{d}\varphi$$

$$= \frac{1}{2} \left(\sqrt{12} - \cos\alpha \sqrt{1 + 11\cos^2\alpha} \right) + \frac{1}{2\sqrt{11}} \ln \left(\frac{\sqrt{11} + \sqrt{12}}{\sqrt{11}\cos\alpha + \sqrt{1 + 11\cos^2\alpha}} \right) \tag{h}$$

第二项积分：

$$\dot{W}_{(1, 2)} = \int_{L_{(1, 2)}} K\dot{u}_{(1, 2)} \mathrm{d}S = Kb^2 \dot{u}_0 \int_0^\alpha \sin^2\varphi \mathrm{d}\varphi \int_0^{2\pi} \mathrm{d}\theta = 2\pi Kb^2 \dot{u}_0 \left(\frac{\alpha}{2} - \frac{1}{4}\sin 2\alpha \right) \tag{i}$$

第三项积分：

$$\dot{W}_{(2, 3)} = \int_{L_{(2, 3)}} K\dot{u}_{(2, 3)} \mathrm{d}S = Kb^2 \dot{u}_0 \int_0^\alpha \sin^2\varphi \mathrm{d}\varphi \int_0^{2\pi} \mathrm{d}\theta = 2\pi Kb^2 \dot{u}_0 \left(\frac{\alpha}{2} - \frac{1}{4}\sin 2\alpha \right) \tag{j}$$

第四项积分中，为求材料在锥形模具表面上的速度，可令 $\dot{u}_r^{(2)}$ 中的 $\varphi = \alpha$，得到：

$$\dot{u}_{(0, 2)} = \left(\frac{b}{r} \right)^2 \dot{u}_0 \cos\alpha$$

锥形表面的微面积为

$$\mathrm{d}S = 2\pi r \sin\alpha \mathrm{d}r$$

于是

$$\dot{W}_{(0, 2)} = \int_{L_{(0, 2)}} mK\dot{u}_{(0, 2)} \mathrm{d}S = 2\pi mKb^2 \dot{u}_0 \sin\alpha \cos\alpha \int_a^b \frac{\mathrm{d}r}{r} = 2\pi mKb^2 \dot{u}_0 \sin\alpha \cos\alpha \ln \frac{b}{a} \tag{k}$$

第五项积分中，材料在出口处相对于模具表面的速度为

$$\dot{u}_{(0,\,3)} = \dot{u}_{(3)} = \left(\frac{b}{a}\right)^2 \dot{u}_0$$

表面微面积为

$$\mathrm{d}S = 2\pi a \sin \alpha \mathrm{d}l$$

于是

$$\dot{W}_{(0,\,3)} = \int_{L_{(0,\,3)}} mK\dot{u}_{(0,\,3)}\mathrm{d}S = 2\pi mK\frac{b^2}{a}\dot{u}_0\sin \alpha \int_0^l \mathrm{d}l = 2\pi mK\frac{b^2}{a}\dot{u}_0 l \sin \alpha \qquad (1)$$

将式（g）、（i）、（j）、（k）、（l）代入式（f），并注意到上限法公式：

$$q\pi(b\sin \alpha)^2\dot{u}_0 \leqslant \dot{W}$$

以及令 $\sigma_s = \sqrt{3}K$，得到：

$$\frac{q}{\sigma_s} \leqslant \frac{2}{\sqrt{3}}\left[\left(\frac{f(\alpha)}{\sin^2\alpha} + m\cot \alpha\right)\ln \frac{b}{a} + \frac{2\alpha - \sin 2\alpha}{2\sin^2\alpha} + \frac{m}{a}\frac{l}{\sin \alpha}\right] \qquad (m)$$

考虑如下几何关系：

$$\frac{b}{a} = \frac{D}{d}, \quad a = \frac{d}{2\sin \alpha}$$

并取如下参数：

$$R = \frac{D}{d}, \quad \lambda = \frac{l}{a}$$

则得到单位挤压力的上限为

$$\frac{q}{\sigma_s} \leqslant \frac{2}{\sqrt{3}}\left[\left(\frac{f(\alpha)}{\sin^2\alpha} + m\cot \alpha\right)\ln R + \frac{2\alpha - \sin 2\alpha}{2\sin^2\alpha} + \frac{m\lambda}{\sin \alpha}\right] \qquad (n)$$

该表达式包含了模具形状、摩擦因子和挤压比对挤压力的综合影响，可以指导圆棒料挤压工艺的设计以及确定设备吨位。

$\lambda = 0$、$m = 0.02$ 和 $m = 0.2$ 时的 $q/\sigma_s - R$ 曲线如图 6.23 所示，可见挤压直径比和模具锥角对挤压力的影响是十分明显的。

挤压力与 α 的关系如图 6.24 所示，可见，α 也有一个最佳值，对应此最佳值，载荷 q 取最小值，并且这一角度也随 R 及 m 的不同而变化。

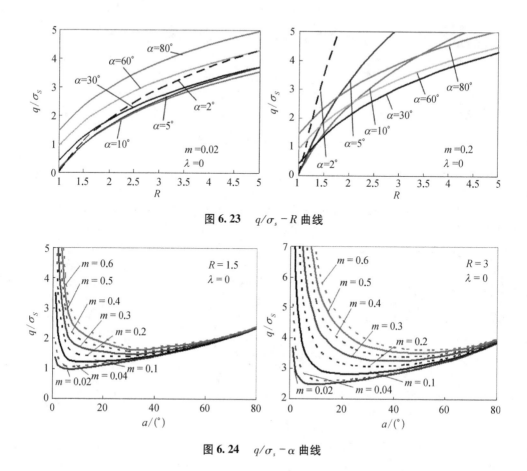

图 6. 23 $q/\sigma_s - R$ 曲线

图 6. 24 $q/\sigma_s - \alpha$ 曲线

§6.9   流函数法在确定上限流动模型中的应用

1967 年，Lambert 和 Kobayashi 提出流函数方法，用于解决稳态成形过程（例如挤压、轧制等稳态过程）的速度场设定问题。该方法借鉴了流体的体积不可压缩特性，在数学上给出了流体速度与流线形状的关系。人们根据经验，比较容易设定变形区的流线形状，这是应用流函数法确定速度场的基础。流函数法主要应用于平面问题或轴对称问题，因为对于这两类问题，比较容易根据流场的边界条件假设合理的流线形状。对于三维问题，由于流线形状难以表达，流函数法的应用存在较大难度。

6.9.1   流线与流函数的概念

通俗地讲，流线即流体中的质点在流动中走过的轨迹。因此，流线的特征

为，流线上任一点的切线方向，正好与那一时刻的流动方向重合。用公式表示
即为

$$\frac{\mathrm{d}x}{\dot{u}_x} = \frac{\mathrm{d}y}{\dot{u}_y} = \frac{\mathrm{d}z}{\dot{u}_z} \qquad (6.21)$$

其中，$\dot{u}_x = \dot{u}_x(x, y, z, t)$、$\dot{u}_y = \dot{u}_y(x, y, z, t)$、$\dot{u}_z = \dot{u}_z(x, y, z, t)$ 是流场中
任意点的速度分量。

由于流体体积不可压缩，如图 6.25 所示，单位
时间内流入图中单元体的流体体积必然等于由单元体
流出的流体体积，因此有

$$\frac{\partial \dot{u}_x}{\partial x} + \frac{\partial \dot{u}_y}{\partial y} + \frac{\partial \dot{u}_z}{\partial z} = 0 \qquad (6.22)$$

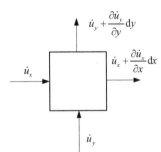

上式为流动速度协调方程，也是连续性方程，反映了
流体体积不可压缩的性质。体积不可压缩流体的流线
必须同时满足式（6.21）和式（6.22）。

图 6.25　流场内速度的协调关系

对于平面流动，有 $\dot{u}_z = 0$，$\dot{u}_x = \dot{u}_x(x, y, t)$，$\dot{u}_y = \dot{u}_y(x, y, t)$。如果流动是稳态的，则任一点的速度只是坐标的函数，而不随时
间变化，即 $\dot{u}_x = \dot{u}_x(x, y)$，$\dot{u}_y = \dot{u}_y(x, y)$。平面流动条件下，流线方程（6.21）
可写成

$$- \dot{u}_y \mathrm{d}x + \dot{u}_x \mathrm{d}y = 0$$

速度协调方程只有两项，即

$$\frac{\partial \dot{u}_x}{\partial x} + \frac{\partial \dot{u}_y}{\partial y} = 0 \quad \text{或} \frac{\partial \dot{u}_x}{\partial x} = \frac{\partial}{\partial y}(- \dot{u}_y)$$

由微分方程理论，一定存在一个函数 $\psi(x, y)$，使得

$$\dot{u}_x = \frac{\partial \psi}{\partial y}, \ \dot{u}_y = - \frac{\partial \psi}{\partial x} \qquad (6.23)$$

则速度协调方程恒被满足。将式（6.23）代入流线方程，有

$$\frac{\partial \psi}{\partial x}\mathrm{d}x + \frac{\partial \psi}{\partial y}\mathrm{d}y = 0$$

这表明，在一条流线上，$\psi(x, y)$ 的全微分恒等于 0，即 $\psi(x, y)$ 为常数。

因此，流线上任意点坐标满足一个"$\psi(x, y)$ = 常数"的方程，该方程称为

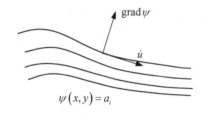

图 6.26 流线上任意点速度与流线形状的关系

流函数。由式（6.23）可知流函数的特征是，对某一坐标的导数等于与该坐标垂直方向的流速，或者说，流线上任意一点的速度等于流函数在该点流线法线上的方向导数，如图 6.26 所示。流线比较直观，如果能将流线方程写成"$\psi(x, y)$ = 常数"的形式，则基于式（6.23）就得到了相应的速度场。

6.9.2 速度场的设定方法

借助于自然坐标系设定流线及速度场的做法比较简单。在运动学中，自然坐标系是沿质点的运动轨迹建立的坐标系，在质点运动轨迹上任取一点作为起始点，质点在任意时刻的位置都可用它到起始点的轨迹长度来表示。在流场内建立 ξ-η 自然坐标系（一般为曲线坐标系），并以流线作为自然坐标系 ξ 的标架，如图 6.27 所示。

在自然坐标系下，流线方程为 η = 常数，η 取不同值时表示不同的流线。对于实际问题，流线可以根据流体所在型腔的形状构造出来，如在直角坐标系下把流线表达成 $\eta = \eta(x, y)$ 的函数，就可以构造出 $\psi(x, y) = f(\eta)$ 的流函数。至此，流场内任一点速度分量为

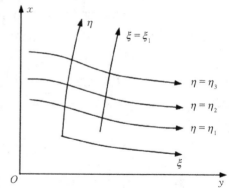

图 6.27 自然坐标系下的流线

$$\dot{u}_x = \frac{\partial \psi}{\partial y} = f'(\eta) \frac{\partial \eta}{\partial y}$$

$$\dot{u}_y = -\frac{\partial \psi}{\partial x} = -f'(\eta) \frac{\partial \eta}{\partial x} \quad (6.24)$$

实际上，式（6.24）中的 $f'(\eta)$ 一般可根据速度边界条件确定，所以并不用给出 $f(\eta)$ 的表达式。应用中，有时可以根据材料的塑性变形特点近似确定流线方程，例如对于挤压问题可以由形腔形状来设定流线形状以及方程的形式，对于稳态轧制问题，也可根据变形特点与轧辊形状近似确定变形材料的流线方程。

6.9.3 通过余弦曲线凹模正挤压过程的分析

应用实例：考虑一个通过余弦曲线凹模的正挤压问题，设坯料沿垂直纸面方向的尺寸远大于变形区厚度和长度，因此近似简化为平面应变问题。模具形状如图 6.28 所示，其中凹模轮廓 ADC 为一条 0~π 的半波余弦曲线，D 点是对应于 π/2 的中点。

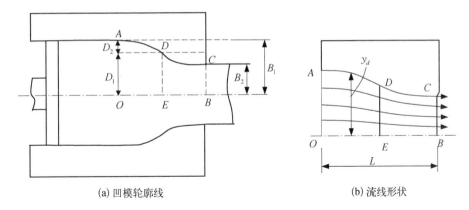

(a) 凹模轮廓线　　　　　　　　(b) 流线形状

图 6.28　通过余弦曲线凹模的正挤压

假设入口截面厚度为 $2B_1$，出口截面厚度为 $2B_2$，挤压比为 $k = B_1/B_2$。余弦曲线的 A、D、C 对应的变形材料中心线上的点为 O、E、B 点。D_1 是自中心线度量的余弦曲线中点高度，D_2 是余弦曲线的变化幅度，有

$$D_1 = \frac{1}{2}(B_1 + B_2) = \frac{1}{2}(k+1)B_2, \quad D_2 = \frac{1}{2}(B_1 - B_2) = \frac{1}{2}(k-1)B_2$$

将坐标原点设定在 O 点，则凹模轮廓的方程为

$$y_d = D_1 + D_2\cos\left(\frac{\pi x}{L}\right) \tag{a}$$

其中，L 是 OB 的长度。根据凹模轮廓形状，流线可以选择余弦曲线形状，并将流线在 DE 上的割距取为每条流线的自然坐标 η，即

$$y = 0 \text{ 时}, \ \eta = 0; \quad y = y_d \text{ 时}, \ \eta = D_1$$

对任意一条流线，如在 DE 上的割距为 y，则对应的 η 为

$$\eta = D_1\frac{y}{y_d} = \frac{D_1 y}{D_1 + D_2\cos\left(\dfrac{\pi x}{L}\right)} \tag{b}$$

根据流线性质，得到任意点的速度为

$$\begin{aligned}
\dot{u}_x &= \frac{\partial \eta}{\partial y}f'(\eta) = \frac{D_1}{y_d}f'(\eta) \\[2mm]
\dot{u}_y &= -\frac{\partial \eta}{\partial x}f'(\eta) = -\frac{D_1 D_2(\pi/L)y\sin(\pi x/L)}{y_d^2}f'(\eta)
\end{aligned} \tag{c}$$

设材料进入变形区时，入口速度为 $\dot{u}_1$。根据速度边界条件：

$$\dot{u}_x\big|_{x=0} = \dot{u}_1 = \frac{D_1}{D_1 + D_2}f'(\eta)$$

从而有

$$f'(\eta) = \frac{D_1 + D_2}{D_1}\dot{u}_1, \quad f(\eta) = \frac{D_1 + D_2}{D_1}\dot{u}_1\eta$$

再代入速度表达式，得到：

$$\dot{u}_x = \dot{u}_1(D_1 + D_2)y_d^{-1}$$

$$\dot{u}_y = -\dot{u}_1 D_2(D_1 + D_2)\left(\frac{\pi}{L}\right)y \cdot y_d^{-2}\sin\left(\frac{\pi x}{L}\right) \tag{d}$$

据此可得到与此对应的应变速率场和等效应变速率场：

$$\dot{\varepsilon}_x = \frac{\partial \dot{u}_x}{\partial x} = -\dot{\varepsilon}_y = \dot{u}_1 D_2(D_1 + D_2)(\pi/L)y_d^{-2}\sin(\pi x/L)$$

$$\dot{\varepsilon}_{xy} = \frac{1}{2}\left(\frac{\partial \dot{u}_x}{\partial y} + \frac{\partial \dot{u}_y}{\partial x}\right) = -\dot{u}_1 D_2(D_1 + D_2)(\pi/L)^2 yy_d^{-2}[2D_2 y_d^{-1}\sin^2(\pi x/L) + \cos(\pi x/L)]$$

$$\dot{\bar{\varepsilon}} = \sqrt{\frac{2}{3}[\dot{\varepsilon}_x^2 + \dot{\varepsilon}_y^2 + 2\dot{\varepsilon}_{xy}^2]}$$

以及变形功率：

$$\dot{W} = \int_V \sigma_s \dot{\bar{\varepsilon}}\,\mathrm{d}V + \int_\Gamma mK\,|\,\Delta\dot{u}\,|\,\mathrm{d}\Gamma \tag{e}$$

其中，Γ 是变形材料与模具内壁的摩擦表面（在此假设只有变形区内有摩擦力）；$\Delta\dot{u}$ 是材料相对于模具内壁的流动速度。

设单位挤压力为 p，根据上限原理：

$$p \cdot B_1 \cdot \dot{u}_1 \leqslant \dot{W} \tag{f}$$

得到挤压力：

$$p \leqslant \frac{\dot{W}}{B_1 \cdot \dot{u}_1} \tag{g}$$

由以上推导可见，由于流函数方法中恒满足 $\dfrac{\partial \dot{u}_x}{\partial x} + \dfrac{\partial \dot{u}_y}{\partial y} = 0$，也即恒满足体积不变条件，因此，流函数法是确定连续速度场的严格理论方法。这种方法还可用来求解硬化材料。

以下用一个算例来说明流函数法的应用。设平板挤压问题的入口厚度为 20 mm（$B_1 = 10$ mm），出口厚度为 10 mm（$B_2 = 5$ mm），入口速度为 $\dot{u}_1 = 10$ mm/s，余弦曲线凹模长度为 L，变形材料与凹模内壁间的摩擦因子为 $0.05 \sim 0.5$。据此评价余弦曲线凹模长度对挤压力的影响。

根据以上算法，得到单位挤压力随变形区长度与摩擦系数的变化关系如图 6.29 所示。可见，在摩擦系数较小的情况下，随着变形区长度增加，单位挤压力趋向于常数；但随着摩擦系数增大，变形区越长，单位挤压力越大。根据图中曲线可以确定使单位挤压力取最小值的余弦凹模长度，当余弦凹模长度小于该数值时，单位挤压力会急剧增加，表现为材料难以变形。但必须指出，当实际余弦凹模长度很小时，图中给出的挤压力会与实际情况偏差较大，这是因为，在以上计算中，只把余弦凹模内的材料作为变形区，实际上当余弦凹模长度较小时，材料早在进入余弦凹模之前就已经发生很大变形了，因此真实的应变速率要比计算时假设速度场对应的应变速率小得多。

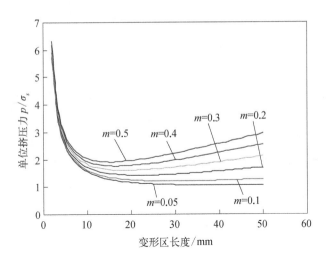

图 6.29　挤压力随变形区长度和摩擦系数的变化

§6.10　长方体坯料拔长的上限解法

拔长是塑性成形常用的制坯工艺，它是通过砧子使材料横向受压，从而产生纵向延伸的变形方式。砧子与坯料接触面为平面时称为平砧拔长。当坯料比较长时，通常一个拔长过程需要沿着长度方向多次压下，每次压下时，坯料仅在上、下两砧之间及其附近的区域发生局部变形，如图 6.30 所示。变形过程中，坯料变形区的高度减小，同时沿长度和宽度方向分别发生伸长和展宽。为达到拔长目的和适应压机的载荷能力，一般要做拔长工艺规划，即计算拔长所需要的力以及拔长过程的材料变形。实际上，通过合理假设变形场，应用上限原理就可以解决这个问题。

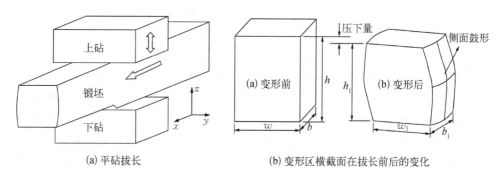

图 6.30　平砧拔长示意图

6.10.1　瞬态动可容速度场的建立

采用笛卡儿坐标系，原点在变形区中心，x、y 和 z 轴分别沿坯料的长度、宽度和高度方向。设该次压下的送进量、压下前坯料宽度和高度分别为 b_1、w_0 和 h_0。为简化分析，可认为上、下两砧同时以动砧真实速度 v_{die} 的一半相向运动。

考虑到坯料刚性端对变形区的约束作用，可认为变形材料沿长度方向的流动仅与 x 坐标有关，于是任意一点处 x 方向速度分量按如下形式构造：

$$v_x = \frac{v_{die}}{h}\big[x + A(x)\big] \qquad (6.25)$$

其中，h 表示压下过程中变形区的瞬时高度；$A(x)$ 是描述材料流动模式的待定函数。

如图 6.30（b）所示，由于模具与坯料接触面上存在摩擦，导致材料发生非均匀流动，坯料的侧面沿长度和高度方向均会产生鼓肚。为描述这两种鼓肚模式，首先按如下形式构造任意一点处 z 方向速度分量：

$$v_z = \frac{v_{die}}{h}\big[-z + B(x)\Phi(z)\big] \qquad (6.26)$$

其中，$B(x)$ 和 $\Phi(z)$ 是描述材料流动模式的待定函数。根据变形区速度场必须满足体积不变条件，任意一点处三个方向的速度分量中仅有两个是独立的，于是

y 方向速度分量为

$$v_y = -\frac{v_{die}y}{h}[A'(x) + B(x)\varPhi'(z)] \tag{6.27}$$

从式（6.27）可见，y 方向速度分量包含了沿 x 方向和 z 方向的不均匀性，即沿长度和宽度方向的鼓肚模式。

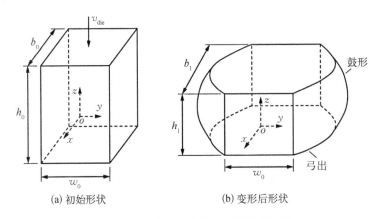

(a) 初始形状   (b) 变形后形状

图 6.31 一次压下中变形区的近似构形

根据对称性，$A(x)$、$B(x)$ 和 $\varPhi(z)$ 需满足如下条件：

$$\begin{cases} A(-x) = -A(x) \\ B(-x) = B(x) \\ \varPhi(-z) = -\varPhi(z) \end{cases} \tag{6.28}$$

根据坯料与模具接触面上的速度边界条件，v_z 需满足如下条件：

$$v_z\big|_{z=h/2} = -v_{die}/2$$

于是，$\varPhi(z)$ 需满足

$$\varPhi(h/2) = 0 \tag{6.29}$$

根据坯料变形区与刚性端分界面上的速度条件，v_y 需满足如下条件：

$$v_y\big|_{x=b/2} = 0$$

其中，b 表示压下过程中变形区的瞬时长度。由式（6.27）可知 $A(x)$ 和 $B(x)$ 需满足

$$A'(b/2) = 0, \ B(b/2) = 0 \tag{6.30}$$

对待定函数 $A(x)$、$B(x)$ 和 $\varPhi(z)$ 分别取三阶多项式：

$$\begin{cases} A(x) = k_{11} + k_{12}x + k_{13}x^2 + k_{14}x^3 \\ B(x) = k_{21} + k_{22}x + k_{23}x^2 + k_{24}x^3 \\ \varPhi(z) = k_{31} + k_{32}z + k_{33}z^2 + k_{34}z^3 \end{cases} \tag{6.31}$$

其中，$k_{ij}(i = 1, 2, 3; j = 1, 2, 3, 4)$ 均为待定参数。

将式（6.31）代入条件式（6.28）、式（6.29）和式（6.30）中可得

$$\begin{cases} k_{11} = k_{13} = 0, \quad k_{12} = -\dfrac{3b^2}{4}k_{14} \\ k_{22} = k_{24} = 0, \quad k_{21} = -\dfrac{b^2}{4}k_{23} \\ k_{31} = k_{33} = 0, \quad k_{32} = -\dfrac{h^2}{4}k_{34} \end{cases} \tag{6.32}$$

将式（6.31）和式（6.32）代入式（6.25）、式（6.26）和式（6.27）中，可得一组变形区动可容速度场：

$$\begin{cases} v_x = \dfrac{v_{\text{die}}}{h}[x + t_1\alpha(x)] \\ v_y = -\dfrac{v_{\text{die}}y\alpha'(x)}{h}[t_1 + t_2\varphi'(z)] \\ v_z = \dfrac{v_{\text{die}}}{h}[-z + t_2\alpha'(x)\varphi(z)] \end{cases} \tag{6.33}$$

其中，$\alpha(x) = \dfrac{4x^3}{b^2} - 3x$，$\varphi(z) = \dfrac{4z^3}{h^2} - z$；$\boldsymbol{t} = (t_1, t_2)^{\text{T}}$ 为待定无量纲参数向量。

6.10.2 基于基本能量原理的变形分析

采用增量法对平砧拔长压下过程进行分析：将一次压下过程划分为若干个计算增量步；在每个增量步中，以上一个增量步结束后的变形区构形为基础，利用式（6.33）所示动可容速度场进行瞬态分析；在每个增量步结束后，利用分析结果更新变形区构形。

根据式（6.33）所描述的动可容速度场，可得变形区内任一点处的等效应变率计算公式为

$$\dot{\bar{\varepsilon}}(x, y, z) = \sqrt{\dfrac{2}{3}\dot{\varepsilon}_{ij}\dot{\varepsilon}_{ij}} = \dfrac{\sqrt{6}v_{\text{die}}}{3h}(t_1^2C_1 + t_2^2C_2 + 2t_1t_2C_3 + 2t_1\alpha' - 2t_2\alpha'\varphi' + 2)^{\frac{1}{2}}$$

$$
\begin{cases}
C_1(x, \ y) = 2\alpha'^2 + \dfrac{1}{2}y^2\alpha''^2 \\[2mm]
C_2(x, \ y, \ z) = \varphi'^2 C_1 + \dfrac{1}{2}y^2\alpha'^2\varphi''^2 + \dfrac{1}{2}\alpha''^2\varphi^2 \\[2mm]
C_3(x, \ y, \ z) = \varphi'\left(\alpha'^2 + \dfrac{1}{2}y^2\alpha''^2\right)
\end{cases}
$$

据此，变形区的塑性变形功率为

$$
\Pi_{\mathrm{E}}^{M} = 8\int_{V^*}\sigma_0\cdot\dot{\bar{\varepsilon}}\mathrm{d}V = \frac{8\sqrt{6}\,\sigma_0 v_{\mathrm{die}}}{3h}\int_{V^*}(t_1^2 C_1 + t_2^2 C_2 + 2t_1 t_2 C_3 + 2t_1\alpha' - 2t_2\alpha'\varphi' + 2)^{\frac{1}{2}}\mathrm{d}V
$$

$$\tag{6.34}$$

其中，V^* 表示变形区的 1/8 象限；σ_0 表示材料的瞬时参考流动应力。

坯料与模具接触面存在摩擦，摩擦消耗的功率为 Π_{f}^{M}。由式（6.33）可得坯料与模具接触面上相对滑动速度的大小为

$$
\Delta v_{\mathrm{f}}(x, \ y) = \sqrt{(v_x)^2 + (v_y)^2}\,\Big|_{z=\frac{h}{2}} = \frac{v_{\mathrm{die}}}{h}\left\{(x + t_1\alpha)^2 + y^2\alpha'^2\left[t_1 + t_2\varphi'\left(\frac{h}{2}\right)\right]^2\right\}^{\frac{1}{2}}
$$

因此，摩擦功率为

$$
\Pi_{\mathrm{f}}^{M} = 8\int_{S_f^*}\frac{m\sigma_0\Delta v_{\mathrm{f}}}{\sqrt{3}}\mathrm{d}S = \frac{8\sqrt{3}\,m\sigma_0 v_{\mathrm{die}}}{3h}\int_{S_f^*}\left\{(x + t_1\alpha)^2 + y^2\alpha'^2\left[t_1 + t_2\varphi'\left(\frac{h}{2}\right)\right]^2\right\}^{\frac{1}{2}}\mathrm{d}S
$$

$$\tag{6.35}$$

其中，S_f^* 表示坯料与每个模具接触面的 1/4 象限；m 表示摩擦因子。

变形区与刚性端分界面上存在速度间断，设其消耗的功率为 Π_{s}^{M}。由式（6.33）可得速度间断大小为

$$
\Delta v_{\mathrm{i}}(z) = |\,v_z\,|_{x=\frac{b}{2}} = \left|\frac{v_{\mathrm{die}}z}{h}\right|
$$

速度间断消耗的功率为

$$
\Pi_{\mathrm{s}}^{M} = 8\int_{S_s^*}\frac{\sigma_0\Delta v_{\mathrm{i}}}{\sqrt{3}}\mathrm{d}S = \frac{8\sqrt{3}\,\sigma_0 v_{\mathrm{die}}}{3h}\int_{S_s^*}|\,z\,|\,\mathrm{d}S
$$

$$\tag{6.36}$$

其中，S_s^* 表示变形区与刚性端的每个分界面的 1/4 象限。

将式（6.34）、式（6.35）和式（6.36）代入式（6.17），该速度场消耗的总功率为

$$\Pi^{M}(t) = \frac{8\sqrt{6}\,\sigma_0 v_{\text{die}}}{3h}\int_{V^*} (t_1^2 C_1 + t_2^2 C_2 + 2t_1 t_2 C_3 + 2t_1\alpha' - 2t_2\alpha'\varphi' + 2)^{\frac{1}{2}}\mathrm{d}V$$

$$+ \frac{8\sqrt{3}\,m\sigma_0 v_{\text{die}}}{3h}\int_{S_{\text{f}}^*}\left\{(x + t_1\alpha)^2 + y^2\alpha'^2\left[t_1 + t_2\varphi'\left(\frac{h}{2}\right)\right]^2\right\}^{\frac{1}{2}}\mathrm{d}S$$

$$+ \frac{8\sqrt{3}\,\sigma_0 v_{\text{die}}}{3h}\int_{S_{\text{s}}^*} |z|\,\mathrm{d}S$$

$$(6.37)$$

该问题成为，待定参数向量 $t = (t_1, t_2)^{\mathrm{T}}$ 取何值时能够使 $\Pi^{M}(t)$ 取最小值，此时的速度场最接近于真实解。这实际上是一个优化问题，在给定变形区尺寸后，采用优化算法便可以得到最佳速度场，从而得到变形力和变形速度场。

在式 (6.37) 中，由于原函数和变形后几何边界的复杂性导致定积分的精确计算是困难的，需要采用数值积分方法。如图 6.32 所示，为了在各增量步中不断更新变形区构形并追踪其边界，可将变形区的 1/8 象限划分为包含若干六面体单元的网格，则式 (6.37) 中体域积分和面域积分可按照下列两式计算：

$$\int_{V^*} f_V(x)\,\mathrm{d}V \approx \sum_{e \in V^*}^{e} f_V(x^e) V^e$$

$$\int_{S_{\text{f}}^*} f_S(x)\,\mathrm{d}S \approx \sum_{\hat{e} \in S_{\text{f}}^*}^{\hat{e}} f_S(x^{\hat{e}}) S^{\hat{e}}$$

其中，$f_V(x)$ 和 $f_S(x)$ 分别表示式 (6.37) 中体域积分和面域积分的原函数；e 和 $\hat{e}$ 分别表示体域 V^* 内六面体单元和面域 S_{f}^* 内边界四边形单元；x^e 和 $x^{\hat{e}}$ 分别表示六面体单元 e 和四边形单元 $\hat{e}$ 的中心坐标；V^e 和 $S^{\hat{e}}$ 表示六面体单元 e 的体积和四边

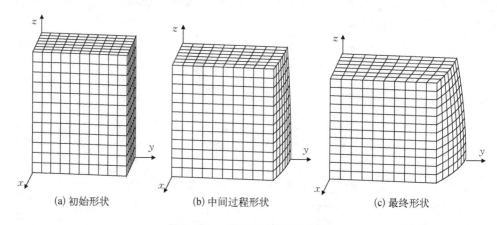

(a) 初始形状 (b) 中间过程形状 (c) 最终形状

图 6.32　一次压下中的网格运动

形单元 ė 的面积。在各增量步中计算出速度场后，再根据网格节点的速度和增量步的步长调整节点位置，因此网格是逐次更新拉格朗日（U－L）形式的。

在一次压下过程中，变形后的形状可由计算网格的最终构形直接获得。一般来说，在一个拔长道次中各次压下的工艺参数几乎相同。因此，可以仅对该拔长道次的一次压下过程进行上述分析。坯料在一次压下过程中的平均展宽量即可认为是在该道次中的平均展宽量，而坯料在该道次中的平均伸长量则可再由体积不变条件计算得到。

为了检验上述解析法的有效性，采用从低碳钢棒料平砧拔长实验中测量的展宽系数与上述方法的计算结果进行比较。如表 6.3 所示，实验中包括了 33 组不同的工艺参数组合。实验中包括了 33 组不同的工艺参数组合（Tomlinson et al.，1959）。为了评价拔长过程的坯料展宽，Tomlinson 定义了展宽系数：

$$ s = \frac{\ln(w_1/w_0)}{\ln(h_0/h_1)} = 1 - \frac{\ln(b_1/b_0)}{\ln(h_0/h_1)} $$

其中，w_1 是变形后的平均宽度。

根据锻造条件，用于分析的摩擦因子可取 0.5。各组工艺参数条件下展宽系数的实验值和计算值如图 6.33 所示。其中，第 28 组工艺参数条件下展宽系数计算值与实验值的相对误差约为 17%，其余各组工艺参数条件下展宽系数计算值与实验值的相对误差均不超过 15%。特别是当相对送进量 $\theta \le 1$ 时，两者吻合很好，此时砧宽小于坯料宽度，具有拔长工艺的典型特征；而当 $\theta > 1$ 时，坯料将主要流向宽度方向，在拔长工艺中几乎不采用。因此，上述解析法可以很好地描述拔长时坯料变形。

表 6.3 平砧拔长实验的工艺参数

序号 i	相对送进量 $\theta = b/w$	坯料高宽比 $\psi = h/w$	相对压下量 $\gamma = \Delta h/h$	序号 i	相对送进量 $\theta = b/w$	坯料高宽比 $\psi = h/w$	相对压下量 $\gamma = \Delta h/h$
1	0.31	1.00	0.098	11	0.56	1.24	0.099
2	0.31	1.24	0.100	12	0.87	1.01	0.227
3	0.50	1.00	0.114	13	0.92	0.99	0.114
4	0.51	1.00	0.159	14	0.92	1.25	0.203
5	0.51	1.00	0.097	15	0.93	1.00	0.096
6	0.52	1.00	0.201	16	0.93	1.00	0.203
7	0.52	1.24	0.198	17	0.98	1.00	0.100
8	0.53	1.00	0.197	18	0.99	1.25	0.092
9	0.55	1.00	0.097	19	1.00	1.01	0.094
10	0.55	1.01	0.067	20	1.30	0.99	0.272

序号 i	相对送进量 $\theta = b/w$	坯料高宽比 $\psi = h/w$	相对压下量 $\gamma = \Delta h/h$	序号 i	相对送进量 $\theta = b/w$	坯料高宽比 $\psi = h/w$	相对压下量 $\gamma = \Delta h/h$
21	1.34	1.00	0.166	28	1.86	1.10	0.220
22	1.37	0.99	0.129	29	1.86	1.52	0.201
23	1.43	1.00	0.198	30	1.88	1.00	0.197
24	1.44	1.00	0.102	31	1.92	1.51	0.101
25	1.44	1.25	0.100	32	1.98	1.00	0.097
26	1.48	1.00	0.096	33	2.03	1.00	0.095
27	1.81	1.00	0.153				

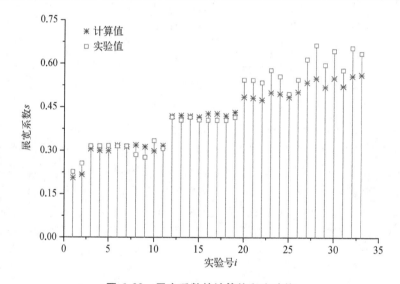

图 6.33　展宽系数的计算值和实验值

注：实验值来自 Tomlinson 等（1959）的文献。

§6.11　中厚板材轧制的上限解法

利用对称性，取板厚的一半作为计算模型，并将坐标原点设置在板厚度方向中心线与轧辊竖直对称轴的交点处，如图 6.34 所示，图中 h_0 和 h_1 分别是轧件进入辊缝前的厚度和出口厚度。许多实验研究结果证明，由于表面接触摩擦力的作用，轧件的变形沿厚度是不均匀的，变形区长度 l 与平均厚度 $\bar{h}$ 的比值越小，摩擦力对表面材料流动的影响越显著，变形越不均匀。但另一方面，位于塑性变形区前、后的轧出部分和待轧部分的材料（即轧件外端），对于轧件各部分的变形

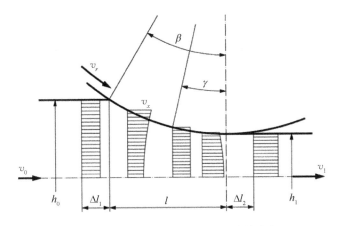

图 6.34　水平流动速度沿轧件厚度的分布

有着抑制和牵连的作用，产生均化应变的效果，这种作用称为刚端效应。轧件变形的不均匀性主要受以上两个因素的影响。

图 6.34 示意性地给出了水平流动速度 v_x 沿变形区长度和横截面高度的分布，图中 R 是轧辊半径，β 是变形区对应的轧辊中心角。在轧件进入辊缝入口处，轧辊通过摩擦力"咬入"轧件，轧辊表面速度大于轧件的流入速度，轧件相对于轧辊表面向后滑动，称为后滑区。在后滑区内，由于表层材料受摩擦力的作用较大，故表层材料的流动速度大于心部，速度 v_x 沿断面高度的分布呈中凹状。而在临近出口的位置，由于轧件厚度变小，导致轧件的流出速度快于轧辊表面速度，轧件相对于轧辊表面向前滑动，称为前滑区。在前滑区内，作用在轧件表面上的摩擦力与材料流动方向相反，摩擦力阻碍材料流出辊缝。由于摩擦力的影响，前滑区表层材料的流动速度小于心部，速度分布图呈中凸状。由后滑区到前滑区之间，必然有一个位置的材料相对于轧辊表面不产生滑动，此处称为中性面，对应的轧辊中心角为 γ。当轧件厚度不是很大时，中性面上的材料流动速度可认为沿断面高度均匀分布。这样，在 Euler 坐标系中研究轧件的稳态变形时，轧件水平流动速度 v_x 存在三个沿厚度均匀分布的断面，即在变形区的前后两个端部 $x = -(l + \Delta l_1)$ 和 $x = \Delta l_2$（Δl_1 和 Δl_2 分别为咬入点和出口点到刚性端的距离，见图 6.34）处，以及中性面处（$x = x_n$）。

在研究板材变形时，可以认为板材发生平面应变变形，而不产生宽展。除此之外，对于变形材料，假设弹性变形可以忽略，而轧件体积不变。据此得到以下关系。

（1）单位时间内通过变形区任一横截面的材料流量（称为秒流量）为常数，若以 $\bar{v}_0$、$\bar{v}_1$、$\bar{v}_x$ 分别表示入口断面、出口断面及变形区内任意断面的材料平均水平速度，则

$$\bar{v}_0 h_0 = \bar{v}_1 h_1 = \bar{v}_x h_x \tag{6.38}$$

（2）在轧件内任一点：

$$\dot{\varepsilon}_x + \dot{\varepsilon}_y + \dot{\varepsilon}_z = 0$$

其中，$\dot{\varepsilon}_x$、$\dot{\varepsilon}_y$、$\dot{\varepsilon}_z$ 为三个坐标轴方向的线应变速率。因为在平面应变问题中 $\dot{\varepsilon}_z = 0$，故

$$\dot{\varepsilon}_x + \dot{\varepsilon}_y = 0 \tag{6.39}$$

6.11.1 后滑区材料流动模型

在后滑区内，水平流动速度沿厚度分布为中凹曲线，设

$$v_x(x,\ y) = c_1(x)\left[y^2 - B_1(x)\right] + \frac{v_0 h_0}{h_x} \tag{6.40}$$

其中，$v_0 h_0$ 为体积秒流量；$B_1(x)$ 为断面位置的函数；$c_1(x)$ 为水平速度的形状函数。考虑到在 $x = -(l + \Delta l_1)$ 和 $x = x_n$ 处，v_x 为均布，要求 $c_1(x) = 0$，于是设

$$c_1(x) = k_1\left[x + (l + \Delta l_1)\right]^2(x_n - x) + k_2\left[x + (l + \Delta l_1)\right](x_n - x)^2 \tag{6.41}$$

其中，k_1、k_2 为待定常数。调整这些常数，可改变速度不均匀的程度。

另外，中面位置 x_n 也可以视作待定常数，其初值可以根据以下公式计算：

$$x_n = -R\sin\gamma$$

$$\gamma = \sqrt{\frac{h_1}{R}}\tan\left[\frac{\pi}{8}\ln(1-\varepsilon)\sqrt{\frac{h_1}{R}} + \frac{1}{2}\tan^{-1}\sqrt{\frac{\varepsilon}{1-\varepsilon}}\right]$$

其中，$\varepsilon = \dfrac{h_0 - h_1}{h_0}$ 为名义应变。

根据秒流量不变的原则，应有

$$\bar{v}_x = \frac{1}{h_x}\int_{-\frac{h_x}{2}}^{\frac{h_x}{2}} v_x(x,\ y)\mathrm{d}y = \frac{v_0 h_0}{h_x}$$

由此得到：

$$B_1(x) = \frac{h_x^2}{12}$$

以下推导应变速率和 y 向流动速度。将 $B_1(x)$ 代入式（6.40），由应变几何方程得到：

$$\dot{\varepsilon}_x = \frac{\partial v_x(x, y)}{\partial x} = c_1'(x)\left(y^2 - \frac{h_x^2}{12}\right) + c_1(x)\left(-\frac{h_x}{6}\frac{\mathrm{d}h_x}{\mathrm{d}x}\right) - \frac{v_0 h_0}{h_x^2}\frac{\mathrm{d}h_x}{\mathrm{d}x}$$

根据图 6.34，有

$$h_x = h_1 + 2(R - \sqrt{R^2 - x^2}), \quad \frac{\mathrm{d}h_x}{\mathrm{d}x} = \frac{2x}{\sqrt{R^2 - x^2}} = 2\tan\beta_x$$

其中，β_x 是辊缝内坐标为 x 的轧件表面对应的轧辊中心角，故

$$\dot{\varepsilon}_x = c_1'(x)\left(y^2 - \frac{h_x^2}{12}\right) - \frac{1}{3}c_1(x)h_x\tan\beta_x - \frac{2v_0 h_0}{h_x^2}\tan\beta_x \qquad (6.42)$$

由体积不变条件式（6.39），即可得出：

$$\dot{\varepsilon}_y = \frac{1}{3}c_1(x)h_x\tan\beta_x + \frac{2v_0 h_0}{h_x^2}\tan\beta_x - c_1'(x)\left(y^2 - \frac{h_x^2}{12}\right)$$

而

$$\dot{\varepsilon}_y = \frac{\partial v_y(x, y)}{\partial y}$$

对上式积分得到：

$$v_y(x, y) = \frac{1}{3}c_1(x)h_x y\tan\beta_x + \frac{2v_0 h_0}{h_x^2}y\tan\beta_x - \frac{1}{3}c_1'(x)y\left(y^2 - \frac{1}{4}h_x^2\right) + f(x)$$

其中，$f(x)$ 为待定函数。由边界条件：

$$y = \frac{1}{2}h_x \text{ 时，} \qquad \frac{v_y\left(x, \frac{1}{2}h_x\right)}{v_x\left(x, \frac{1}{2}h_x\right)} = \tan\beta_x$$

得到 $f(x) = 0$。于是满足体积不变条件的后滑区速度分布为

$$\begin{cases} v_x(x, y) = c_1(x)\left(y^2 - \frac{h_x^2}{12}\right) + \frac{v_0 h_0}{h_x} \\ v_y(x, y) = \left(\frac{1}{3}c_1(x)h_x + \frac{2v_0 h_0}{h_x^2}\right)y\tan\beta_x - \frac{1}{3}c_1'(x)y\left(y^2 - \frac{1}{4}h_x^2\right) \end{cases} \qquad (6.43)$$

应变速率除了 $\dot{\varepsilon}_x$、$\dot{\varepsilon}_y$ 外，还有剪应变速率 $\dot{\varepsilon}_{xy}$：

$$\dot{\varepsilon}_{xy} = \frac{1}{2}\left(\frac{\partial v_x}{\partial y} + \frac{\partial v_y}{\partial x}\right) = c_1(x)y\left(1 + \frac{1}{6}h_x\tan'\beta_x + \frac{1}{3}\tan^2\beta_x\right)$$

$$+ \frac{1}{3}c_1'(x)h_x y\tan\beta_x + \frac{c_1''(x)}{6}y\left(\frac{h_x^2}{4} - y^2\right) + \frac{v_0 h_0}{h_x^2}y\left(\tan'\beta_x - \frac{4}{h_x}\tan^2\beta_x\right)$$

(6.44)

6.11.2 前滑区材料流动模型

在前滑区内，水平流动速度沿厚度分布为中凸曲线。仿照后滑区的分析方法，可得到前滑区的相应结果。

满足体积不变条件的前滑区速度分布：

$$\begin{cases} v_x(x, y) = c_2(x)\left(\dfrac{h_x^2}{12} - y^2\right) + \dfrac{v_0 h_0}{h_x} \\ v_y(x, y) = \dfrac{1}{3}c_2'(x)y\left(y^2 - \dfrac{1}{4}h_x^2\right) + \left(\dfrac{2v_0 h_0}{h_x^2} - \dfrac{1}{3}c_2(x)h_x\right)y\tan\beta_x \end{cases} \tag{6.45}$$

其中，

$$c_2(x) = k_3(x - x_n)^2(\Delta l_2 - x) + k_4(x - x_n)(\Delta l_2 - x)^2$$

同样，其中 k_3、k_4 为待定常数。

应变速率：

$$\dot{\varepsilon}_x = c_2'(x)\left(\frac{h_x^2}{12} - y^2\right) + \frac{1}{3}c_2(x)h_x\tan\beta_x - \frac{2v_0 h_0}{h_x^2}\tan\beta_x \tag{6.46}$$

$$\dot{\varepsilon}_y = -\frac{1}{3}c_2(x)h_x\tan\beta_x + \frac{2v_0 h_0}{h_x^2}\tan\beta_x + c_2'(x)\left(\frac{h_x^2}{12} - y^2\right) \tag{6.47}$$

$$\dot{\varepsilon}_{xy} = c_2(x)y\left(-1 - \frac{h_x}{6}\tan'\beta_x - \frac{1}{3}\tan^2\beta_x\right) - \frac{1}{3}c_2'(x)h_x\tan\beta_x y$$

$$+ \frac{1}{6}yc_2''(x)\left(y^2 - \frac{h_x^2}{4}\right) + \frac{v_0 h_0 y}{h_x^2}\left(\tan'\beta_x - \frac{4\tan^2\beta_x}{h_x}\right) \tag{6.48}$$

6.11.3 上限求解方法

轧制时通常以轧机扭矩作为动力参数。根据上限原理，有

$$\dot{W} = T \cdot \omega = \int_V \sigma_s \dot{\bar{\varepsilon}} \mathrm{d}V + \int_{S_f} mK \mid \Delta v \mid \mathrm{d}S$$

其中，T、ω 分别是轧辊扭矩和转动角速度；$\mid \Delta v \mid$ 是轧件表面相对于轧辊表面的线速度。求解使 $\dot{W}$ 取最小值的待定常数，便得到问题的解。

6.11.4　应变的差分解法

应变是应变速率对时间的积分。对于稳态轧制变形，在空间坐标系上，对于固定点 x_j，速度 $v_i(x_j)$、应变速率 $\dot{\varepsilon}_i(x_j)$ 和应变 $\varepsilon_i(x_j)$ 应与时间无关，而不论是哪个质点来占据空间点 x_j。但对于物质点，其应变速率应为应变的物质导数，即

$$\dot{\varepsilon}_i(x_j,\ t) = \frac{\mathrm{D}\varepsilon_i(x_j,\ t)}{\mathrm{D}t} = \frac{\partial \varepsilon_i(x_j,\ t)}{\partial t} + \frac{\partial \varepsilon_i(x_j,\ t)}{\partial x_k} v_k(x_j,\ t)$$

对于稳态轧制变形：

$$\frac{\partial \varepsilon_i(x_j,\ t)}{\partial t} = 0$$

于是

$$\dot{\varepsilon}_x = \frac{\partial \varepsilon_x}{\partial x} v_x + \frac{\partial \varepsilon_x}{\partial y} v_y$$

$$\dot{\varepsilon}_y = \frac{\partial \varepsilon_y}{\partial x} v_x + \frac{\partial \varepsilon_y}{\partial y} v_y \qquad (6.49)$$

$$\dot{\varepsilon}_{xy} = \frac{\partial \varepsilon_{xy}}{\partial x} v_x + \frac{\partial \varepsilon_{xy}}{\partial y} v_y$$

并且等效应变和等效应变速率也是稳态的，因此

$$\dot{\bar{\varepsilon}} = \frac{\partial \bar{\varepsilon}}{\partial x} v_x + \frac{\partial \bar{\varepsilon}}{\partial y} v_y \qquad (6.50)$$

其中，$\dot{\bar{\varepsilon}} = \frac{2}{\sqrt{3}} \sqrt{\dot{\varepsilon}_x^2 + \dot{\varepsilon}_{xy}^2}$ 是平面应变情况下的等效应变速率；$\bar{\varepsilon}$ 是等效应变。

尽管前面已经给出了应变速率分量和流动速度分量的解析表达式，但要根据式（6.49）和式（6.50）来推导应变分量和等效应变，仍是十分困难的事。为此，可采用差分法求解应变分量和等效应变。

为了建立差分表达式，首先将变形区映射成长方形，如图 6.35 所示。

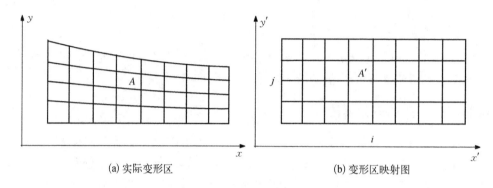

(a) 实际变形区   (b) 变形区映射图

图 6.35　变形区的映射

设长方形中的 A' 点是变形域内 A 点的映射点，两者之间的映射关系如下。

坐标映射：
$$\begin{cases} x_{A'} = x_A \\ y_{A'} = \dfrac{h_0}{h_x} y_A \end{cases}$$

速度映射：
$$\begin{cases} (v_x)_{A'} = (v_x)_A \\ (v_y)_{A'} = (v_y)_A \end{cases}$$

应变速率映射：
$$\begin{cases} (\dot{\varepsilon}_x)_{A'} = (\dot{\varepsilon}_x)_A \\ (\dot{\varepsilon}_y)_{A'} = (\dot{\varepsilon}_y)_A \\ (\dot{\varepsilon}_{xy})_{A'} = (\dot{\varepsilon}_{xy})_A \\ (\dot{\bar{\varepsilon}}_x)_{A'} = (\dot{\bar{\varepsilon}}_x)_A \end{cases}$$

于是在长方形映射区内，式（6.49）和式（6.50）成为

$$\begin{cases} \dot{\varepsilon}_x = \dfrac{\partial \varepsilon_x}{\partial x} v_x + \dfrac{h_0}{h_x} \dfrac{\partial \varepsilon_x}{\partial y'} v_y \\[2mm] \dot{\varepsilon}_y = \dfrac{\partial \varepsilon_y}{\partial x} v_x + \dfrac{h_0}{h_x} \dfrac{\partial \varepsilon_y}{\partial y'} v_y \\[2mm] \dot{\varepsilon}_{xy} = \dfrac{\partial \varepsilon_{xy}}{\partial x} v_x + \dfrac{h_0}{h_x} \dfrac{\partial \varepsilon_{xy}}{\partial y'} v_y \\[2mm] \dot{\bar{\varepsilon}} = \dfrac{\partial \bar{\varepsilon}}{\partial x} v_x + \dfrac{h_0}{h_x} \dfrac{\partial \bar{\varepsilon}}{\partial y'} v_y \end{cases} \tag{6.51}$$

观察式（6.51）的第一式。将长方形区域离散为差分网格，设沿 x 向和 y 向的步长分别为 b_1 和 b_2，对于域内任一点 (i, j)，采用前差分格式，有

$$\dot{\varepsilon}_x^*(i, j) = \frac{\varepsilon_x(i, j) - \varepsilon_x(i - 1, j)}{b_1} v_x^*(i, j) + \frac{\varepsilon_x(i, j) - \varepsilon_x(i, j - 1)}{b_2} \frac{h_0}{h_x} v_y^*(i, j)$$

$$(6.52)$$

为提高差分精度，这里取：

$$\begin{cases} v_x^*(i, j) = \frac{1}{2} [v_x(i - 1, j) + v_x(i, j)] \\ v_y^*(i, j) = \frac{1}{2} [v_y(i, j) + v_y(i, j - 1)] \\ \dot{\varepsilon}_x^*(i, j) = \frac{1}{2} [\dot{\varepsilon}_x(i - 1, j) + \dot{\varepsilon}_x(i, j)] \end{cases}$$

整理式（6.52），得到：

$$A_{ij1} \varepsilon_x(i, j - 1) + A_{ij2} \varepsilon_x(i, j) = C_{ij} \qquad (6.53)$$

其中，A_{ij1} 和 A_{ij2} 为方程系数，C_{ij} 为方程右端项。在 $j \neq 1$ 时：

$$\begin{cases} A_{ij1} = - \frac{v_y^*(i, j) h_0}{b_2 h_x} \\ A_{ij2} = \frac{v_x^*(i, j)}{b_1} + \frac{v_y^*(i, j) h_0}{b_2 h_x} \\ C_{ij} = \dot{\varepsilon}_x^*(i, j) + \frac{v_x^*(i, j)}{b_1} \varepsilon_x(i - 1, j) \end{cases} \qquad (6.54)$$

在 $j = 1$ 时，将方程（6.52）写为

$$\dot{\varepsilon}_x^*(i, 1) = \frac{\varepsilon_x(i, 1) - \varepsilon_x(i - 1, 1)}{b_1} v_x^*(i, 1) + \frac{\varepsilon_x(i, 2) - \varepsilon_x(i, 1)}{b_2} \frac{h_0}{h_x} v_y^*(i, 1)$$

整理得到：

$$A_{i11} \varepsilon_x(i, 1) + A_{i12} \varepsilon_x(i, 2) = C_{i1} \qquad (6.55)$$

其中，

$$\begin{cases} A_{i11} = \frac{v_x^*(i, 1)}{b_1} - \frac{v_y^*(i, 1) h_0}{b_2 h_x} \\ A_{i12} = \frac{v_y^*(i, 1) h_0}{b_2 h_x} \\ C_{i1} = \dot{\varepsilon}_x^*(i, 1) + \frac{v_x^*(i, 1)}{b_1} \varepsilon_x(i - 1, 1) \end{cases}$$

将式（6.55）和式（6.53）中 $j=2$ 的方程联合求解，得到：

$$\varepsilon_x(i,\ 1) = \frac{C_{i1}A_{i22} - C_{i2}A_{i12}}{A_{i22}A_{i11} - A_{i21}A_{i12}} \tag{6.56}$$

至此，由方程（6.53），得到应变 ε_x 的递推解：

$$\varepsilon_x(i,\ j) = \frac{C_{ij} - A_{ij1}\varepsilon_x(i,\ j-1)}{A_{ij2}} \tag{6.57}$$

在应用式（6.56）和式（6.57）求解时，还要首先知道入口处断面的应变值，即 $i=1$ 时各点的应变。设在刚性端上（$i=0$）应变和应变速率均为 0，并可认为 $v_y^*(0,\ j)=0$，由式（6.51）的第一式可建立差分关系：

$$\frac{1}{2}\dot{\varepsilon}_x(1,\ j) = \frac{\varepsilon_x(1,\ j)}{\Delta l_1}v_x^*(1,\ j)$$

于是

$$\varepsilon_x(1,\ j) = \frac{1}{2}\frac{\dot{\varepsilon}_x(1,\ j)\Delta l_1}{v_x^*(1,\ j)} \tag{6.58}$$

同理，对于 ε_y、ε_{xy} 和 $\bar{\varepsilon}$ 也可建立相应的递推求解式，并且由前面的推导可见，A_{ij1} 和 A_{ij2} 与所求解的具体物理量无关，因而适用于求解各应变分量和等效应变，仅需要在 C_{ij} 中将 $\dot{\varepsilon}_x$ 和 ε_x 用相应物理量代替，就可求解其他物理量。

6.11.5　上限解法的应用

下面以两个案例来观察该方法的计算结果。

例 1：中厚铝板的实验轧制过程，并与文献的实验结果作对比（Mat et al.，1994）。

计算条件：轧件厚 30 mm，压下率 40%，轧辊半径 184 mm，转速 10 rpm①。轧制温度 450℃。

图 6.36（a）～（c）给出了金属流动速度的计算值与实验值的对比，两者变化规律相似，其中实验值比计算值提前达到了最大值，最大值吻合很好。图 6.36（d）给出了根据体积不变原理计算得到的平均流动速度，可见实验值的入口速度偏大，这可能反映出实验结果的误差，而流动速度的计算值则在各点均满足秒流量不变。

图 6.37 给出了水平应变在轧件心部与表面的计算值与实验值的对比，两者同样吻合非常良好。图 6.37 与图 6.36 共同表明，上限法给出的流动速度与应变符合实际变形的特征规律。

———————————
① 1 rpm = 1 r/min。

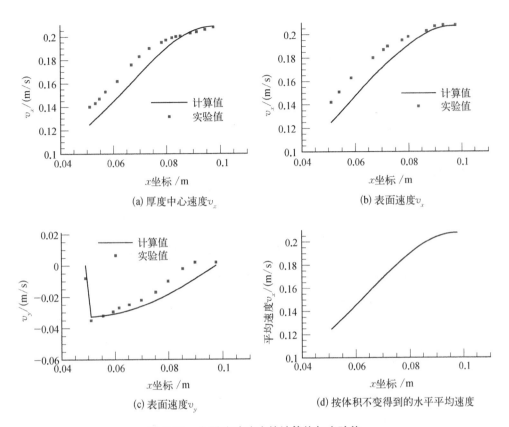

(a) 厚度中心速度v_x

(b) 表面速度v_x

(c) 表面速度v_y

(d) 按体积不变得到的水平平均速度

图 6.36 金属流动速度的计算值与实验值

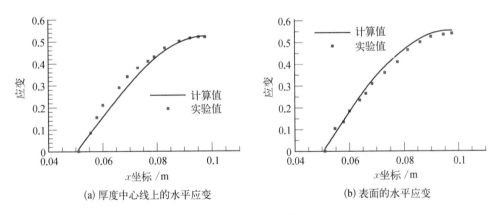

(a) 厚度中心线上的水平应变

(b) 表面的水平应变

图 6.37 水平应变的计算值与实验值

图 6.38 给出了等效应变和等效应变速率在轧制变形区内的分布情况。结果表明，轧件表面的等效应变大于心部，其主要原因是，轧件表面的金属除了发生纵向延伸外，还要发生较明显的剪切变形，因而使得等效应变数值增大。

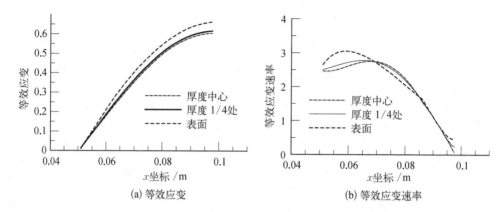

图 6.38　等效应变与等效应变速率计算值在变形区内的分布

例 2：Q235 钢板的热轧过程，并与 2D 有限元计算结果对比。轧制条件：轧件厚 48.6 mm，压下率 40%，轧辊半径 409 mm，转速 2.3 rad/s。轧制温度 1 000℃。

图 6.39 给出了金属水平流动速度的上限法与有限元计算结果，可见两者比较吻合，相对于有限元方法，上限法给出的结果更加平滑。

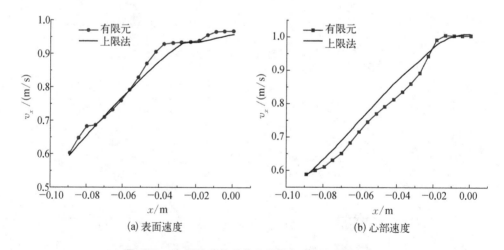

图 6.39　金属流动速度的上限法与有限元结果对比

图 6.40 和图 6.41 分别给出了上限法与有限元获得的变形区等效应变速率和等效应变，可见无论从分布状态还是数值方面，上限法获得的结果都与有限元结果比较接近。实际上，如果上限法的变形模式能够抓住实际变形的特征，一般来说都可以给出很好的计算结果，但上限法的计算效率远高于有限元。

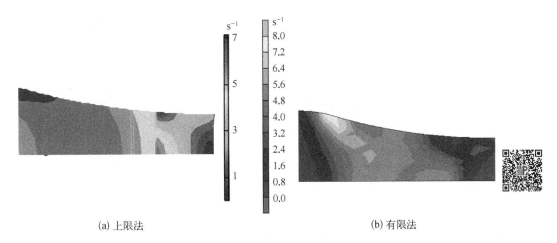

(a) 上限法　　　　　　　　　　　　　　　(b) 有限法

图 6.40　变形区应变速率上限法与有限元计算结果

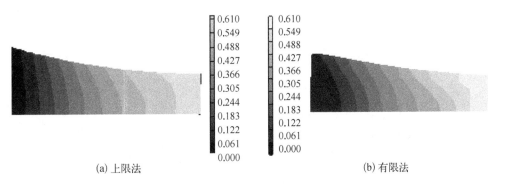

(a) 上限法　　　　　　　　　　　　　　　(b) 有限法

图 6.41　变形区等效应变的上限法与有限元计算结果

思考与练习

1. 在刚塑性模型中，为什么会有应力间断和速度间断现象？当这些现象存在时，虚功率原理有什么变化？

2. 什么是动可容速度场？为什么说根据动可容速度场计算得到的成形力不会小于真实载荷？

3. 试根据如下所做的刚性块变形模式，计算平面应变状态下粗糙冲头（设摩擦因子为 m）压入半无限大材料的压力上限值。

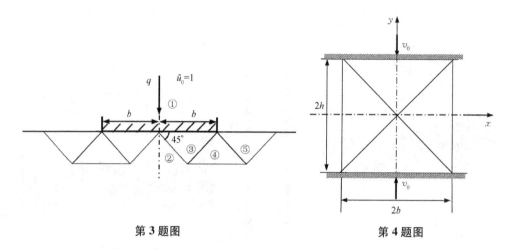

第 3 题图   第 4 题图

4. 某金属镦粗过程如图所示,可视为上下锤头各以速度 v_0 对击,变形对称于 x 轴和 y 轴,且为平面应变状态。将变形区分成 4 个刚性块,试作出刚性块的速度端点图,计算速度不连续量和成形载荷。

5. 试根据上限定理和图示给定的速度间断线,求解平面挤压问题的挤压力上限值。

已知 $OA = OB = OC$, $AB = BC$, $\angle AOC = \dfrac{\pi}{2}$, $H = 2h$。

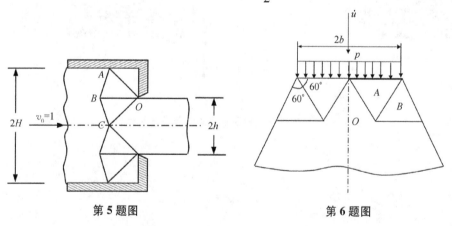

第 5 题图   第 6 题图

6. 平面应变楔形体,顶部受均布载荷 p,假设材料剪切屈服应力为 K,试按图示刚性块,计算材料发生塑性屈服时的载荷。

7. 根据积分即求和的思路,计算通过余弦曲线凹模正挤压的单位挤压力,假设入口厚度为 20 mm,出口厚度为 10 mm,挤压变形区长度为 30 mm,入口速度为 $\dot{u}_1 = 10\,\mathrm{mm/s}$,摩擦因子为 0.1。

8. 根据轴对称挤压问题的连续速度场上限解答,计算图 6.23 对应的数据并作出该图。

第 7 章
刚塑性有限元法

有限元法是产生于 20 世纪 50 年代、并随着计算机的发展而迅速发展起来的一种高效数值分析方法，这种方法首先被用来分析弹性力学问题，由于其数学理论的不断成熟和应用领域的日益扩展，使之很快受到了工程界的广泛重视，并成为求解各类工程问题控制微分方程的最强大的数学工具。

金属的塑性成形过程（轧制、锻造、冲压等）是多重非线性问题，具有以下特征：① 几何非线性：由于金属的变形通常是大应变、大位移，因而通常用于描述应变-位移关系的线性微分方程已不再成立，在研究大变形问题时，必须剔除刚体位移和刚体转动对应变的影响，也即应变位移关系必须用有限变形理论来描述；② 物理非线性：材料一旦进入塑性变形状态，应力应变关系便不再是线性关系，甚至不再有单值对应关系。尽管经过一定简化后，应力应变关系可用非线性的全量理论来描述，但对于塑性加工一类非比例加载的大应变问题，应该用塑性增量理论来描述，应变增量不仅和应力增量有关，还和应变历史有关。对于高温成形问题，还要考虑温度和应变速率对于流动应力以及变形过程的影响；③ 边界条件非线性：在塑性成形问题中，工具和工件的接触位置与接触面积不断发生变化，这种变化与加工力以及相对运动速度等待求量有关，从而构成了可变的和未定的位移边界条件。另外，接触面上摩擦力的大小及分布方式更是难以事先确定，因而力边界条件也是未定的；④ 对于热成形问题，温度与变形相互影响，必须将变形与温度变化统一起来求解。因而对于复杂的金属塑性成形问题，一般无法求得满足真实边界条件的解析解，基于有限元法的数值模拟研究便成了求解该类问题的最通用的方法。

§7.1 有限元法的基本思路

7.1.1 有限元法的产生

有限元法是作为求解弹性力学问题的一种方法而提出来的，在弹性力学中，要求满足平衡方程、几何方程以及应力应变关系（本构关系），并且在边界上要满足力边界条件和运动边界条件（位移边界条件或速度边界条件）。

1. 早期的直观平衡观点——工程师的观点

20 世纪 50 年代，美国航空局的工程师们基于在一定载荷下应力、应变、位移为唯一解的观点，将物体离散化，如图 7.1 所示。离散后物体的基本构成称为单元（如该图中的一个三角形）。单元与单元之间通过共有的点连在一起，这些点称为节点（如图中三角形的顶点）。设单元节点处的位移 $\{u_e\}$ 为待定常数：

$$\{u_e\} = \{u_{ix} \quad u_{iy} \quad u_{jx} \quad u_{jy} \quad u_{kx} \quad u_{ky}\}^T$$

从而用插值法可得到内部位移，进一步利用几何方程和本构关系得到应变和应力。即

$$\{u\} = [N]\{u_e\}$$
$$\{\varepsilon\} = [B]\{u_e\}$$
$$\{\sigma\} = [D]\{\varepsilon\} = [D][B]\{u_e\}$$

其中，$[N]$ 描述了由节点位移构造内部位移的插值函数；$[B]$ 是由几何方程得到的应变位移关系矩阵；$[D]$ 是应力应变关系矩阵。

根据能量等效原理，假设作用在单元上的等效节点力为

$$\{F_e\} = \{F_{ix} \quad F_{iy} \quad F_{jx} \quad F_{jy} \quad F_{kx} \quad F_{ky}\}^T$$

则等效节点力通过节点位移所做的功应等于变形体的应变能，即

$$\{u_e\}^T\{F_e\} = \int_V \{\sigma\}^T\{\varepsilon\} dV$$

于是得到 $\{F_e\}$ 的表达式。

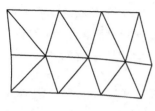
(a) 求解区域的离散化

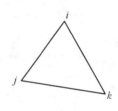
(b) 单元与节点

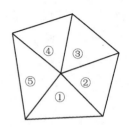
(c) 围绕一个节点的单元

图 7.1　物体离散为单元

将围绕一个节点 I 的各单元对 I 点的载荷的贡献相加，即得到 I 点的节点力。对各点均完成相应的工作后，可得到结构的等效节点载荷，它应与结构上真实作

用的载荷相等。由此得到一组关于节点位移和载荷之间的方程组。求解后得到位移，并进一步可得到应变和应力。

2. 变分原理观点——力学家与数学家的观点

在 20 世纪 40~60 年代，变分原理的研究快速发展。变分原理是借助于泛函的极值条件求解偏微分方程的一种方法。泛函是函数（称为自变函数）的函数（称为泛函数）。与函数的微分类似，因自变函数的微小变化引起的泛函数的变化称为变分。当自变函数变化时，泛函数也会像一般函数那样存在极值，不过泛函的极值条件一般是微分方程。反过来，如果能够构造出一个泛函，使其极值条件对应着要求解的微分方程，那么通过设定出满足微分方程边界条件的自变函数（也称试探函数），就可以把泛函表达成自变函数所含未知参数的真正意义上的函数，而泛函的极值条件也就变成了函数的极值条件，而后者一般是代数方程，其求解十分容易。基于这种思想，就把微分方程的求解转变为代数方程的求解，使求解难度大为降低。当然，在设定自变函数的模式时，一般很难照顾到所有可能的形式，因此基于变分原理得到的微分方程的解一般是近似的。

基于位移、应变和应力之间的内在联系，人们习惯于以假设位移场试探函数的方法来求解力学问题，这种思路称为位移解法。在该方法中，设定的位移场试探函数要求满足位移边界条件。由于从位移试探函数到应变、和从应变到应力的求解过程，使得几何方程和本构关系都得到了自动满足，基于位移场得到的应力场若能够满足平衡微分方程和力边界条件，则该位移场就是真实解。但是，如果通过求解应力平衡微分方程来确定位移场的待定参数，仍存在很大的困难，而借助于变分原理的思路，就可以化解这个困难。变分原理的内涵在于，只需要"设计"一个位移函数的泛函，使该泛函的极值条件等价于平衡微分方程和力边界条件，即可用来求解力学问题。

在弹性力学范围内，最具代表性的变分原理是最小势能原理和广义势能原理，另外还有最小余能原理和广义余能原理。

变形体的势能包含变形势能和外力势能两部分，即

$$\pi_p = \int_V \frac{1}{2} \sigma_{ij} \varepsilon_{ij} \mathrm{d}V - \int_{S_\sigma} p_i u_i \mathrm{d}S \tag{7.1}$$

最小势能原理表明，在所有可能的位移场中，使得 π_p 取极小值的位移场给出的应力能够满足应力平衡微分方程和力边界条件，因而是真实解。即 $\delta \pi_p = 0$ 对应：

$$\begin{cases} \sigma_{ij,\,j} = 0 & \text{在 } V \text{ 内} \\ \sigma_{ij} = p_i & \text{在 } S_\sigma \text{ 上} \end{cases}$$

　　根据最小势能原理求解时，需要构造出能够反映物体变形模式的位移场 u。为了尽可能反映"所有可能的位移场"，通常使构造的位移场包含多个待定常数，由此得到的 ε_{ij} 和 σ_{ij} 也包含相应的待定常数。将这些表达式代入式（7.1），得到的 π_p 成为这些待定常数的函数。由函数的极值条件求得这些常数，即可得到满足力平衡方程和力边界条件的位移结果。而在构造位移场时，只需要满足连续性条件和位移边界条件。

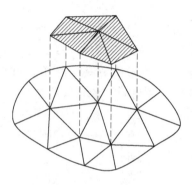

图 7.2　分片插值思想

　　在有限元法产生之前，人们应用 Raleigh - Ritz 法求解简单的弹性力学问题，但这种方法通常不适合求解复杂问题，主要是因为，在复杂的物体上构造连续且满足位移边界条件的位移场通常难以做到。20 世纪 50~60 年代，人们在构造位移函数或应力函数时，开始采用基于离散解的分片插值思想，如图 7.2 所示。其过程如下：

　　（1）将物体划分为单元体；

　　（2）单元体通过节点连成一体；

　　（3）将节点的位移 $\{u_i\}$ 作为待定常数，在单元内通过插值法将内部位移场构造成节点位移的函数，并保持在单元边界上位移连续；

　　（4）根据构造的位移场得到应变、应力，显然这些也都是待定常数（即节点位移）的函数；

　　（5）将应力、应变、位移代入 π_P，使 π_P 成为待定常数（即节点位移）的函数；

　　（6）根据极值条件，取 $\left\{\dfrac{\partial \pi_P}{\partial u_i}\right\} = 0$，得到关于 $\{u_i\}$ 的方程组（并且对线弹性问题是线性方程组），求解后得到节点位移，并进一步根据几何方程和物理方程可得到应变和应力。

　　这里得到的解的方程与工程师们提出的有限元方法异曲同工，但其理论更加完善，方法更具有通用性。有必要指出，中国数学家冯康在当时信息闭塞的情况下独立地提出了这一观点。有限元法在理论上的突破使得这一方法产生了质的飞跃，并逐步发展成为求解一类微分方程问题的通用方法，由单纯的力学领域发展到许多相关领域，成为工程科学中非常有用的计算工具。

7.1.2　弹塑性和刚塑性有限元法

　　20 世纪 60 年代中期，日本学者山田嘉昭推导了基于塑性增量理论的弹塑性应力应变关系矩阵，有限元法开始被用来求解塑性问题和塑性加工问题。此后，基于有限变形理论，人们建立并不断完善了大变形弹塑性有限元理论及其列式。采用弹塑性有限元法分析金属成形问题，不仅能够得到金属的流动情况和应力应变分布，还可以追踪卸载过程，得到成形后的金属内部残余应力和残余应变的分布，以及卸载过程的回弹。因此在金属成形特别是板料成形领域获得了广泛应用。但弹塑性有限元法基于增量型本构关系，要同时处理几何非线性和材料非线性，不能采用较大的增量步长，因而计算过程耗时较长。

对于体积成形问题，一般变形中的弹性部分只占很小的比例，可以忽略，根据这些特点，Kobayashi 和 Lee 等在 1973 年提出了刚塑性有限元法。在该方法中，变形体由刚性状态直接进入塑性变形状态。由于忽略了弹性变形，本构方程采用塑性应变速率和偏应力的关系，因而避开了几何非线性问题，大大简化了计算过程。但刚塑性有限元法不能分析塑性变形后的弹性恢复。

刚塑性有限元解法的基础是 Markov 变分原理。该原理要求速度场满足体积不变条件，这一点通常难以做到。因此在实用中又产生了拉格朗日乘子法（Lagrangian multiplier method）和罚函数法（penalty method）以及可压缩法（slightly compressible method）。本章将只讨论刚塑性有限元法。

§7.2　刚塑性有限元法的变分原理基础

7.2.1　马可夫（Markov）变分原理——理想刚塑性材料的第一变分原理

该原理表述为：在满足体积不变和位移边界条件的一切动可容速度场 $\dot{u}_i$ 中，使泛函

$$\pi_M = \int_V \bar{\sigma}\dot{\bar{\varepsilon}}\mathrm{d}V - \int_{S_\sigma} p_i\dot{u}_i\mathrm{d}S \tag{7.2}$$

取最小值的 $\dot{u}_i$，必为问题的真实解。

证明：泛函的极值条件是泛函的一阶变分为零，即

$$\delta\pi_M = 0$$

设 $\dot{u}_i$ 为满足相容条件的速度场，$\delta\dot{u}_i$ 为变分量，因此

在 S_u 上：$\delta\dot{u}_i = 0$，在 V 内：$\dot{\varepsilon}_V = \dot{\varepsilon}_{ii} = 0$

$$\delta\pi_M = \int_V \bar{\sigma}\delta\dot{\bar{\varepsilon}}\mathrm{d}V + \int_V \dot{\bar{\varepsilon}}\delta\bar{\sigma}\mathrm{d}V - \int_{S_\sigma} p_i\delta\dot{u}_i\mathrm{d}S$$

注意到，在塑性变形区内，$\bar{\sigma} = \sigma_s$，而 σ_s 是材料的性质，与速度变分无关，因此 $\delta\bar{\sigma} = 0$，并且，

$$\delta\dot{\bar{\varepsilon}} = \delta\left(\sqrt{\frac{2}{3}\dot{\varepsilon}_{ij}\dot{\varepsilon}_{ij}}\right) = \frac{1}{2\sqrt{\frac{2}{3}\dot{\varepsilon}_{ij}\dot{\varepsilon}_{ij}}}\left[\frac{2}{3}(\dot{\varepsilon}_{ij}\cdot\delta\dot{\varepsilon}_{ij} + \delta\dot{\varepsilon}_{ij}\cdot\dot{\varepsilon}_{ij})\right] = \frac{1}{\dot{\bar{\varepsilon}}}\cdot\frac{2}{3}\dot{\varepsilon}_{ij}\cdot\delta\dot{\varepsilon}_{ij}$$

因此

$$\int_V \bar{\sigma}\delta\dot{\bar{\varepsilon}}dV = \int\bar{\sigma}\frac{1}{\dot{\bar{\varepsilon}}}\cdot\frac{2}{3}\frac{3\dot{\bar{\varepsilon}}}{2\bar{\sigma}}\sigma'_{ij}\delta\dot{\varepsilon}_{ij}dV = \int\sigma'_{ij}\delta\dot{\varepsilon}_{ij}dV$$

当 $\delta\dot{\varepsilon}_{ij}$ 满足体积不变时，$\sigma'_{ij}\delta\dot{\varepsilon}_{ij} = \sigma_{ij}\delta\dot{\varepsilon}_{ij}$，于是

$$\delta\pi_M = \int_V \sigma_{ij}\delta\dot{\varepsilon}_{ij}dV - \int_{S_\sigma} p_i\delta\dot{u}_i dS$$

$$= \int_V \sigma_{ij}\frac{1}{2}(\delta\dot{u}_{i,j} + \delta\dot{u}_{j,i})dV - \int_{S_\sigma} p_i\delta\dot{u}_i dS$$

$$= \int_V \sigma_{ij}\delta\dot{u}_{i,j}dV - \int_{S_\sigma} p_i\delta\dot{u}_i dS$$

$$= \int_V (\sigma_{ij}\delta\dot{u}_i)_{,j}dV - \int_V \sigma_{ij,j}\delta\dot{u}_i dV - \int_{S_\sigma} p_i\delta\dot{u}_i dS$$

$$= \int_S \sigma_{ij}\delta\dot{u}_i n_j dS - \int_V \sigma_{ij,j}\delta\dot{u}_i dV - \int_{S_\sigma} p_i\delta\dot{u}_i dS$$

$$= \int_{S_\sigma} (\sigma_{ij}n_j - p_i)\delta\dot{u}_i dS - \int_V \sigma_{ij,j}\delta\dot{u}_i dV$$

由于 $\delta\dot{u}_i$ 为任意变分量，因此，若使 $\delta\pi_M = 0$，则必有

在 V 内：$\sigma_{ij,j} = 0$

在 S_σ 上：$\sigma_{ij}n_j - p_i = 0$

可见，使得 $\delta\pi_M = 0$ 的动可容速度场 $\dot{u}_i$，既满足了运动学方面的要求，又满足了静力平衡要求，因此为真实解。

MarKov 变分原理存在以下缺陷：

（1）无法求解平均应力；

（2）在设定速度场时必须要满足相容条件，其中速度边界条件容易满足，但体积不变条件是用速度的微分来表示的，在设定时难以被满足。为解决这一问题，又提出了 Lagrange 乘子法和罚函数法。

7.2.2　含有约束条件的极值问题

Markov 变分原理是在速度场需满足连续性和体积不变的条件下才成立的，因此是有条件极值问题。在设定速度场模式时，因体积不变条件难以自动满足，应

用时需要将该变分原理转化为无条件极值问题。为此，我们先回顾有约束条件的函数极值问题的两种求解方法：Lagrange 乘子法和罚函数法。这两种方法的思路同样适用于将 Markov 变分原理转化为无条件的极值问题。

例如，求

$$y = x_1^2 + 5x_2^2 - 2x_1 x_2$$

在满足 $x_1 + 3x_2 = 5$ 时的极值。根据表达式的形式可知，该极值应为极小值。

应用 Lagrange 乘子法时，可以构造新的函数：

$$y^* = x_1^2 + 5x_2^2 - 2x_1 x_2 + \lambda(x_1 + 3x_2 - 5)$$

其中，λ 为 Lagrange 乘子；y^* 的极值点应满足：

$$\frac{\partial y^*}{\partial x_1} = 2x_1 - 2x_2 + \lambda = 0$$

$$\frac{\partial y^*}{\partial x_2} = -2x_1 + 10x_2 + 3\lambda = 0$$

$$\frac{\partial y^*}{\partial \lambda} = x_1 + 3x_2 - 5 = 0$$

求解由此组成的关于 $\{x_1 \quad x_2 \quad x_3\}$ 的方程组，得到驻值点位置 $x_1 = 2$、$x_2 = 1$，和 $\lambda = -2$。将 x_1、x_2 代入 y 的表达式，得到满足约束的条件极值为 $y_{\min} = 5$。

应用罚函数法时，可以根据函数的极值特点构造一个新的函数，例如对于本问题，可构造：

$$y^* = x_1^2 + 5x_2^2 - 2x_1 x_2 + \alpha(x_1 + 3x_2 - 5)^2$$

其中，α 是一个大的正数（若求极大值，则要求 α 是一个负的大数）。由

$$\frac{\partial y^*}{\partial x_1} = 2x_1 - 2x_2 + 2\alpha(x_1 + 3x_2 - 5) = 0$$

$$\frac{\partial y^*}{\partial x_2} = -2x_1 + 10x_2 + 6\alpha(x_1 + 3x_2 - 5) = 0$$

求解得到：

$$x_1 = \frac{10\alpha}{5\alpha + 1}, \quad x_2 = \frac{5\alpha}{5\alpha + 1}$$

若取 $\alpha = 10$，得到极值点 $x_1 = 1.96$、$x_2 = 0.98$；若取 $\alpha = 100$，得到 $x_1 = 1.996$、$x_2 = 0.998$。可见，当 α 增大时，x_1、x_2 的解迅速逼近真实解。在应用计

算机求解时，为了避免舍入误差，一般取 α 比方程系数大 $10 \sim 100$ 倍即可。

7.2.3 Lagrange 乘子法——不完全广义变分原理

把体积不变条件 $\dot{\varepsilon}_{ii} = 0$ 用 Lagrange 乘子引入到泛函中，使之成为无约束条件驻值问题：

$$\pi_L = \int_V \bar{\sigma}\dot{\bar{\varepsilon}}\mathrm{d}V - \int_{S_\sigma} p_i\dot{u}_i\mathrm{d}S + \int_V \lambda\dot{\varepsilon}_{ii}\mathrm{d}V \tag{7.3}$$

其一阶变分为

$$\delta\pi_L = \int_V \bar{\sigma}\delta\dot{\bar{\varepsilon}}\mathrm{d}V + \int_V \dot{\bar{\varepsilon}}\delta\bar{\sigma}\mathrm{d}V - \int_{S_\sigma} p_i\delta\dot{u}_i\mathrm{d}S + \int_V \lambda\delta\dot{\varepsilon}_{ii}\mathrm{d}V + \int_V \dot{\varepsilon}_{ii}\delta\lambda\mathrm{d}V$$

同样，塑性变形时 $\bar{\sigma} = \sigma_s$，$\bar{\sigma}$ 没有变分，即 $\delta\bar{\sigma} = 0$，且 $\bar{\sigma}\delta\dot{\bar{\varepsilon}} = \sigma'_{ij}\delta\dot{\varepsilon}_{ij}$。注意，由于构造速度场时没有要求满足体积不变，因此不再有 $\bar{\sigma}\delta\dot{\bar{\varepsilon}} = \sigma_{ij}\delta\dot{\varepsilon}_{ij}$。

$$\delta\pi_L = \int_V \sigma'_{ij}\delta\dot{\varepsilon}_{ij}\mathrm{d}V - \int_{S_\sigma} p_i\delta\dot{u}_i\mathrm{d}S + \int_V \lambda\delta\dot{\varepsilon}_{ii}\mathrm{d}V + \int_V \dot{\varepsilon}_{ii}\delta\lambda\mathrm{d}V$$

$$= \int_V \sigma'_{ij}\delta\dot{\varepsilon}_{ij}\mathrm{d}V - \int_{S_\sigma} p_i\delta\dot{u}_i\mathrm{d}S + \int_V \lambda\delta_{ij}\delta\dot{\varepsilon}_{ij}\mathrm{d}V + \int_V \dot{\varepsilon}_{ii}\delta\lambda\mathrm{d}V$$

若令

$$\sigma_{ij} = \sigma'_{ij} + \delta_{ij}\lambda$$

则

$$\delta\pi_L = \int_V \sigma_{ij}\delta\dot{\varepsilon}_{ij}\mathrm{d}V - \int_{S_\sigma} p_i\delta\dot{u}_i\mathrm{d}S + \int_V \dot{\varepsilon}_{ii}\delta\lambda\mathrm{d}V$$

与证明 Markov 定理的过程相似，由上式得到：

$$\delta\pi_L = \int_{S_\sigma} (\sigma_{ij}n_j - p_i)\delta\dot{u}_i\mathrm{d}S - \int_V \sigma_{ij,j}\dot{u}_i\mathrm{d}V + \int_V \dot{\varepsilon}_{ii}\delta\lambda\mathrm{d}V$$

由变分量 $\delta\dot{u}_i$ 和 $\delta\lambda$ 的任意性可见，若 $\dot{u}_i$ 使 $\delta\pi_L = 0$，则必然有

$$在 V 内：\begin{cases} \sigma_{ij,j} = 0 \\ \dot{\varepsilon}_{ii} = 0 \end{cases}$$

$$在 S_\sigma 上：\sigma_{ij}n_j = p_i$$

由此可见，σ_{ij} 在体积内满足应力平衡方程，在边界上满足应力边界条件，由微分方程解的唯一性可知，σ_{ij} 即为应力。同时表明，使得 $\delta\pi_L = 0$ 的 $\dot{u}_i$ 能够满足平衡方程和应力边界条件，并且满足体积不变，因此 $\dot{u}_i$ 是真实解。

观察平均应力的计算:

$$\sigma_m = \frac{1}{3}\sigma_{ii} = \frac{1}{3}(\sigma_{ii}' + \delta_{ii}\lambda) = \lambda$$

可见 Lagrange 乘子 λ 即为平均应力,因而 Lagrange 乘子法既解决了速度场的假设要满足体积不变的问题,又解决了平均应力的计算问题。

但 Lagrange 乘子法也有缺点,引入乘子 λ 使计算过程的未知数增多。在有限元应用中,由于 λ 的存在,使刚度矩阵不呈现带状,因而对计算机存储量和计算速度提出了更高要求。

7.2.4　罚函数法

用一个大的正数 λ(视问题的刚度而定)附加在体积不可压缩条件上,作为一个惩罚项引入泛函,得到新泛函:

$$\pi_P = \int_V \overline{\sigma}\dot{\overline{\varepsilon}}\mathrm{d}V + \frac{\lambda}{2}\int_V (\dot{\varepsilon}_{ii})^2\mathrm{d}V - \int_{S_\sigma} p_i\dot{u}_i\mathrm{d}S \tag{7.4}$$

罚函数法指出,在一切满足位移边界条件和连续条件的速度场 $\dot{u}_i$ 中,真实解使 π_P 取驻值。

罚函数法的思想是,当 $\dot{u}_i$ 满足 $\dot{\varepsilon}_{ii} = 0$ 时,第二项不起作用,此时相当于 Markov 原理;当 $\dot{u}_i$ 不满足 $\dot{\varepsilon}_{ii} = 0$ 时,第二项使 π_P 取不到极值,且 $\dot{\varepsilon}_{ii}$ 越大,偏离极值点越远,因此使泛函取驻值的 $\dot{u}_i$ 必然使 $\dot{\varepsilon}_{ii}$ 降到最小。

证明如下:

$$\delta\pi_P = \int_V \overline{\sigma}\delta\dot{\overline{\varepsilon}}\mathrm{d}V + \int_V \dot{\overline{\varepsilon}}\delta\overline{\sigma}\mathrm{d}V + \lambda\int_V \dot{\varepsilon}_{kk}\delta\dot{\varepsilon}_{ii}\mathrm{d}V - \int_{S_\sigma} p_i\delta\dot{u}_i\mathrm{d}S$$

$$= \int_V \sigma_{ij}'\delta\dot{\varepsilon}_{ij}\mathrm{d}V + \lambda\int_V \dot{\varepsilon}_{kk}\delta_{ij}\delta\dot{\varepsilon}_{ij}\mathrm{d}V - \int_{S_\sigma} p_i\delta\dot{u}_i\mathrm{d}S$$

若令

$$\sigma_{ij} = \sigma_{ij}' + \delta_{ij}\lambda\dot{\varepsilon}_{kk}$$

则由上式得到:

$$\delta\pi_P = \int_V \sigma_{ij}\delta\dot{\varepsilon}_{ij}\mathrm{d}V - \int_{S_\sigma} p_i\delta\dot{u}_i\mathrm{d}S$$

$$= \int_{S_\sigma} (\sigma_{ij}n_j - p_i)\delta\dot{u}_i\mathrm{d}S - \int_V \sigma_{ij,j}\delta\dot{u}_i\mathrm{d}V$$

可见，若使 $\delta\pi_P = 0$，则必有

$$在 V 内： \sigma_{ij,j} = 0$$
$$在 S_\sigma 上： \sigma_{ij}n_j = p_i$$

根据证明 Lagrange 乘子法时相同的理由，σ_{ij} 即为应力，且使 $\delta\pi_P = 0$ 的 $\dot{u}_i$ 是真实解，并且

$$\sigma_m = \frac{1}{3}\sigma_{ii} = \frac{1}{3}(\sigma'_{ii} + \delta_{ii}\lambda\dot{\varepsilon}_{kk}) = \lambda\dot{\varepsilon}_{kk}$$

因此，用该方法也能得到平均应力，且没有增加变量个数。

罚函数法的缺点为，$\int_V(\dot{\varepsilon}_{ii})^2\mathrm{d}V$ 要求在单元整体内积分，且实现最小。满足这项条件时通常会导致刚度过大，计算得到的变形过小，称之为体积锁死现象。应用时常采用两种措施：① 减少在单元内的积分点数，例如只在形心处积分，即认为只要在单元形心处使 $\dot{\varepsilon}_{ii}$ 达到最小即可。但这样做的后果是不能限制单元相对于自身形心的变形，称为沙漏现象。② 采用修正的罚函数法，即只要保证在单元内平均体积变化最小即可，而不需要每点都是最小。

7.2.5　修正的罚函数法

其中心思想是，将罚函数中的惩罚项要求在单元内处处最小改为在单元内平均值最小。新泛函为

$$\pi_{MP} = \int_V \bar{\sigma}\dot{\bar{\varepsilon}}\mathrm{d}V + \frac{\lambda}{2V}\left(\int_V \dot{\varepsilon}_{ii}\mathrm{d}V\right)^2 - \int_{S_\sigma} p_i\dot{u}_i\mathrm{d}S \qquad (7.5)$$

其中，$\frac{1}{V}\left(\int_V \dot{\varepsilon}_{ii}\mathrm{d}V\right)^2$ 是单元体积变化平方的平均值。计算该泛函的驻值条件：

$$\delta\pi_{MP} = \int_V \bar{\sigma}\delta\dot{\bar{\varepsilon}}\mathrm{d}V + \int_V \dot{\bar{\varepsilon}}\delta\bar{\sigma}\mathrm{d}V + \frac{\lambda}{V}\int_V \dot{\varepsilon}_{kk}\mathrm{d}V\int_V \delta\dot{\varepsilon}_{ii}\mathrm{d}V - \int_{S_\sigma} p_i\delta\dot{u}_i\mathrm{d}S$$

$$= \int_V \sigma'_{ij}\delta\dot{\varepsilon}_{ij}\mathrm{d}V + \frac{\lambda}{V}\int_V \dot{\varepsilon}_{kk}\mathrm{d}V\int_V \delta_{ij}\delta\dot{\varepsilon}_{ij}\mathrm{d}V - \int_{S_\sigma} p_i\delta\dot{u}_i\mathrm{d}S$$

若令

$$\sigma_{ij} = \sigma'_{ij} + \delta_{ij}\frac{\lambda}{V}\int_V \dot{\varepsilon}_{kk}\mathrm{d}V$$

则由上式得到：

$$\delta\pi_{MP} = \int_{S_\sigma} (\sigma_{ij} n_j - p_i)\delta\dot{u}_i \mathrm{d}S - \int_V \sigma_{ij,j}\delta\dot{u}_i \mathrm{d}V$$

可见，若 $\dot{u}_i$ 使 $\delta\pi_{MP} = 0$，则必有

$$在 V 内： \quad \sigma_{ij,j} = 0$$
$$在 S_\sigma 上： \quad \sigma_{ij} n_j - p_i = 0$$

同样，σ_{ij} 即为应力，且使 $\delta\pi_P = 0$ 的 $\dot{u}_i$ 是真实解，并且

$$\sigma_m = \frac{1}{3}\sigma_{ii} = \frac{1}{3}\left(\sigma'_{ii} + \delta_{ii}\frac{\lambda}{V}\int_V \dot{\varepsilon}_{kk}\mathrm{d}V\right) = \frac{\lambda}{V}\int_V \dot{\varepsilon}_{kk}\mathrm{d}V$$

修正的罚函数法缺点是，由于采用了平均惩罚项，因此容易使局部误差较大，对体积应变的惩罚力度较弱。

7.2.6　关于 Lagrange 乘子法和罚函数法的驻值问题

一般认为，Lagrange 乘子法、罚函数法和修正的罚函数法的泛函一阶变分等于零对应的是驻值条件，目前尚无明确方法证明该驻值即极小值。由于真实解使 Markov 泛函取最小值，且罚函数或修正的罚函数构成的泛函项必为正值。因此，可证明在真实解附近，泛函取局部极小值。

对于刚塑性问题，由以上变分原理得到的关于速度场待定量的代数方程组是非线性的，一般用 Newton-Raphson 方法求解，因此要设初值（即初始速度场）。但无法证明泛函是不是只有一个极小值或驻值，若有多个极小值点（或驻值），则泛函的极值（或驻值）必与初始速度场的设定有关。

§7.3　离散化与单元速度场的构造

有限元的基本思想是，将连续的求解区域离散为有限个单元的组合体，单元与单元之间以节点相连，若将单元节点的物理量作为待定常数，则可通过插值函数构造出单元内部的物理量场，并保持在整体求解域的物理量场连续，基于变分原理就可获得包含这些待定常数的代数方程组。由于离散后的待定物理量个数是有限的，因而通过有限元法将一个连续的无限自由度问题变成了一个离散的有限自由度的问题。根据变分原理的思想可知，这种方法也将一个微分方程组的求解问题转化为一个代数方程组的求解问题。

单元几何形状由单元节点位置来描述。求解时一般以节点自由度（位移或速度）作为未知量，称为位移法有限元。当节点的待定参量为节点速度时，内部速

度场可由节点速度通过插值函数来获得：

$$\dot{u}_x = \sum_i N_i(x, \ y, \ z)\dot{u}_{ix}$$

$$\dot{u}_y = \sum_i N_i(x, \ y, \ z)\dot{u}_{iy}$$

$$\dot{u}_z = \sum_i N_i(x, \ y, \ z)\dot{u}_{iz}$$

其中，$\{\dot{u}_{ix}, \ \dot{u}_{iy}, \ \dot{u}_{iz}\}^{\mathrm{T}}$ 为节点 i 的速度值，$N_i(x, \ y, \ z)$ 是根据节点 i 速度计算单元内部速度的插值函数，后面将在图 7.4 中看到，$N_i(x, \ y, \ z)$ 实际上反映了节点 i 的速度引起的单元内部速度场的形状，因此 $N_i(x, \ y, \ z)$ 也称为速度场（或位移场）形函数，并简称形函数。

以下介绍几种常用单元的速度场构造方法和形函数。

7.3.1 平面三角形单元

平面三节点三角形单元是最简单的单元模式，应用较少，但有限元的构造基本遵从相同的步骤，基于这类简单单元更便于阐述单元构造的一般方法。

应用插值法计算一点的物理量时，实际上是依据该点与样本点的相对位置来确定的。在有限元中，这些样本点即为单元的节点。对于单元内的任意一点，如果能够根据其与单元节点的相对位置，建立该点的坐标与单元节点坐标的关联函数，就可以借助这些关联函数，描述该点速度（或位移）与单元节点速度（或位移）的关系。

1. 面积坐标的概念

在图 7.3 所示的图形中，设 P 是 Δijk 内一点，则 P 点的面积坐标为

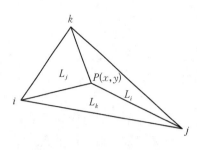

图 7.3 面积坐标的概念

$$L_i = \frac{\Delta_i}{\Delta} \quad L_j = \frac{\Delta_j}{\Delta} \quad L_k = \frac{\Delta_k}{\Delta} \quad (7.6)$$

其中，

$$\Delta_i = \frac{1}{2}\begin{vmatrix} 1 & x & y \\ 1 & x_j & y_j \\ 1 & x_k & y_k \end{vmatrix}$$

$$= \frac{1}{2}\left[(x_j y_k - x_k y_j) + (y_j - y_k)x + (x_k - x_j)y\right]$$

Δ_i 是节点 i 对面 Δpjk 的面积，Δ_j 和 Δ_k 依此类推。

而 $\Delta = \dfrac{1}{2} \begin{vmatrix} 1 & x_i & y_i \\ 1 & x_j & y_j \\ 1 & x_k & y_k \end{vmatrix}$ 是 Δijk 的面积，若令

$$a_i = x_j y_k - x_k y_j \quad b_i = y_j - y_k \quad c_i = x_k - x_j$$

则

$$L_i = \frac{\Delta_i}{\Delta} = \frac{1}{2\Delta}(a_i + b_i x + c_i y)$$

同理，有

$$L_j = \frac{\Delta_j}{\Delta} = \frac{1}{2\Delta}(a_j + b_j x + c_j y)$$

$$L_k = \frac{\Delta_k}{\Delta} = \frac{1}{2\Delta}(a_k + b_k x + c_k y)$$

另外，

$$L_i x_i + L_j x_j + L_k x_k$$
$$= \frac{1}{2\Delta}\left[a_i x_i + a_j x_j + a_k x_k + (b_i x_i + b_j x_j + b_k x_k)x + (c_i x_i + c_j x_j + c_k x_k)y \right]$$

由行列式 $\begin{vmatrix} 1 & x_i & y_i \\ 1 & x_j & y_j \\ 1 & x_k & y_k \end{vmatrix}$ 的性质：行列式任一列元素与另一列对应元素的代数余子

式之积的和等于零，可知，

$$a_i x_i + a_j x_j + a_k x_k = 0$$
$$c_i x_i + c_j x_j + c_k x_k = 0$$

且

$$b_i x_i + b_j x_j + b_k x_k = 2\Delta$$

所以，

$$L_i x_i + L_j x_j + L_k x_k = x \tag{7.7a}$$

同理，有

$$L_i y_i + L_j y_j + L_k y_k = y \tag{7.7b}$$

可见，已知节点的直角坐标时，通过面积坐标就可以得到单元内部任意点的坐

标值。

2. 单元速度场

上式的实质是插值函数。同理，若已知节点的速度值，通过上式也可以得到内部任意点的速度。若令

$$N_i = L_i \quad N_j = L_j \quad N_k = L_k$$

则单元内部的速度场为

$$
\begin{aligned}
\dot{u}_x &= N_i \dot{u}_{ix} + N_j \dot{u}_{jx} + N_k \dot{u}_{kx} = \sum_i N_i \dot{u}_{ix} \\
\dot{u}_y &= N_i \dot{u}_{iy} + N_j \dot{u}_{jy} + N_k \dot{u}_{ky} = \sum_i N_i \dot{u}_{iy}
\end{aligned}
\tag{7.8}
$$

其中，N_i、N_j、N_k 是速度场形函数。

记

$$
\{\dot{u}\} = \begin{Bmatrix} \dot{u}_x \\ \dot{u}_y \end{Bmatrix} = \begin{bmatrix} N_i & 0 & N_j & 0 & N_k & 0 \\ 0 & N_i & 0 & N_j & 0 & N_k \end{bmatrix} \begin{Bmatrix} \dot{u}_{ix} \\ \dot{u}_{iy} \\ \dot{u}_{jx} \\ \dot{u}_{jy} \\ \dot{u}_{kx} \\ \dot{u}_{ky} \end{Bmatrix} = [N]\{\dot{u}_e\}
\tag{7.9}
$$

其中，$[N]$ 称为速度场形函数矩阵；$\{\dot{u}_e\}$ 称为单元节点速度向量。

对于三节点三角形单元体，如果仅节点 i 发生单位速度 $\dot{u}_{ix} = 1$ 而其余节点速度为零，则式（7.9）退化为 $\dot{u}_x = N_i(x, y)$。图 7.4 示意性地给出了单元内的速度场分布，可见 N_i 的数学意义就是节点 i 的单位速度引起的单元内部速度场分布形状，这也是 N_i 被称为形函数的原因。

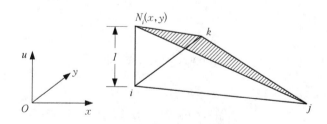

图 7.4　插值形函数的性质

由图 7.4 可以推断，插值形函数应具有以下性质：

（1）"本点"为 1，"它点"为 0，即 N_i 在 i 点的值为 1，在其余节点处的值为 0。

（2）$\sum_i N_i = 1$。这是因为，若各节点产生相同的单位速度，则单元内部应该是均匀速度场，由式（7.8）可得到这一性质。

另外，为了保证有限元的离散解能够收敛于真实解，对单元的速度场或位移场有完备性和协调性的要求。

（1）完备性：单元的速度场或位移场必须能够反映刚体位移和常应变。物体变形的最简单方式是不变形和均匀变形，特别是当单元尺寸较小时，单元内部速度场（或位移场）本身就比较均匀。作为描述单元变形模式的形函数，首先应该能够描述不变形和均匀变形，因此必须包含常数项和一次项。

（2）协调性：结构发生变形时，材料应保持连续性，即单元与单元之间既不能相互侵入，也不能产生裂隙。这就要求单元内部速度场（或位移场）应该是连续的，且边界上的速度（或位移）应该由该边界上的节点速度（或位移）唯一地确定，而与不在该边界上的节点速度（或位移）无关。

对于 3 节点三角形单元，很容易证明它满足完备性和协调性要求。

7.3.2　平面任意四边形单元——等参元

平面四边形单元是另外一类简单单元，是等参数单元的典型代表。

由于结构或变形体形状的多样性，需要用具有曲线边界的单元或不规则形状的单元去离散。对于平面问题，四边形单元是一种比较理想的离散方式。但对于形状不规则的四边形单元，直接在单元上构造形函数有很大困难。对此可采用坐标映射方式，将实际四边形单元与正方形单元建立起坐标间一一对应的映射关系，通过在正方形单元上建立速度场插值函数，再通过映射关系，得到实际单元上的速度场。以这种思想建立起来的单元模式称为参数单元。

1. 平面 4 节点四边形等参元

1）母单元与实际单元的相互映射

如图 7.5 所示，首先考虑在规则的正方形单元上建立形函数。取正方形单元的边长为 2，置于图 7.5（a）所示的坐标系上。按照"本点为 1，它点为 0"的原则，建立该单元的形函数。对于节点 1，因节点 2、3、4 分别在 $1 - \xi = 0$ 和 $1 - \eta = 0$ 的直线上，故可设

$$N_1 = C_1 (1 - \xi)(1 - \eta)$$

N_1 满足"它点为 0"的要求。再令 N_1 在节点 1（$\xi = -1$，$\eta = -1$）满足"本点为 1"，即

$$N_1 \mid_{\xi = -1,\ \eta = -1} = 1$$

于是得到：$C_1 = \dfrac{1}{4}$，$N_1 = \dfrac{1}{4}(1 - \xi)(1 - \eta)$。

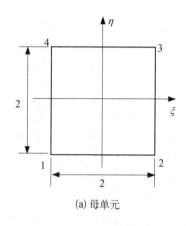
(a) 母单元

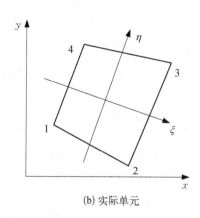
(b) 实际单元

图 7.5 母单元与实际单元的映射

同理可得到 $N_2 \sim N_4$，写成通式，有

$$N_i = \frac{1}{4}(1 + \xi_i\xi)(1 + \eta_i\eta) \tag{7.10}$$

其中，对于 $i = 1 \sim 4$，(ξ_i, η_i) 分别取：1 点 $(-1, -1)$；2 点 $(1, -1)$；3 点 $(1, 1)$；4 点 $(-1, 1)$。

对于以上形函数，不难验证 $\sum N_i \equiv 1$。

设有实际单元如图 7.5（b）所示，利用这些形函数，可以建立 ξ-η 坐标系下的正方形单元与 x-y 坐标系下的实际单元间点对点的映射函数：

$$\begin{aligned} x &= \sum N_i x_i \\ y &= \sum N_i y_i \end{aligned} \tag{7.11}$$

其中，(x_i, y_i) 是实际单元节点 i 的坐标；N_i 则是 (ξ, η) 的函数。

对于在 $(-1, 1)$ 内取值的任意坐标点 (ξ, η)，经式（7.11）映射后都将得到唯一的坐标点 (x, y)。在这里，将 ξ-η 坐标系下的正方形单元称为母单元。可以证明，经过式（7.11）的映射后：

（1）母单元节点映射为实际单元相应节点；

（2）母单元边界线映射为实际单元相应的边界线；

（3）母单元上任意点一对一地映射为实际单元的一个点。

式（7.11）建立了母单元和实际单元之间的坐标映射关系，且实际单元的形状可以是任意的。如假想实际单元上有与图 7.5（a）对应的另外一套自然坐标系，也可以将式（7.11）视作单元上自然坐标与直角坐标之间的变换关系。

2）实际单元的速度场

将实际单元的节点速度一对一地移到母单元上，则在母单元上可建立起速度场：

$$\dot{u}_x = \sum_{i=1}^{4} N_i \dot{u}_{ix}$$

$$\dot{u}_y = \sum_{i=1}^{4} N_i \dot{u}_{iy}$$

或记作

$$\{\dot{u}\} = [N]\{\dot{u}_e\} \tag{7.12}$$

该速度场即作为实际单元上对应的速度场，也即母单元上任意点（ξ，η）的速度由式（7.12）得到，该速度同时也是实际单元上点（x，y）的速度，而点（x，y）的坐标由式（7.11）确定。

这样实际单元内部速度场就通过节点速度建立起来了。需要指出的是，（x_i，y_i）是实际单元的节点坐标，同样地，（$\dot{u}_{ix}$，$\dot{u}_{iy}$）是实际单元的节点自由度。由于实际单元和母单元之间的相互映射中，坐标的映射与速度场的映射采用了同样的参数（即形函数），因此称这种单元为等参数单元，简称等参元。可以证明：

（1）该单元是完备的——包含了刚体位移速度和一次项（常应变速率项）。

（2）该单元是协调的——单元边界上的速度完全由该边界上的节点来确定。

2. 平面 8 节点四边形等参元

平面 8 节点四边形单元是典型的二次形函数等参元（图 7.6）。

母单元的边长仍取为 2。在每条边的中点增加一个节点，从而构成 8 节点单元。

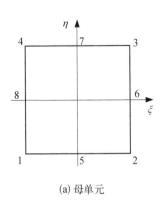

(a) 母单元

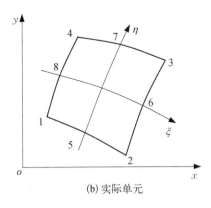

(b) 实际单元

图 7.6　8 节点平面等参元

在母单元上，按照"本点为 1，它点为 0"的原则建立形函数。对于角节点 1，设

$$N_1 = C_1(1-\xi)(1-\eta)(-\xi-\eta-1)$$

并令 $N_1|_{\xi=-1,\ \eta=-1}=1$，得到 $C_1=\dfrac{1}{4}$，因此

$$N_1=\frac{1}{4}(1-\xi)(1-\eta)(-\xi-\eta-1)$$

同理得到：

$$N_i=\frac{1}{4}(1+\xi_i\xi)(1+\eta_i\eta)(\xi_i\xi+\eta_i\eta-1)\quad(i=1,2,3,4)\quad(7.13)$$

对于边中点 5，设

$$N_5=C_5(1-\xi)(1+\xi)(1-\eta)$$

并令 $N_5|_{\xi=0,\ \eta=-1}=1$，得到 $C_5=\dfrac{1}{2}$，因此

$$N_5=\frac{1}{2}(1-\xi^2)(1-\eta)$$

同理得到：

$$N_i=\frac{1}{2}(1-\xi^2)(1+\eta_i\eta)\quad i=5,7$$

$$N_i=\frac{1}{2}(1+\xi_i\xi)(1-\eta^2)\quad i=6,8$$

$$(7.14)$$

根据这些形函数，得到母单元和实际单元的映射关系为

$$x=\sum_{i=1}^{8}N_ix_i$$

$$y=\sum_{i=1}^{8}N_iy_i$$

$$(7.15)$$

单元内部位移为

$$\dot{u}_x=\sum_{i=1}^{8}N_i\dot{u}_{xi}$$

$$\dot{u}_y=\sum_{i=1}^{8}N_i\dot{u}_{yi}$$

$$(7.16)$$

或记为

$$\{\dot{u}\}=\begin{Bmatrix}\dot{u}_x\\\dot{u}_y\end{Bmatrix}=\begin{bmatrix}N_1&0&\cdots&N_8&0\\0&N_1&\cdots&0&N_8\end{bmatrix}\begin{Bmatrix}\dot{u}_{1x}\\\vdots\\\dot{u}_{8y}\end{Bmatrix}=[N]\{\dot{u}_e\}\quad(7.17)$$

该单元也是完备的和协调的。与 4 节点等参元相比，8 节点等参元可以模拟曲线边界，且插值函数的次数提高，因此精度有所提高。

7.3.3　三维块体等参元

三维块体等参元是在结构分析和变形工艺分析中应用广泛的单元类型。

这里介绍 8 节点等参元和 20 节点等参元。母单元的边长仍为 2，因此在母单元上，坐标变化范围为

$$-1 \leqslant \xi \leqslant 1, \quad -1 \leqslant \eta \leqslant 1, \quad -1 \leqslant \zeta \leqslant 1$$

1. 空间 8 节点等参元

8 节点三维等参元如图 7.7 所示。

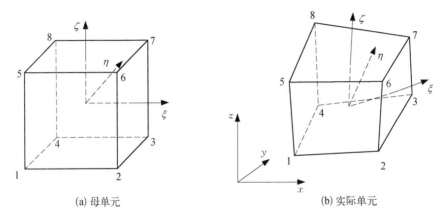

(a) 母单元　　　　　　　　　(b) 实际单元

图 7.7　8 节点三维等参元

单元的节点为六面体的 8 个顶点，单元的棱边为直线，这是一类典型的一阶三维单元。根据"本点为 1，它点为 0"的原则建立形函数。对于节点 1，令形函数为

$$N_1 = C_1(1 - \xi)(1 - \eta)(1 - \zeta)$$

再由 $N_1 \big|_{\xi = -1,\ \eta = -1,\ \zeta = -1} = 1$，得到 $C_1 = \dfrac{1}{8}$。将这种方法应用于每一个节点，便得到单元形函数：

$$N_i = \frac{1}{8}(1 + \xi_i\xi)(1 + \eta_i\eta)(1 + \zeta_i\zeta) \quad (i = 1, \cdots, 8) \tag{7.18}$$

从而建立起母单元和实际单元的映射关系，以及实际单元内的速度场：

$$x = \sum_{i=1}^{8} N_i x_i$$

$$y = \sum_{i=1}^{8} N_i y_i \qquad (7.19)$$

$$z = \sum_{i=1}^{8} N_i z_i$$

$$\dot{u}_x = \sum_{i=1}^{8} N_i \dot{u}_{ix}$$

$$\dot{u}_y = \sum_{i=1}^{8} N_i \dot{u}_{iy} \qquad (7.20)$$

$$\dot{u}_z = \sum_{i=1}^{8} N_i \dot{u}_{iz}$$

将单元内速度场记作

$$\{\dot{u}\} = [N]\{\dot{u}_e\} \qquad (7.21)$$

其中，

$$[N] = \begin{bmatrix} N_1 & 0 & 0 & \cdots & N_8 & 0 \\ 0 & N_1 & 0 & \cdots & 0 & N_8 \\ 0 & 0 & N_1 & \cdots & 0 & 0 \end{bmatrix} \qquad \{\dot{u}_e\} = \left\{ \begin{matrix} \dot{u}_{1x} \\ \vdots \\ \dot{u}_{8z} \end{matrix} \right\} \qquad (7.22)$$

2. 空间 20 节点等参元

三维 20 节点等参元是典型的二阶三维单元，如图 7.8 所示。单元的节点为六面体的 8 个顶点和 12 个棱边的中点，实际单元的棱边可以是曲线，表面可以是曲面，如图 7.8 (b) 所示。

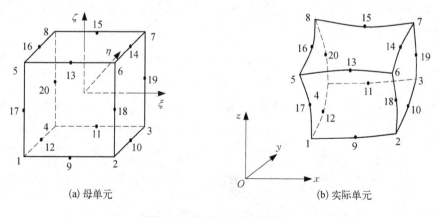

(a) 母单元　　　　　　　　　　(b) 实际单元

图 7.8　20 节点三维等参元

仿照前面的做法，可建立单元形函数如下：

$$N_i = \frac{1}{8}(1 + \xi_i\xi)(1 + \eta_i\eta)(1 + \zeta_i\zeta)(\xi_i\xi + \eta_i\eta + \zeta_i\zeta - 2) \quad (i = 1, \cdots, 8)$$

$$N_i = \frac{1}{4}(1 - \xi^2)(1 + \eta_i\eta)(1 + \zeta_i\zeta) \quad (i = 9, 11, 13, 15)$$

$$N_i = \frac{1}{4}(1 - \eta^2)(1 + \xi_i\xi)(1 + \zeta_i\zeta) \quad (i = 10, 12, 14, 16)$$

$$N_i = \frac{1}{4}(1 - \zeta^2)(1 + \xi_i\xi)(1 + \eta_i\eta) \quad (i = 17, 18, 19, 20)$$

$$(7.23)$$

母单元与实际单元的映射函数以及速度场函数的建立方法，与前面各等参元的建立方法相同。

§7.4　单元内应变速率和体积应变速率

为了应用变分原理建立有限元列式，需要将单元内应变速率和体积应变速率表达成单元节点速度向量的函数形式。

7.4.1　单元内应变速率

对于一般三维问题，一点有六个独立应变速率分量。为了方便计算等效应变速率，可以取应变速率分量的向量为 $\{\dot{\varepsilon}\}^{\mathrm{T}} = \{\dot{\varepsilon}_x \quad \dot{\varepsilon}_y \quad \dot{\varepsilon}_z \quad \sqrt{2}\dot{\varepsilon}_{xy} \quad \sqrt{2}\dot{\varepsilon}_{yz} \quad \sqrt{2}\dot{\varepsilon}_{zx}\}^{\mathrm{T}}$，特殊地，对于平面问题，可以取 $\{\dot{\varepsilon}\}^{\mathrm{T}} = \{\dot{\varepsilon}_x \quad \dot{\varepsilon}_y \quad \sqrt{2}\dot{\varepsilon}_{xy}\}^{\mathrm{T}}$。根据应变速率与速度场的关系，容易将应变速率表示为节点待定速度的函数形式。

1. 平面问题

$$\{\dot{\varepsilon}\} = \begin{Bmatrix} \dot{\varepsilon}_x \\ \dot{\varepsilon}_y \\ \sqrt{2}\dot{\varepsilon}_{xy} \end{Bmatrix} = \begin{Bmatrix} \dfrac{\partial \dot{u}_x}{\partial x} \\ \dfrac{\partial \dot{u}_y}{\partial y} \\ \dfrac{\sqrt{2}}{2}\left(\dfrac{\partial \dot{u}_x}{\partial y} + \dfrac{\partial \dot{u}_y}{\partial x}\right) \end{Bmatrix} = \begin{Bmatrix} \sum \dfrac{\partial N_i}{\partial x}\dot{u}_{ix} \\ \sum \dfrac{\partial N_i}{\partial y}\dot{u}_{iy} \\ \dfrac{\sqrt{2}}{2}\left(\sum \dfrac{\partial N_i}{\partial x}\dot{u}_{iy} + \sum \dfrac{\partial N_i}{\partial y}\dot{u}_{ix}\right) \end{Bmatrix} = [B]\{\dot{u}_e\}$$

$$(7.24)$$

式中，$[B]$ 称为应变速率-速度关系矩阵，可写成分块矩阵：

$$[B] = [\,B_1 \quad \cdots \quad B_n\,]$$

$$[B_i] = \begin{bmatrix} \dfrac{\partial N_i}{\partial x} & 0 \\ 0 & \dfrac{\partial N_i}{\partial y} \\ \dfrac{\sqrt{2}}{2}\dfrac{\partial N_i}{\partial y} & \dfrac{\sqrt{2}}{2}\dfrac{\partial N_i}{\partial x} \end{bmatrix} \tag{7.25}$$

其中，n 等于单元节点个数。

（1）对 3 节点三角形单元，由于

$$\frac{\partial N_i}{\partial x} = \frac{1}{2\Delta}b_i \qquad \frac{\partial N_i}{\partial y} = \frac{1}{2\Delta}c_i$$

所以

$$[B] = \frac{1}{2\Delta}\begin{bmatrix} b_1 & 0 & b_2 & 0 & b_3 & 0 \\ 0 & c_1 & 0 & c_2 & 0 & c_3 \\ \dfrac{\sqrt{2}}{2}c_1 & \dfrac{\sqrt{2}}{2}b_1 & \dfrac{\sqrt{2}}{2}c_2 & \dfrac{\sqrt{2}}{2}b_2 & \dfrac{\sqrt{2}}{2}c_3 & \dfrac{\sqrt{2}}{2}b_3 \end{bmatrix}$$

其中，b_i，c_i 均为常数，因此，该单元是常应变速率单元。

（2）对于 4 节点四边形单元：

$$[B] = [\,B_1 \quad \cdots \quad B_4\,]$$

但 $N_i = N_i(\xi,\ \eta)$，$x = x(\xi,\ \eta)$，由复合函数求导法则：

$$\begin{cases} \dfrac{\partial N_i}{\partial \xi} = \dfrac{\partial N_i}{\partial x}\dfrac{\partial x}{\partial \xi} + \dfrac{\partial N_i}{\partial y}\dfrac{\partial y}{\partial \xi} \\ \dfrac{\partial N_i}{\partial \eta} = \dfrac{\partial N_i}{\partial x}\dfrac{\partial x}{\partial \eta} + \dfrac{\partial N_i}{\partial y}\dfrac{\partial y}{\partial \eta} \end{cases}$$

记

$$[J] = \begin{bmatrix} \dfrac{\partial x}{\partial \xi} & \dfrac{\partial y}{\partial \xi} \\ \dfrac{\partial x}{\partial \eta} & \dfrac{\partial y}{\partial \eta} \end{bmatrix}$$

其中，$[J]$ 是 Jacobian 矩阵，它反映自然坐标与直角坐标的变换关系。由此得到：

$$\begin{Bmatrix} \dfrac{\partial N_i}{\partial \xi} \\ \dfrac{\partial N_i}{\partial \eta} \end{Bmatrix} = [J] \begin{Bmatrix} \dfrac{\partial N_i}{\partial x} \\ \dfrac{\partial N_i}{\partial y} \end{Bmatrix} \quad \text{和} \quad \begin{Bmatrix} \dfrac{\partial N_i}{\partial x} \\ \dfrac{\partial N_i}{\partial y} \end{Bmatrix} = [J]^{-1} \begin{Bmatrix} \dfrac{\partial N_i}{\partial \xi} \\ \dfrac{\partial N_i}{\partial \eta} \end{Bmatrix} \tag{7.26}$$

其中，

$$\frac{\partial x}{\partial \xi} = \sum \frac{\partial N_i}{\partial \xi} x_i, \qquad \frac{\partial x}{\partial \eta} = \sum \frac{\partial N_i}{\partial \eta} x_i$$

$$\frac{\partial y}{\partial \xi} = \sum \frac{\partial N_i}{\partial \xi} y_i, \qquad \frac{\partial y}{\partial \eta} = \sum \frac{\partial N_i}{\partial \eta} y_i$$

$$\frac{\partial N_i}{\partial \xi} = \frac{1}{4} \xi_i (1 + \eta_i \eta)$$

$$\frac{\partial N_i}{\partial \eta} = \frac{1}{4} \eta_i (1 + \xi_i \xi)$$

据此，可得到 $[J]$ 矩阵和 $[B]$ 矩阵。

（3）对于 8 节点四边形等参元：

$$[B] = [B_1, \cdots, B_8]$$

根据上面同样的方法，可以得到 $\dfrac{\partial N_i}{\partial x}$、$\dfrac{\partial N_i}{\partial y}$ 以及 $[B]$ 的计算表达式。

其中，

$$\frac{\partial N_i}{\partial \xi} = \frac{1}{4} \xi_i (1 + \eta_i \eta)(\xi_i \xi + \eta_i \eta - 1) + \frac{1}{4} \xi_i (1 + \xi_i \xi)(1 + \eta_i \eta) \quad (i = 1, 2, 3, 4)$$

$$\frac{\partial N_i}{\partial \xi} = - \xi (1 + \eta_i \eta) \quad (i = 5, 7)$$

$$\frac{\partial N_i}{\partial \xi} = \frac{1}{2} \xi_i (1 - \eta^2) \quad (i = 6, 8)$$

$$\frac{\partial N_i}{\partial \eta} = \frac{1}{4} \eta_i (1 + \xi_i \xi)(\xi_i \xi + \eta_i \eta - 1) + \frac{1}{4} \eta_i (1 + \xi_i \xi)(1 + \eta_i \eta) \quad (i = 1, 2, 3, 4)$$

$$\frac{\partial N_i}{\partial \eta} = \frac{1}{2} \eta_i (1 - \xi^2) \quad (i = 5, 7)$$

$$\frac{\partial N_i}{\partial \eta} = - \eta (1 + \xi_i \xi) \quad (i = 6, 8)$$

2. 空间问题

$$\{\dot{\varepsilon}\} = \begin{Bmatrix} \dot{\varepsilon}_x \\ \dot{\varepsilon}_y \\ \dot{\varepsilon}_z \\ \sqrt{2}\dot{\varepsilon}_{xy} \\ \sqrt{2}\dot{\varepsilon}_{yz} \\ \sqrt{2}\dot{\varepsilon}_{zx} \end{Bmatrix} = \begin{Bmatrix} \dfrac{\partial \dot{u}_x}{\partial x} \\ \dfrac{\partial \dot{u}_y}{\partial y} \\ \dfrac{\partial \dot{u}_z}{\partial z} \\ \dfrac{\sqrt{2}}{2}\left(\dfrac{\partial \dot{u}_x}{\partial y} + \dfrac{\partial \dot{u}_y}{\partial x}\right) \\ \dfrac{\sqrt{2}}{2}\left(\dfrac{\partial \dot{u}_y}{\partial z} + \dfrac{\partial \dot{u}_z}{\partial y}\right) \\ \dfrac{\sqrt{2}}{2}\left(\dfrac{\partial \dot{u}_z}{\partial x} + \dfrac{\partial \dot{u}_x}{\partial z}\right) \end{Bmatrix} = \begin{bmatrix} \dfrac{\partial}{\partial x} & 0 & 0 \\ 0 & \dfrac{\partial}{\partial y} & 0 \\ 0 & 0 & \dfrac{\partial}{\partial z} \\ \dfrac{\sqrt{2}}{2}\dfrac{\partial}{\partial y} & \dfrac{\sqrt{2}}{2}\dfrac{\partial}{\partial x} & 0 \\ 0 & \dfrac{\sqrt{2}}{2}\dfrac{\partial}{\partial z} & \dfrac{\sqrt{2}}{2}\dfrac{\partial}{\partial y} \\ \dfrac{\sqrt{2}}{2}\dfrac{\partial}{\partial z} & 0 & \dfrac{\sqrt{2}}{2}\dfrac{\partial}{\partial x} \end{bmatrix} [N]\{\dot{u}_e\} = [B]\{\dot{u}_e\}$$

$$(7.27)$$

其中,$[B] = [B_1, \cdots, B_n]$,n 为单元节点个数。

$$[B_i] = \begin{bmatrix} \dfrac{\partial N_i}{\partial x} & 0 & 0 \\ 0 & \dfrac{\partial N_i}{\partial y} & 0 \\ 0 & 0 & \dfrac{\partial N_i}{\partial z} \\ \dfrac{\sqrt{2}}{2}\dfrac{\partial N_i}{\partial y} & \dfrac{\sqrt{2}}{2}\dfrac{\partial N_i}{\partial x} & 0 \\ 0 & \dfrac{\sqrt{2}}{2}\dfrac{\partial N_i}{\partial z} & \dfrac{\sqrt{2}}{2}\dfrac{\partial N_i}{\partial y} \\ \dfrac{\sqrt{2}}{2}\dfrac{\partial N_i}{\partial z} & 0 & \dfrac{\sqrt{2}}{2}\dfrac{\partial N_i}{\partial x} \end{bmatrix}$$

由复合函数求导法则,得到:

$$\begin{cases} \dfrac{\partial N_i}{\partial \xi} = \dfrac{\partial N_i}{\partial x}\dfrac{\partial x}{\partial \xi} + \dfrac{\partial N_i}{\partial y}\dfrac{\partial y}{\partial \xi} + \dfrac{\partial N_i}{\partial z}\dfrac{\partial z}{\partial \xi} \\ \dfrac{\partial N_i}{\partial \eta} = \dfrac{\partial N_i}{\partial x}\dfrac{\partial x}{\partial \eta} + \dfrac{\partial N_i}{\partial y}\dfrac{\partial y}{\partial \eta} + \dfrac{\partial N_i}{\partial z}\dfrac{\partial z}{\partial \eta} \\ \dfrac{\partial N_i}{\partial \zeta} = \dfrac{\partial N_i}{\partial x}\dfrac{\partial x}{\partial \zeta} + \dfrac{\partial N_i}{\partial y}\dfrac{\partial y}{\partial \zeta} + \dfrac{\partial N_i}{\partial z}\dfrac{\partial z}{\partial \zeta} \end{cases}$$

若记 Jacobian 矩阵为

$$[J] = \begin{bmatrix} \dfrac{\partial x}{\partial \xi} & \dfrac{\partial y}{\partial \xi} & \dfrac{\partial z}{\partial \xi} \\[2mm] \dfrac{\partial x}{\partial \eta} & \dfrac{\partial y}{\partial \eta} & \dfrac{\partial z}{\partial \eta} \\[2mm] \dfrac{\partial x}{\partial \zeta} & \dfrac{\partial y}{\partial \zeta} & \dfrac{\partial z}{\partial \zeta} \end{bmatrix}$$

则

$$\begin{Bmatrix} \dfrac{\partial N_i}{\partial x} \\[2mm] \dfrac{\partial N_i}{\partial y} \\[2mm] \dfrac{\partial N_i}{\partial z} \end{Bmatrix} = [J]^{-1} \begin{Bmatrix} \dfrac{\partial N_i}{\partial \xi} \\[2mm] \dfrac{\partial N_i}{\partial \eta} \\[2mm] \dfrac{\partial N_i}{\partial \zeta} \end{Bmatrix}$$

对于 8 节点和 20 节点三维等参元，都可以仿照前面的步骤得到 $[J]$ 矩阵和 $[B]$ 矩阵的计算表达式。在此不再赘述。

7.4.2　体积应变速率

体积应变速率为

$$\dot{\varepsilon}_V = \dot{\varepsilon}_x + \dot{\varepsilon}_y + \dot{\varepsilon}_z$$

而

$$\dot{\varepsilon}_x = \sum \frac{\partial N_i}{\partial x} \dot{u}_{ix} \quad \dot{\varepsilon}_y = \sum \frac{\partial N_i}{\partial y} \dot{u}_{iy} \quad \dot{\varepsilon}_z = \sum \frac{\partial N_i}{\partial z} \dot{u}_{iz}$$

故

$$\dot{\varepsilon}_V = \begin{bmatrix} \dfrac{\partial N_1}{\partial x} & \dfrac{\partial N_1}{\partial y} & \dfrac{\partial N_1}{\partial z} & \dfrac{\partial N_2}{\partial x} & \dfrac{\partial N_2}{\partial y} & \dfrac{\partial N_2}{\partial z} & \cdots & \dfrac{\partial N_n}{\partial x} & \dfrac{\partial N_n}{\partial y} & \dfrac{\partial N_n}{\partial z} \end{bmatrix} \{\dot{u}_e\} \tag{7.28}$$

$$= \{C\}^{\mathrm{T}} \{\dot{u}_e\}$$

其中，$\{C\}^{\mathrm{T}}$ 是 $3n \times 1$ 的行矩阵，可依据 $[B]$ 矩阵的求解方法得到相应的表达式。

对于平面应变问题：

$$\{C\}^{\mathrm{T}} = \left\{ \dfrac{\partial N_1}{\partial x} \quad \dfrac{\partial N_1}{\partial y} \quad \dfrac{\partial N_2}{\partial x} \quad \dfrac{\partial N_2}{\partial y} \quad \cdots \quad \dfrac{\partial N_n}{\partial x} \quad \dfrac{\partial N_n}{\partial y} \right\}^{\mathrm{T}}$$

对于平面应力问题，需要特殊处理。如平面应力发生在 $x-y$ 面上，则 $\sigma_z = 0$，$\sigma'_z = -\sigma_m$，因而 z 方向有应变发生：

$$\dot{\varepsilon}_z = \frac{3\dot{\bar{\varepsilon}}}{2\bar{\sigma}}\sigma'_z = -\frac{3\dot{\bar{\varepsilon}}}{2\bar{\sigma}}\sigma_m$$

如采用罚函数法，则

$$\sigma_m = \lambda\dot{\varepsilon}_V, \quad \dot{\varepsilon}_z = -\lambda\frac{3\dot{\bar{\varepsilon}}}{2\bar{\sigma}}\dot{\varepsilon}_V = -\lambda\frac{3\dot{\bar{\varepsilon}}}{2\bar{\sigma}}(\dot{\varepsilon}_x + \dot{\varepsilon}_y + \dot{\varepsilon}_z)$$

故

$$\dot{\varepsilon}_z = -\frac{3\lambda\dot{\bar{\varepsilon}}}{2\bar{\sigma} + 3\lambda\dot{\bar{\varepsilon}}}(\dot{\varepsilon}_x + \dot{\varepsilon}_y)$$

$$\dot{\varepsilon}_V = \dot{\varepsilon}_x + \dot{\varepsilon}_y + \dot{\varepsilon}_z = \dot{\varepsilon}_x + \dot{\varepsilon}_y - \frac{3\lambda\dot{\bar{\varepsilon}}}{2\bar{\sigma} + 3\lambda\dot{\bar{\varepsilon}}}(\dot{\varepsilon}_x + \dot{\varepsilon}_y) = \frac{2\bar{\sigma}}{2\bar{\sigma} + 3\lambda\dot{\bar{\varepsilon}}}(\dot{\varepsilon}_x + \dot{\varepsilon}_y)$$

如采用 Lagrange 乘子法，有 $\sigma_m = \lambda$。平面应力状态下，$\sigma'_z = -\sigma_m = -\lambda$。由

$$\dot{\varepsilon}_z = \frac{3\dot{\bar{\varepsilon}}}{2\bar{\sigma}}\sigma'_z$$

得到 $\dot{\varepsilon}_z = -\lambda\frac{3\dot{\bar{\varepsilon}}}{2\bar{\sigma}}$，所以当把 $\{\dot{u}_e\}$ 表示为

$$\{\dot{u}_e\}^T = \{\dot{u}_{1x} \quad \dot{u}_{1y} \quad \cdots \quad \dot{u}_{nx} \quad \dot{u}_{ny} \quad \lambda\}^T$$

时，只需修改 $\{C\}^T$ 的表达式，使之成为

$$\{C\}^T = \left\{\frac{\partial N_1}{\partial x} \quad \frac{\partial N_1}{\partial y} \quad \frac{\partial N_2}{\partial x} \quad \frac{\partial N_2}{\partial y} \quad \cdots \quad \frac{\partial N_n}{\partial x} \quad \frac{\partial N_n}{\partial y} \quad -\frac{3\dot{\bar{\varepsilon}}}{2\bar{\sigma}}\right\}^T$$

即可。

7.4.3 等效应变速率

由 $\dot{\bar{\varepsilon}} = \sqrt{\frac{2}{3}\dot{\varepsilon}_{ij}\dot{\varepsilon}_{ij}}$ 得到：

$$\dot{\bar{\varepsilon}}^2 = \frac{2}{3}\dot{\varepsilon}_{ij}\dot{\varepsilon}_{ij} = \frac{2}{3}[\dot{\varepsilon}_x^2 + \dot{\varepsilon}_y^2 + \dot{\varepsilon}_z^2 + 2\dot{\varepsilon}_{xy}^2 + 2\dot{\varepsilon}_{yz}^2 + 2\dot{\varepsilon}_{zx}^2]$$

上式可表示为

$$\dot{\bar{\varepsilon}}^2 = \frac{2}{3}\{\dot{\varepsilon}\}^T\{\dot{\varepsilon}\} \tag{7.29}$$

因此

$$\dot{\bar{\varepsilon}} = \sqrt{\frac{2}{3}\{\dot{\varepsilon}\}^{\mathrm{T}}\{\dot{\varepsilon}\}} = \sqrt{\frac{2}{3}\{\dot{u}_e\}^{\mathrm{T}}[B]^{\mathrm{T}}[B]\{\dot{u}_e\}} = \sqrt{\{\dot{u}_e\}^{\mathrm{T}}[K_e]\{\dot{u}_e\}} \quad (7.30)$$

其中,

$$[K_e] = \frac{2}{3}[B]^{\mathrm{T}}[B] \quad (7.31)$$

显然, $[K_e]$ 是对称矩阵（注意 $[K_e]$ 不是刚度矩阵）。

§7.5　基于罚函数法的刚塑性有限元法

本节基于罚函数法变分公式推导相应的刚塑性有限元列式, 其推导方法同样适用于基于其他几种变分原理的刚塑性有限元。

7.5.1　单元平衡方程

在单元层级上, 将罚函数法的泛函方程式（7.4）用矩阵形式表达:

$$\pi_P^e = \int_{Ve} \bar{\sigma}\dot{\bar{\varepsilon}}\mathrm{d}V + \frac{\lambda}{2}\int_{Ve}(\dot{\varepsilon}_V)^2\mathrm{d}V - \int_{Se_\sigma}\{\dot{u}\}^{\mathrm{T}}\{p\}\mathrm{d}S$$

其中, $\{p\}$ 为单元表面分布力向量。

在塑性变形过程中, $\bar{\sigma} = \sigma_s$ 为已知值, 一般可视为温度、应变和应变速率的函数。对于一个单元, 将前面的关系代入, 有

$$\pi_P^e = \int_{Ve} \bar{\sigma}\sqrt{\{\dot{u}_e\}^{\mathrm{T}}[K_e]\{\dot{u}_e\}}\mathrm{d}V + \frac{\lambda}{2}\int_{Ve}(\{C\}^{\mathrm{T}}\{\dot{u}_e\})^2\mathrm{d}V - \int_{Se_\sigma}\{\dot{u}_e\}^{\mathrm{T}}[N]^{\mathrm{T}}\{p\}\mathrm{d}S$$

对该式求变分:

$$\begin{aligned}
\delta\pi_P^e = &\int_{Ve} \bar{\sigma}\frac{\delta\{\dot{u}_e\}^{\mathrm{T}}[K_e]\{\dot{u}_e\} + \{\dot{u}_e\}^{\mathrm{T}}[K_e]\delta\{\dot{u}_e\}}{2\sqrt{\{\dot{u}_e\}^{\mathrm{T}}[K_e]\{\dot{u}_e\}}}\mathrm{d}V \\
&+ \lambda\int_{Ve}\{C\}^{\mathrm{T}}\{\dot{u}_e\}\{C\}^{\mathrm{T}}\delta\{\dot{u}_e\}\mathrm{d}V \\
&- \int_{Se_\sigma}\delta\{\dot{u}_e\}^{\mathrm{T}}[N]^{\mathrm{T}}\{p\}\mathrm{d}S
\end{aligned}$$

注意到式（7.31）的对称性, 以及

$$\delta \{\dot{u}_e\}^{\mathrm{T}} [K_e] \{\dot{u}_e\} = \{\dot{u}_e\}^{\mathrm{T}} [K_e] \delta \{\dot{u}_e\}$$

$$\{C\}^{\mathrm{T}} \{\dot{u}_e\} \{C\}^{\mathrm{T}} \delta \{\dot{u}_e\} = \delta \{\dot{u}_e\}^{\mathrm{T}} \{C\} \{C\}^{\mathrm{T}} \{\dot{u}_e\}$$

若记

$$[M_e] = \lambda \int_{Ve} \{C\} \{C\}^{\mathrm{T}} \mathrm{d}V, \qquad \{R_e\} = \int_{Se_\sigma} [N]^{\mathrm{T}} \{p\} \mathrm{d}S$$

则上式可以写成

$$\delta \pi_P^e = \delta \{\dot{u}_e\}^{\mathrm{T}} \left(\int_{Ve} \frac{\overline{\sigma}}{\dot{\overline{\varepsilon}}} [K_e] \mathrm{d}V + [M_e] \right) \{\dot{u}_e\} - \delta \{\dot{u}_e\}^{\mathrm{T}} \{R_e\} \qquad (7.32)$$

由于 $\delta \{\dot{u}_e\}^{\mathrm{T}}$ 的任意性，因此，若令 $\delta \pi_P^e = 0$，必有

$$\left(\int_{Ve} \frac{\overline{\sigma}}{\dot{\overline{\varepsilon}}} [K_e] \mathrm{d}V + [M_e] \right) \{\dot{u}_e\} = \{R_e\} \qquad (7.33)$$

此式即为单元的平衡方程，其中 $\left(\int_{Ve} \frac{\overline{\sigma}}{\dot{\overline{\varepsilon}}} [K_e] \mathrm{d}V + [M_e] \right)$ 是单元的刚度矩阵，$\{R_e\}$ 为单元等效节点载荷向量。由于 $\dot{\overline{\varepsilon}}$ 中包含了 $\{\dot{u}_e\}$，故平衡方程式为非线性方程组。

7.5.2 平衡方程的线性化

非线性方程组一般采用 Newton – Raphson 迭代法求解，为此，需对平衡方程式（7.33）进行线性化。

设 $\{\dot{u}_e\}_{n-1}$ 为速度场的一个近似解，与此对应的 $\overline{\sigma}$、$\dot{\overline{\varepsilon}}$ 为 $\overline{\sigma}_{n-1}$、$\dot{\overline{\varepsilon}}_{n-1}$，记平衡方程为

$$f(\{\dot{u}_e\}) = \left(\int_{Ve} \frac{\overline{\sigma}}{\dot{\overline{\varepsilon}}} [K_e] \mathrm{d}V + [M_e] \right) \{\dot{u}_e\} - \{R_e\} = \{0\} \qquad (7.34)$$

其中，$f(\{\dot{u}_e\})$ 是列向量。将方程在 $\{\dot{u}_e\}_{n-1}$ 附近作 Taylor 级数展开，并且只取线性项部分：

$$\begin{aligned}
f(\{\dot{u}_e\}_n) &= f(\{\dot{u}_e\}_{n-1}) + \left. \frac{\partial f}{\partial \{\dot{u}_e\}} \right|_{n-1} (\{\dot{u}_e\}_n - \{\dot{u}_e\}_{n-1}) \\
&= f(\{\dot{u}_e\}_{n-1}) + \left. \frac{\partial f}{\partial \{\dot{u}_e\}} \right|_{n-1} \{\Delta \dot{u}_e\}_n
\end{aligned} \qquad (7.35)$$

其中，

$$\left.\frac{\partial \boldsymbol{f}}{\partial \{\dot{u}_e\}}\right|_{n-1} = \left.\left(\int_{Ve} \frac{\overline{\sigma}}{\dot{\overline{\varepsilon}}}[K_e]\mathrm{d}V + [M_e]\right)\right|_{n-1} + \left.\left(\int_{Ve}[K_e]\{\dot{u}_e\}\frac{\partial}{\partial\dot{\overline{\varepsilon}}}\left(\frac{\overline{\sigma}}{\dot{\overline{\varepsilon}}}\right)\cdot\frac{\partial\dot{\overline{\varepsilon}}}{\partial\{\dot{u}_e\}}\mathrm{d}V\right)\right|_{n-1}$$

$$(7.36)$$

可见，$\dfrac{\partial \boldsymbol{f}}{\partial \{\dot{u}_e\}}$ 是方阵。注意到 $\dot{\overline{\varepsilon}}$ 是标量，因此 $\dfrac{\partial\dot{\overline{\varepsilon}}}{\partial\{\dot{u}_e\}}$ 是行向量。注意到 $[K_e]$ 是对称矩阵，由式（7.30）得到：

$$\frac{\partial\dot{\overline{\varepsilon}}}{\partial\{\dot{u}_e\}} = \frac{1}{\dot{\overline{\varepsilon}}}\{\dot{u}_e\}^{\mathrm{T}}[K_e]$$

式（7.36）的第二项成为

$$\left.\left(\int_{Ve}[K_e]\{\dot{u}_e\}\frac{\partial}{\partial\dot{\overline{\varepsilon}}}\left(\frac{\overline{\sigma}}{\dot{\overline{\varepsilon}}}\right)\cdot\frac{\partial\dot{\overline{\varepsilon}}}{\partial\{\dot{u}_e\}}\mathrm{d}V\right)\right|_{n-1} = \int_{Ve}\left.\frac{\partial}{\partial\dot{\overline{\varepsilon}}}\left(\frac{\overline{\sigma}}{\dot{\overline{\varepsilon}}}\right)\right|_{n-1}\cdot\frac{1}{\dot{\overline{\varepsilon}}_{n-1}}([K_e]\{\dot{u}_e\}\{\dot{u}_e\}^{\mathrm{T}}[K_e])_{n-1}\mathrm{d}V$$

若记

$$\{H_e\}_{n-1} = \left(\int_V \frac{\overline{\sigma}_{n-1}}{\dot{\overline{\varepsilon}}_{n-1}}[K_e]\mathrm{d}V + [M_e]\right)\cdot\{\dot{u}_e\}_{n-1} \qquad (7.37)$$

$$[S_e]_{n-1} = \int_{Ve}\frac{\overline{\sigma}_{n-1}}{\dot{\overline{\varepsilon}}_{n-1}}[K_e]\mathrm{d}V + [M_e] + \int_{Ve}\left.\frac{\partial}{\partial\dot{\overline{\varepsilon}}}\left(\frac{\overline{\sigma}}{\dot{\overline{\varepsilon}}}\right)\right|_{n-1}\cdot\frac{1}{\dot{\overline{\varepsilon}}_{n-1}}([K_e]\{\dot{u}_e\}_{n-1}\{\dot{u}_e\}_{n-1}^{\mathrm{T}}[K_e])\mathrm{d}V$$

$$(7.38)$$

则由式（7.35）得到：

$$[S_e]_{n-1}\cdot\{\Delta\dot{u}_e\}_n = \{F_e\}_{n-1} \qquad (7.39)$$

其中，

$$\{F_e\}_{n-1} = -\{H_e\}_{n-1} + \{R_e\}$$

式（7.39）即为单元平衡方程。$[S_e]_{n-1}$ 是第（$n-1$）次迭代后的单元刚度矩阵，$\{F_e\}_{n-1}$ 是单元等效载荷列阵。显而易见，$[S_e]$ 矩阵是对称方阵。但仅根据式（7.39）是无法求解速度增量 $\{\Delta u_e\}_n$ 的，因为在单元层次上，无法限制物体的刚体运动，$\{\Delta u_e\}_n$ 有无穷多解，这反映在方程的系数矩阵上，$[S_e]$ 不是满秩矩阵。

需要指出的是，在等参元的应用中，计算单元刚度矩阵和等效载荷列阵时，积分区域分别是实际单元的体积和表面积。但鉴于实际单元的不规则特点，这些积分的数值计算实际上非常困难。为此，需要把积分区域变换到规则的母单元上，以便于应用数值积分方法。实际上，被积函数中的形函数本来就是用母单元 $\xi - \eta - \zeta$ 坐标表示的，只需要再把积分式中与实际单元对应的微元体积和微元面积变换成 $\xi - \eta - \zeta$ 坐标的表达，就可以实现在母单元上的积分。关于这种积分域变换方法可见于大多数有限元教科书。以下以三维体单元为例，不加推导，直接给出变换结果。

微元体积的变换式：

$$dV = |J| \, d\xi d\eta d\zeta$$

其中，$|J|$ 是 7.4 节中对应的 Jacobian 矩阵的行列式。

微元表面积的变换：假设实际单元中要变换的表面积对应在母单元的 ξ-η 表面上，变换式为

$$dS = \sqrt{a_\xi a_\eta - a_{\xi\eta}^2} \, d\xi d\eta$$

其中，

$$a_\xi = \left(\frac{\partial x}{\partial \xi}\right)^2 + \left(\frac{\partial y}{\partial \xi}\right)^2 + \left(\frac{\partial z}{\partial \xi}\right)^2$$

$$a_\eta = \left(\frac{\partial x}{\partial \eta}\right)^2 + \left(\frac{\partial y}{\partial \eta}\right)^2 + \left(\frac{\partial z}{\partial \eta}\right)^2$$

$$a_{\xi\eta} = \frac{\partial x}{\partial \xi}\frac{\partial x}{\partial \eta} + \frac{\partial y}{\partial \xi}\frac{\partial y}{\partial \eta} + \frac{\partial z}{\partial \xi}\frac{\partial z}{\partial \eta}$$

如果要变换的表面对应于母单元其他表面，可依此类推得到对应表达式。

完成积分变换后，被积函数中的变量只有 ξ、η 和 ζ，且变量的变化范围为 $[-1, 1]$，便于应用数值积分（例如高斯积分）方法计算。

7.5.3 总体平衡方程的组装

根据单元平衡方程得到整体平衡方程的过程称为组装。组装后得到变形体的整体平衡方程：

$$[S]_{n-1} \cdot \{\Delta\dot{u}\}_n = \{F\}_{n-1} \tag{7.40}$$

其中，$[S]$、$\{\Delta\dot{u}\}$ 和 $\{F\}$ 分别为整体刚度矩阵、整体节点自由度（速度）增量向量和整体节点等效载荷向量。

对于有限元的初学者，组装过程往往是一个较难掌握的问题。我们可以从数学和力学两个角度来理解方程的组装规律。

在数学上，假设有以下代数式：

$$\delta\pi_1 = \begin{Bmatrix} \delta x_1 \\ \delta x_2 \\ \delta x_3 \end{Bmatrix}^T \begin{bmatrix} A_{11}^{(1)} & A_{12}^{(1)} & A_{13}^{(1)} \\ A_{21}^{(1)} & A_{22}^{(1)} & A_{23}^{(1)} \\ A_{31}^{(1)} & A_{32}^{(1)} & A_{33}^{(1)} \end{bmatrix} \begin{Bmatrix} x_1 \\ x_2 \\ x_3 \end{Bmatrix} - \begin{Bmatrix} \delta x_1 \\ \delta x_2 \\ \delta x_3 \end{Bmatrix}^T \begin{Bmatrix} p_1^{(1)} \\ p_2^{(1)} \\ p_3^{(1)} \end{Bmatrix}$$

$$= \delta\{X_1\}^{\mathrm{T}}[A_1^{(1)}]\{X_1\} - \delta\{X_1\}^{\mathrm{T}}\{P_1^{(1)}\}$$

$$\delta\pi_2 = \begin{Bmatrix} \delta x_2 \\ \delta x_3 \\ \delta x_4 \end{Bmatrix}^{\mathrm{T}} \begin{bmatrix} A_{22}^{(2)} & A_{23}^{(2)} & A_{24}^{(2)} \\ A_{32}^{(2)} & A_{33}^{(2)} & A_{34}^{(2)} \\ A_{42}^{(2)} & A_{43}^{(2)} & A_{44}^{(2)} \end{bmatrix} \begin{Bmatrix} x_2 \\ x_3 \\ x_4 \end{Bmatrix} - \begin{Bmatrix} \delta x_2 \\ \delta x_3 \\ \delta x_4 \end{Bmatrix}^{\mathrm{T}} \begin{Bmatrix} p_2^{(2)} \\ p_3^{(2)} \\ p_4^{(2)} \end{Bmatrix}$$

$$= \delta\{X_2\}^{\mathrm{T}}[A_2^{(2)}]\{X_2\} - \delta\{X_2\}^{\mathrm{T}}\{P_2^{(2)}\}$$

$$\delta\pi_3 = \begin{Bmatrix} \delta x_3 \\ \delta x_4 \\ \delta x_5 \end{Bmatrix}^{\mathrm{T}} \begin{bmatrix} A_{33}^{(3)} & A_{34}^{(3)} & A_{35}^{(3)} \\ A_{43}^{(3)} & A_{44}^{(3)} & A_{45}^{(3)} \\ A_{53}^{(3)} & A_{54}^{(3)} & A_{55}^{(3)} \end{bmatrix} \begin{Bmatrix} x_3 \\ x_4 \\ x_5 \end{Bmatrix} - \begin{Bmatrix} \delta x_3 \\ \delta x_4 \\ \delta x_5 \end{Bmatrix}^{\mathrm{T}} \begin{Bmatrix} p_3^{(3)} \\ p_4^{(3)} \\ p_5^{(3)} \end{Bmatrix}$$

$$= \delta\{X_3\}^{\mathrm{T}}[A_3^{(3)}]\{X_3\} - \delta\{X_3\}^{\mathrm{T}}\{P_3^{(3)}\}$$

将以上三个代数式相加，不难得到其和的形式：

$$\delta\pi = \delta\pi_1 + \delta\pi_2 + \delta\pi_3$$

$$= \begin{Bmatrix} \delta x_1 \\ \delta x_2 \\ \delta x_3 \\ \delta x_4 \\ \delta x_5 \end{Bmatrix}^{\mathrm{T}} \begin{bmatrix} A_{11}^{(1)} & A_{12}^{(1)} & A_{13}^{(1)} & 0 & 0 \\ A_{21}^{(1)} & A_{22}^{(1)}+A_{22}^{(2)} & A_{23}^{(1)}+A_{23}^{(2)} & A_{24}^{(2)} & 0 \\ A_{31}^{(1)} & A_{32}^{(1)}+A_{32}^{(2)} & A_{33}^{(1)}+A_{33}^{(2)}+A_{33}^{(3)} & A_{34}^{(2)}+A_{34}^{(3)} & A_{35}^{(3)} \\ 0 & A_{42}^{(2)} & A_{43}^{(2)}+A_{43}^{(3)} & A_{44}^{(2)}+A_{44}^{(3)} & A_{45}^{(3)} \\ 0 & 0 & A_{53}^{(3)} & A_{54}^{(3)} & A_{55}^{(3)} \end{bmatrix} \begin{Bmatrix} x_1 \\ x_2 \\ x_3 \\ x_4 \\ x_5 \end{Bmatrix}$$

$$- \begin{Bmatrix} \delta x_1 \\ \delta x_2 \\ \delta x_3 \\ \delta x_4 \\ \delta x_5 \end{Bmatrix}^{\mathrm{T}} \begin{Bmatrix} p_1^{(1)} \\ p_2^{(1)}+p_2^{(2)} \\ p_3^{(1)}+p_3^{(2)}+p_3^{(3)} \\ p_4^{(2)}+p_4^{(3)} \\ p_5^{(5)} \end{Bmatrix}$$

$$(7.41)$$

若将该和的形式记作

$$\delta\pi = \delta\{X\}^{\mathrm{T}}[A]\{X\} - \delta\{X\}^{\mathrm{T}}\{P\}$$

由 $\delta\pi = 0$ 容易得到：

$$[A]\{X\} = \{P\}$$

由求和过程不难发现，$[A]$ 的元素由 $[A_1^{(1)}]$、$[A_2^{(2)}]$、$[A_3^{(3)}]$ 的元素组装而成，$\{P\}$ 的元素由 $\{P_1^{(1)}\}$、$\{P_2^{(2)}\}$、$\{P_3^{(3)}\}$ 的元素组合而成。其组装规律是，首先将各系数矩阵"放大"，使其行与列数等于总体变量个数，然后，将对应位置的系数元素相加，即得到总系数矩阵的各元素。

按照同样思路，可以将式（7.32）表示的泛函变分对每一个单元相加，得到整个变形体的泛函变分，仿照式（7.41）的组装方法，整体泛函变分表达式可写成

$$\delta\pi_P = \delta\{\dot{u}\}^{\mathrm{T}}\left[\sum\left(\int_{Ve}\frac{\bar{\sigma}}{\dot{\bar{\varepsilon}}}[K_e]\mathrm{d}V + [M_e]\right)\right]\{\dot{u}\} - \delta\{\dot{u}\}^{\mathrm{T}}\sum\{R_e\} \quad (7.42)$$

其中，$\{\dot{u}\}$ 是按照整体节点编号排列的变形体总自由度向量，"$\sum$"表示组装而非求和，其组装方法与式（7.41）的组装方法完全相同，$\{R\} = \sum\{R_e\}$ 是组装后的变形体总载荷向量。对式（7.42）经过与从式（7.32）到式（7.39）相同的推导，就可以得到变形体的线性化的总体平衡方程。实际上，得到组装规律后，并不需要经过这一推导过程，从式（7.39）直接就可以完成总体方程的组装。

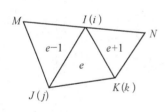

图 7.9　单元与节点编号

总体平衡方程的组装也可以从力学的角度去理解。不失一般性，取图 7.9 所示的局部区域，并假设为一个二维问题。以小写字母表示该节点在所考察单元上的局部节点编号，以大写字母表示该节点在整体变形体上的总体编号。假设节点 I 被三个单元（编号分别为 $e-1$、e、$e+1$）所共有，单元 e 的局部节点编号为 i、j、k。

对于单元 e，式（7.39）写为以下形式：

$$\begin{bmatrix} S_{ii} & S_{ij} & S_{ik} \\ S_{ji} & S_{jj} & S_{jk} \\ S_{ki} & S_{kj} & S_{kk} \end{bmatrix}_e \begin{Bmatrix} \dot{u}_i \\ \dot{u}_j \\ \dot{u}_k \end{Bmatrix} = \begin{Bmatrix} R_i \\ R_j \\ R_k \end{Bmatrix}_e$$

其中，$\dot{u}_i$ 是节点 i 自由度向量，$(R_i)_e$ 是单元 e 对节点 i 的载荷贡献值（节点载荷向量）：

$$\dot{u}_i = \begin{Bmatrix} \dot{u}_{ix} \\ \dot{u}_{iy} \end{Bmatrix}, \qquad (R_i)_e = \begin{Bmatrix} R_{ix} \\ R_{iy} \end{Bmatrix}_e$$

而 $(S_{ij})_e$ 是矩阵块：

$$(\boldsymbol{S}_{ij})_e = \begin{bmatrix} S_{ij}^{11} & S_{ij}^{12} \\ S_{ij}^{21} & S_{ij}^{22} \end{bmatrix}_e$$

因而对于节点 i，有

$$(\boldsymbol{R}_i)_e = (\boldsymbol{S}_{ii})_e \dot{u}_i + (\boldsymbol{S}_{ij})_e \dot{u}_j + (\boldsymbol{S}_{ik})_e \dot{u}_k$$

若将单元节点编号替换为整体节点编号，则上式成为

$$(\boldsymbol{R}_I)_e = (\boldsymbol{S}_{II})_e \dot{u}_I + (\boldsymbol{S}_{IJ})_e \dot{u}_J + (\boldsymbol{S}_{IK})_e \dot{u}_K$$

同样对于单元 $e-1$ 和 $e+1$，也可以写出各单元对于节点 I 的载荷贡献值，即

$$(\boldsymbol{R}_I)_{e-1} = (\boldsymbol{S}_{II})_{e-1} \dot{u}_I + (\boldsymbol{S}_{IM})_{e-1} \dot{u}_M + (\boldsymbol{S}_{IJ})_{e-1} \dot{u}_J$$

$$(\boldsymbol{R}_I)_{e+1} = (\boldsymbol{S}_{II})_{e+1} \dot{u}_I + (\boldsymbol{S}_{IK})_{e+1} \dot{u}_K + (\boldsymbol{S}_{IN})_{e+1} \dot{u}_N$$

而节点 I 上实际作用的载荷应等于包含节点 I 的所有单元的贡献值的叠加，即

$$\boldsymbol{R}_I = (\boldsymbol{R}_I)_{e-1} + (\boldsymbol{R}_I)_e + (\boldsymbol{R}_I)_{e+1}$$

或

$$(\boldsymbol{S}_{IM})_{e-1} \dot{u}_M + \left[(\boldsymbol{S}_{II})_{e-1} + (\boldsymbol{S}_{II})_e + (\boldsymbol{S}_{II})_{e+1} \right] \dot{u}_I + \left[(\boldsymbol{S}_{IJ})_{e-1} + (\boldsymbol{S}_{IJ})_e \right] \dot{u}_J$$

$$+ \left[(\boldsymbol{S}_{IK})_e + (\boldsymbol{S}_{IK})_{e+1} \right] \dot{u}_K + (\boldsymbol{S}_{IN})_{e+1} \dot{u}_N = \boldsymbol{R}_I$$

对变形体的每一个节点都仿照节点 i （I）写出节点载荷后，则可得到变形体的载荷列向量，其形式为

$$\begin{bmatrix} & & \ddots & & & \ddots & \\ & & & \ddots & & & \ddots \\ \cdots (\boldsymbol{S}_{IM})_{e-1} \cdots [(\boldsymbol{S}_{IJ})_{e-1}+(\boldsymbol{S}_{IJ})_e] \cdots [(\boldsymbol{S}_{II})_{e-1}+(\boldsymbol{S}_{II})_e+(\boldsymbol{S}_{II})_{e+1}] \cdots [(\boldsymbol{S}_{IK})_e+(\boldsymbol{S}_{IK})_{e+1}] \cdots (\boldsymbol{S}_{IN})_{e+1} \cdots \\ & & \ddots & & & \ddots \\ & \ddots & & & \ddots & \\ & & \ddots & & & & \ddots \end{bmatrix} \begin{Bmatrix} \vdots \\ \dot{u}_M \\ \vdots \\ \dot{u}_J \\ \vdots \\ \dot{u}_I \\ \vdots \\ \dot{u}_K \\ \vdots \\ \dot{u}_N \\ \vdots \end{Bmatrix} = \begin{Bmatrix} \vdots \\ R_M \\ \vdots \\ R_J \\ \vdots \\ R_I \\ \vdots \\ R_K \\ \vdots \\ R_N \\ \vdots \end{Bmatrix}$$

$$(7.43)$$

根据以上过程，不难得到整体平衡方程的组装规律。

（1）将单元平衡方程用分块矩阵表示：

$$\begin{pmatrix} \cdots & \cdots & \cdots & \cdots \\ \vdots & \vdots & \vdots & \vdots \\ \cdots & \boldsymbol{S}_{IJ} & \cdots & \cdots \\ \cdots & \cdots & \cdots & \cdots \end{pmatrix} \begin{Bmatrix} \vdots \\ \Delta \dot{\boldsymbol{u}}_J \\ \vdots \\ \vdots \end{Bmatrix} = \begin{Bmatrix} \vdots \\ \boldsymbol{F}_I \\ \vdots \\ \vdots \end{Bmatrix}$$

其中，I、J 是节点的整体编号；$\boldsymbol{S}_{IJ}$、$\Delta \dot{\boldsymbol{u}}_J$、$\boldsymbol{F}_I$ 均为矩阵块或向量。

（2）组装过程：组装成整体平衡方程时，$\boldsymbol{S}_{IJ}$ 应位于整体刚度矩阵行向第 I 块、列向第 J 块的位置，它的各元素在整体刚度矩阵中的位置如下。

$$S_{IJ}^{11}: \quad \text{行} = (I-1) \times m + 1, \quad \text{列} = (J-1) \times m + 1$$
$$S_{IJ}^{12}: \quad \text{行} = (I-1) \times m + 1, \quad \text{列} = (J-1) \times m + 2$$
$$\cdots\cdots$$

其中，m 是一个节点的自由度个数。写成普遍规律就是：

S_{IJ}^{rs} 元素所在的行 $= (I-1) \times m + r$，所在的列 $= (J-1) \times m + s$，r，$s = 1$，$\cdots$，m
F_I^r 所在的行 $= (I-1) \times m + r$

将所有元素"对号入座"，并"同座"内元素相加，即得到整体平衡方程。

由组装过程可见，程序在实现该过程时，可以边生成单元刚度矩阵，边组装成整体刚度矩阵，并且在完成一个单元的刚度矩阵组装之后，该单元的刚度矩阵就不再被使用，因此在编写计算程序时，所有单元可以使用同一个单元刚度矩阵数组。

至此，经过组装后得到的式（7.40）已经满足了平衡方程（通过变分原理的性质来保证）、几何方程（通过 $[B]$ 矩阵）、物理方程和屈服准则（由刚塑性假设，$\sigma = \sigma_s$，而在变分原理推导中已使用了流动理论）、力边界条件（被引入平衡方程的右端项），可见，再引入速度边界条件，即可求解。

7.5.4 速度边界条件的引入

划分单元后，速度边界上的节点速度是已知的，如 $\{\Delta \dot{u}_i\}_n = \{c\}$，可通过三种方法将其引入到总体平衡方程中。不失一般性，以一个简单方程组为例：

$$\begin{pmatrix} a_{11} & a_{12} & a_{13} \\ a_{21} & a_{22} & a_{23} \\ a_{31} & a_{32} & a_{33} \end{pmatrix} \begin{Bmatrix} x_1 \\ x_2 \\ x_3 \end{Bmatrix} = \begin{Bmatrix} b_1 \\ b_2 \\ b_3 \end{Bmatrix}$$

其中，已知 $x_2 = c$。

（1）若 $c = 0$，可采用降阶法。

即划掉 x_2 对应的行和列，使方程降阶为

$$\begin{pmatrix} a_{11} & a_{12} \\ a_{31} & a_{33} \end{pmatrix} \begin{Bmatrix} x_1 \\ x_3 \end{Bmatrix} = \begin{Bmatrix} b_1 \\ b_3 \end{Bmatrix}$$

此时就可以直接求解。

（2）若 $c \neq 0$，可采用置 1 法。

将方程中 x_2 对应的系数置 1，所在行和列其他元素置 0，并将方程修改为

$$\begin{pmatrix} a_{11} & 0 & a_{13} \\ 0 & 1 & 0 \\ a_{31} & 0 & a_{33} \end{pmatrix} \begin{Bmatrix} x_1 \\ x_2 \\ x_3 \end{Bmatrix} = \begin{Bmatrix} b_1 - a_{12}c \\ c \\ b_3 - a_{32}c \end{Bmatrix}$$

此时也可以直接求解。

（3）若 $c \neq 0$，还可采用置大数法。

设 A 为远大于 a_{ij} 的大数，仅修改 x_2 对应的系数项和右端项，使方程成为

$$\begin{pmatrix} a_{11} & a_{12} & a_{13} \\ a_{21} & A & a_{23} \\ a_{31} & a_{32} & a_{33} \end{pmatrix} \begin{Bmatrix} x_1 \\ x_2 \\ x_3 \end{Bmatrix} = \begin{Bmatrix} b_1 \\ A \cdot c \\ b_3 \end{Bmatrix}$$

这种方法带有"惩罚"性质，不能得到精确解。

以上方法对于大型方程组仍然是成立的，都可以被用来引入有限元方程中的速度边界条件。

7.5.5　方程的求解

对于刚塑性有限元，一般不能采用直接求解法，因为在建立刚度方程时，必须用到 $\dot{\varepsilon}$，而 $\dot{\varepsilon}$ 不能为 0。

求解时常采用 Newton‒Raphson 迭代法，即设定初值 $\{\dot{u}\}_0$，对线性化的整体平衡方程式（7.40）迭代，得到新的修正量，依此累加得到速度解：

$$\{\dot{u}\}_n = \{\dot{u}\}_{n-1} + \beta \{\Delta \dot{u}\}_n \tag{7.44}$$

式中 β 称为减速因子，是一个不大于 1 的系数。引入减速因子的原因是，在对非线性方程式（7.33）进行线性化时，曾假设 $\{\Delta \dot{u}\}_n$ 是远小于 $\{\dot{u}\}_{n-1}$ 的量，并忽略了由此带来的高阶微量。但在实际计算中，若初始速度场误差较大，就不能保证 $\{\Delta \dot{u}\}_n$ 的每个元素都是微小量，有些元素甚至数值会比较大，用它去修正

$\{\dot{u}\}_{n-1}$ 时可能会导致速度场失真。因此,为了获得较好的速度场解,可先将 $\{\Delta\dot{u}\}_n$ 缩减,然后再修正速度场。实用中,一般在最初几步迭代中,以 $\{\Delta\dot{u}\}_n$ 中最大元素乘以 β 后不大于相对应的原速度的 0.2 倍为宜,这样就能较好地保证速度场的收敛性。随着速度场接近真实速度场,β 系数可逐步取得大些。

7.5.6 迭代求解过程的收敛判据

求解非线性方程式(7.40)时,要采用迭代法,因此必须设定迭代收敛判据,以决定迭代过程何时结束。通常有两种速度场收敛判据。

1. 依据速度范数的判据

速度修正量的范数为

$$\| \Delta\dot{u}_n \| = \sqrt{\{\Delta\dot{u}_n\}^{\mathrm{T}}\{\Delta\dot{u}_n\}} \tag{7.45}$$

而迭代到第 $n-1$ 步时,变形体速度场范数为

$$\| \dot{u}_{n-1} \| = \sqrt{\{\dot{u}_{n-1}\}^{\mathrm{T}}\{\dot{u}_{n-1}\}} \tag{7.46}$$

若两范数之比小于某个小量 γ,则认为速度场迭代收敛:

$$\frac{\| \Delta\dot{u}_n \|}{\| \dot{u}_{n-1} \|} \leqslant \gamma \tag{7.47}$$

γ 的取值决定了速度场的收敛精度和收敛速度。γ 越小,则速度场收敛精度越高,但 γ 取值太小时,会导致计算时间延长,甚至会难以得到符合精度要求的解答。应用时,通常取 $\gamma = 10^{-4} \sim 10^{-3}$。

2. 依据节点力不平衡量的判据

有限元得到的速度场解答,应使得应力场在单元内速度场上产生的变形能变化率等于单元节点力在节点速度上作的功率,即

$$\int_{Ve} \{\dot{\varepsilon}\}^{\mathrm{T}}\{\sigma\}\mathrm{d}V = \{\dot{u}_e\}^{\mathrm{T}}\{R'_e\}$$

由此得到与应力场相应的等效节点力为

$$\{R'_e\} = \int_{Ve} [B]^{\mathrm{T}}\{\sigma\}\mathrm{d}V \tag{7.48}$$

将该式对所有单元组装"求和",得到变形体的整体等效节点力向量 $\{R'\}$。但由于刚塑性有限元平衡方程的非线性性质,迭代求得的速度场一般并不能使变形体泛函最小化,也即平衡方程不能精确被满足,由式(7.48)得到的等效节点力与节点作用的真实载荷之间存在着不平衡量,即

$$\{\Delta R\} = \{R\} - \{R'\} \tag{7.49}$$

其中，$\{R\}$ 是真实节点载荷向量；$\{\Delta R\}$ 是节点不平衡载荷向量。显然，如果 $\{\Delta R\} \to 0$，则相应的速度场能够满足平衡方程。因此，根据节点不平衡力，可定义收敛判据：

$$\frac{\|\Delta R\|}{\|R\|} \leqslant \gamma \tag{7.50}$$

7.5.7　应变速率、应变、应力、构形的求解

1. 应变速率求解

速度迭代收敛后，得到变形体的速度场分布，对于任意单元，可找到相应的单元节点速度向量。由下式得到应变速率：

$$\{\dot{\varepsilon}\} = [B]\{\dot{u}_e\}$$

2. 应变求解

假设在速度 $\{\dot{u}\}$ 下持续的时间为 Δt，则在 Δt 时间结束后，单元应变增量为

$$\{\Delta \varepsilon\}_{\Delta t} = \{\dot{\varepsilon}\} \cdot \Delta t$$

应变总量为

$$\{\varepsilon\}_{t+\Delta t} = \{\varepsilon\}_t + \{\Delta \varepsilon\}_{\Delta t} \tag{7.51}$$

3. 应力求解

由 $\{\dot{\varepsilon}\}$ 可得到 $\dot{\bar{\varepsilon}}$，由 $\bar{\sigma} = \sigma_s(\bar{\varepsilon})$ 得到 $\bar{\sigma}$，则应力由 $\sigma'_{ij} = \dfrac{2\bar{\sigma}}{3\dot{\bar{\varepsilon}}}\dot{\varepsilon}_{ij}$ 和 $\sigma_m = K\dot{\varepsilon}_{kk}$ 给出：

$$\sigma_{ij} = \frac{2\bar{\sigma}}{3\dot{\bar{\varepsilon}}}\dot{\varepsilon}_{ij} + K\dot{\varepsilon}_{kk} \tag{7.52}$$

其中，当采用罚函数泛函时，K 即惩罚因子 λ；当采用其他泛函时，也可以写出相应的表达式。

4. 构形的求解

在 t 时刻，构形坐标为 $\{x\}_t$，在 $t + \Delta t$ 时刻：

$$\{x\}_{t+\Delta t} = \{x\}_t + \{\dot{u}\} \cdot \Delta t \tag{7.53}$$

一般在加工过程的求解中，如果希望得到成形过程，则需要将整个过程分解为若干个时间增量步。划分原则为：在每个增量步内，变形不可过大。将每个时

间增量步内的求解结果按上述过程累加，就可得到总的变形过程以及变形的最终结果。求解过程如图 7.10 的框图所示，其中虚线框内是一个增量步内的迭代。

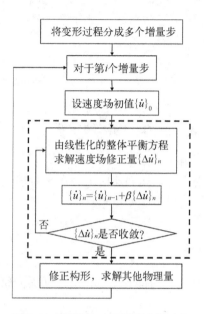

图 7.10　塑性加工问题的求解过程

§7.6　刚黏塑性有限元

高温变形时，流动应力常与应变速率有关，即 $\bar{\sigma} = \sigma_s(\bar{\varepsilon}, \dot{\bar{\varepsilon}})$，甚至 $\bar{\sigma} = \sigma_s(\dot{\bar{\varepsilon}})$。流动应力与应变速率有关的材料常称为黏性材料。若不考虑弹性变形，则称为刚黏塑性材料，考虑弹性变形则称为弹黏塑性材料。

对于刚黏塑性材料，在推导有限元公式时，$\dfrac{\partial \bar{\sigma}}{\partial \dot{\bar{\varepsilon}}} \neq 0$，如设流动应力 $\bar{\sigma} = Y\left[1 + \left(\dfrac{\dot{\bar{\varepsilon}}}{\gamma}\right)^m\right]$，则

$$
\begin{aligned}
\frac{\bar{\sigma}}{\dot{\bar{\varepsilon}}} &= \frac{Y}{\dot{\bar{\varepsilon}}} + \frac{Y}{\gamma^m}(\dot{\bar{\varepsilon}})^{m-1} \\
\frac{\partial}{\partial \dot{\bar{\varepsilon}}}\left(\frac{\bar{\sigma}}{\dot{\bar{\varepsilon}}}\right) &= -\frac{Y}{\dot{\bar{\varepsilon}}^2} + \frac{Y}{\gamma^m}(m-1)\dot{\bar{\varepsilon}}^{m-2} = -\frac{Y}{\dot{\bar{\varepsilon}}^2}\left[1 + (1-m)\left(\frac{\dot{\bar{\varepsilon}}}{\gamma}\right)^m\right]
\end{aligned}
\tag{7.54}
$$

将上式代入 $[S_e]_{n-1}$ 和 $\{H_e\}_{n-1}$ 的相应表达式，即得到刚黏塑性材料的平衡方程。

§7.7　基于 Lagrange 乘子法的刚塑性有限元

将

$$\{\dot{u}\} = [N]\{\dot{u}_e\}$$

$$\dot{\bar{\varepsilon}} = \sqrt{\{\dot{u}_e\}^{\mathrm{T}}[K_e]\{\dot{u}_e\}}$$

$$\dot{\varepsilon}_V = \{C\}^{\mathrm{T}}\{\dot{u}_e\}$$

代入 Lagrange 乘子法对应的泛函方程（这里把单元的 Lagrange 乘子 λ_e 作为待定常数）：

$$\pi_L^e = \int_{Ve} \bar{\sigma}\dot{\bar{\varepsilon}}\mathrm{d}V + \lambda_e \int_{Ve} \dot{\varepsilon}_{kk}\mathrm{d}V - \int_{Se_\sigma} \{\dot{u}\}^{\mathrm{T}}\{p\}\mathrm{d}S$$

得到：

$$\pi_L^e = \int_{Ve} \bar{\sigma}\sqrt{\{\dot{u}_e\}^{\mathrm{T}}[K_e]\{\dot{u}_e\}}\,\mathrm{d}V + \lambda_e \int_{Ve} \{\dot{u}_e\}^{\mathrm{T}}\{C\}\mathrm{d}V - \int_{Se_\sigma} \{\dot{u}_e\}^{\mathrm{T}}[N]^{\mathrm{T}}\{p\}\mathrm{d}S$$

$$\delta\pi_L^e = \int_{Ve} \delta\{\dot{u}_e\}^{\mathrm{T}}\,\frac{\bar{\sigma}}{\dot{\bar{\varepsilon}}}[K]\{\dot{u}_e\}\mathrm{d}V + \delta\lambda_e \int_{Ve} \{C\}^{\mathrm{T}}\{\dot{u}_e\}\mathrm{d}V + \delta\{\dot{u}_e\}^{\mathrm{T}}\lambda_e \int_{Ve} \{C\}\mathrm{d}V$$

$$- \delta\{\dot{u}_e\}^{\mathrm{T}}\int_{Se_\sigma} [N]^{\mathrm{T}}\{p\}\mathrm{d}S$$

由 $\delta\{\dot{u}_e\}$ 和 $\delta\lambda_e$ 的任意性，得到两组方程：

$$\left(\int_{Ve} \frac{\bar{\sigma}}{\dot{\bar{\varepsilon}}}[K_e]\mathrm{d}V\right)\{\dot{u}_e\} + \left(\int_{Ve} \{C\}\mathrm{d}V\right)\lambda_e = \int_{Se_\sigma} [N]^{\mathrm{T}}\{p\}\mathrm{d}S \qquad (7.55a)$$

$$\left(\int_{Ve} \{C\}^{\mathrm{T}}\mathrm{d}V\right)\{\dot{u}_e\} = 0 \qquad (7.55b)$$

设 $\{u_e\}_{n-1}$ 为速度场的一个近似解，与之对应的 $\dot{\bar{\varepsilon}}$ 为 $\dot{\bar{\varepsilon}}_{n-1}$，$\{\Delta\dot{u}_e\}_n$ 是速度场的一个修正量，并认为 $\bar{\sigma}$ 为常数，则方程（7.55a）成为

$$\left(\int_{Ve} \frac{\bar{\sigma}}{\dot{\bar{\varepsilon}}_n}[K_e]\mathrm{d}V\right)(\{\dot{u}_e\}_{n-1} + \{\Delta\dot{u}_e\}_n) + \left(\int_{Ve} \{C\}\mathrm{d}V\right)\lambda_e = \int_{Se_\sigma} [N]^{\mathrm{T}}\{p\}\mathrm{d}S$$

其中，

$$\dot{\bar{\varepsilon}}_n = \sqrt{(\{\dot{u}_e\}_{n-1}^{\mathrm{T}} + \{\Delta\dot{u}_e\}_n^{\mathrm{T}})[K_e](\{\dot{u}_e\}_{n-1} + \{\Delta\dot{u}_e\}_n)}$$

在忽略高阶微量后，有

$$\dot{\overline{\varepsilon}}_n = \sqrt{\dot{\overline{\varepsilon}}_{n-1}^2 + 2\{\dot{u}_e\}_{n-1}^{\mathrm{T}}[K_e]\{\Delta\dot{u}_e\}_n}$$

为了使式（7.55a）线性化，将 $1/\dot{\overline{\varepsilon}}_n$ 在 $\{\Delta\dot{u}_e\}_n = \{0\}$ 附近作 Taylor 级数展开，并忽略高阶微量，得到：

$$\frac{1}{\dot{\overline{\varepsilon}}_n} = \frac{1}{\dot{\overline{\varepsilon}}_{n-1}} - \frac{2\{\dot{u}_e\}_{n-1}^{\mathrm{T}}[K_e]}{2\left(\sqrt{\dot{\overline{\varepsilon}}_{n-1}^2 + 2\{\dot{u}_e\}_{n-1}^{\mathrm{T}}[K_e]\{\Delta\dot{u}_e\}_n}\right)^3}\Bigg|_{\{\Delta\dot{u}_e\}=0} \{\Delta\dot{u}_e\}_n$$

即

$$\frac{1}{\dot{\overline{\varepsilon}}_n} = \frac{1}{\dot{\overline{\varepsilon}}_{n-1}} - \frac{1}{\dot{\overline{\varepsilon}}_{n-1}^3}\{\dot{u}_e\}_{n-1}^{\mathrm{T}}[K_e]\{\Delta\dot{u}_e\}_n \tag{7.56}$$

所以得到：

$$\left(\int_{Ve}\frac{\overline{\sigma}}{\dot{\overline{\varepsilon}}_n}[K_e]\mathrm{d}V\right)\left(\{\dot{u}_e\}_{n-1} + \{\Delta\dot{u}_e\}_n\right)$$

$$= \int_{Ve}\overline{\sigma}\left([K_e]\{\dot{u}_e\}_{n-1} + [K_e]\{\Delta\dot{u}_e\}_n\right) \cdot \left(\frac{1}{\dot{\overline{\varepsilon}}_{n-1}} - \frac{1}{\dot{\overline{\varepsilon}}_{n-1}^3}\{\dot{u}_e\}_{n-1}^{\mathrm{T}}[K_e]\{\Delta\dot{u}_e\}_n\right)\mathrm{d}V$$

忽略高阶微分量后，得到：

$$\left(\int_{Ve}\frac{\overline{\sigma}}{\dot{\overline{\varepsilon}}_n}[K_e]\mathrm{d}V\right)\left(\{\dot{u}_e\}_{n-1} + \{\Delta\dot{u}_e\}_n\right)$$

$$= \int_{Ve}\frac{\overline{\sigma}}{\dot{\overline{\varepsilon}}_{n-1}}\left([K_e]\{\dot{u}_e\}_{n-1}\right)\mathrm{d}V + \left(\int_{Ve}\frac{\overline{\sigma}}{\dot{\overline{\varepsilon}}_{n-1}}[K_e]\mathrm{d}V\right)\{\Delta\dot{u}_e\}_n$$

$$- \left(\int_{Ve}\frac{\overline{\sigma}}{\dot{\overline{\varepsilon}}_{n-1}^3}[K_e]\{\dot{u}_e\}_{n-1}\{\dot{u}_e\}_{n-1}^{\mathrm{T}}[K_e]\mathrm{d}V\right)\{\Delta\dot{u}_e\}_n$$

若令

$$[A_e]_{n-1} = \int_{Ve}\frac{\overline{\sigma}}{\dot{\overline{\varepsilon}}_{n-1}}[K_e]\mathrm{d}V - \int_{Ve}\frac{\overline{\sigma}}{\dot{\overline{\varepsilon}}_{n-1}^3}[K_e]\{\dot{u}_e\}_{n-1}\{\dot{u}_e\}_{n-1}^{\mathrm{T}}[K_e]\mathrm{d}V$$

$$\{H_e\}_{n-1} = \left(\int_{Ve}\frac{\overline{\sigma}}{\dot{\overline{\varepsilon}}_{n-1}}[K_e]\mathrm{d}V\right)\{\dot{u}_e\}_{n-1}$$

$$\{g_e\} = \int_{Ve}\{C\}\mathrm{d}V$$

$$\{R_e\} = \int_{Se_\sigma}[N]^{\mathrm{T}}\{p\}\mathrm{d}S$$

则单元平衡方程（7.55）可以写为

$$\left(\begin{array}{cc} [A_e]_{n-1} & \{g_e\} \\ \{g_e\}^{\mathrm{T}} & 0 \end{array} \right) \left\{ \begin{array}{c} \{\Delta \dot{u}_e\}_n \\ \lambda_e \end{array} \right\} = \left\{ \begin{array}{c} \{R_e\} - \{H_e\}_{n-1} \\ -\{g_e\}^{\mathrm{T}} \{\dot{u}_e\}_{n-1} \end{array} \right\} \tag{7.57}$$

该方程是包含 Lagrange 乘子的平衡方程，由单元平衡方程组装成整体平衡方程，并引入边界条件以后，即可求解。

§7.8　初始速度场的假设

刚塑性有限元法得到的方程组是非线性的，求解精度依赖于初始速度场的选取和迭代过程的收敛判定方法。由单元平衡方程式（7.33）可知，形成单元刚度矩阵时其等效应变速率不能假设为零。当然，求解金属成形问题时，通常把成形过程按照时间分成若干个增量步，在求解后一个增量步时，可以把前一个增量步得到的 $\dot{\varepsilon}$ 作为本次计算的初值。但对于第一个时间增量步，应该如何设定初始应变速率呢？与初始应变速率对应的速度场称为初始速度场，其选取适当与否，会直接影响到迭代求解的精度与收敛性，同时也影响到计算效率。

早期人们根据初等解析法、上限法、滑移线法或近似变分方法来确定初始速度场，但这些方法很有局限性。从变分原理的推导可见，刚塑性材料本构关系的非线性是导致这个问题的源头，因此提出设定初始速度场的直接迭代法，即在初始计算时将非线性的材料本构关系近似线性化，从而得到线性的有限元平衡方程，并将其解答作为刚塑性有限元的初始速度场。

定义

$$\mu = \frac{\bar{\sigma}}{3\dot{\bar{\varepsilon}}} \tag{7.58}$$

为材料的黏性系数。于是塑性流动方程（4.23）成为

$$\sigma'_{ij} = 2\mu \dot{\varepsilon}_{ij} \tag{7.59}$$

可见，若把 2μ 近似视为常数，则 σ'_{ij} 与 $\dot{\varepsilon}_{ij}$ 成为线性关系。为了使构造的泛函极值条件（或驻值条件）等价于应力平衡微分方程，"定义"塑性应变能变化率 $\dot{w}_p = \frac{1}{2}\sigma'_{ij}\dot{\varepsilon}_{ij} = \frac{1}{2}\bar{\sigma}\dot{\bar{\varepsilon}}$。把式（7.58）代入 7.2 节给出的各泛函表达式，得到对应的近似泛函如下。

（1）Lagrange 乘子法：

$$\pi_L = \int_V \frac{3}{2}\mu \dot{\bar{\varepsilon}}^2 \mathrm{d}V - \int_{S_\sigma} p_i \dot{u}_i \mathrm{d}S + \int_V \lambda \dot{\varepsilon}_{ii} \mathrm{d}V \tag{7.60}$$

（2）罚函数法：

$$\pi_P = \int_V \frac{3}{2} \mu \dot{\bar{\varepsilon}}^2 \mathrm{d}V - \int_{S_\sigma} p_i \dot{u}_i \mathrm{d}S + \frac{\lambda}{2} \int_V (\dot{\varepsilon}_{ii})^2 \mathrm{d}V \tag{7.61}$$

（3）修正的罚函数法：

$$\pi_{MP} = \int_V \frac{3}{2} \mu \dot{\bar{\varepsilon}}^2 \mathrm{d}V - \int_{S_\sigma} p_i \dot{u}_i \mathrm{d}S + \frac{\lambda}{2V} \left(\int_V \dot{\varepsilon}_{ii} \mathrm{d}V \right)^2 \tag{7.62}$$

可见，除了第一项以外，各近似泛函其余各项均与原来的泛函形式相同。令近似泛函的一次变分等于零，即得到满足体积不变条件和速度边界条件的速度场近似解，该近似解可作为刚塑性有限元的初始速度场。

以罚函数法为例，推导相应的有限元方程。

对于单元 e，将 $\{\dot{u}\} = [N]\{\dot{u}_e\}$、$\dot{\bar{\varepsilon}} = \sqrt{\{\dot{u}_e\}^{\mathrm{T}}[K_e]\{\dot{u}_e\}}$、$\dot{\varepsilon}_V = \{C\}^{\mathrm{T}}\{\dot{u}_e\}$ 代入式（7.61），并由 $\delta\pi_P = 0$，有

$$[S_e]\{\dot{u}_e\} = \{R_e\} \tag{7.63}$$

式中，

$$[S_e] = \int_{Ve} 3\mu [K_e] \mathrm{d}V + \lambda \int_{Ve} \{C\}\{C\}^{\mathrm{T}} \mathrm{d}V \tag{7.64}$$

$$\{R_e\} = \int_{S_\sigma} [N]^{\mathrm{T}} \{p\} \mathrm{d}S \tag{7.65}$$

应用时，需要预先设定材料的黏性系数，这相当于设定一个初始等效应变速率场，一般可取 $\mu = (30 \sim 50)\sigma_s$，或取 $\dot{\bar{\varepsilon}} = 10^{-2}$。由于该黏性系数是预先设定的，为了能够尽可能地反映实际材料变形特点，可采用迭代法逐步改进该黏性系数。即根据预设的黏性系数求解出速度场近似解后，求出各单元应变速率并更新各单元的黏性系数，然后重新求解变形体的速度场，如此反复迭代，直到前后两次求得的黏性系数不再有显著变化为止，所得到的速度场就可以作为刚塑性有限元法的初始速度场。但这种迭代过程的收敛速度往往先快后慢，通常迭代 3~5 次后，即可将所得速度场作为初始速度场。

§7.9 摩擦边界的处理

金属塑性成形过程中，摩擦力的确定是很困难的，而摩擦力的大小对于金属的流动和应力的分布有着显著的影响。摩擦力的大小和方向不仅取决于变形金属

与工具的粗糙程度、法向接触压力,而且与金属和工具间是否存在相对运动趋势或相对运动速度有关。在有些加工过程中,例如轧制、镦粗、环压缩等,在工具-变形金属界面上,不同的点可能有不同的相对运动方向,某些点可能没有相对运动趋势(这些点称为分流点,由分流点连成的线称为分流线),这就给确定摩擦力的大小和方向增加了难度。因此,摩擦力的计算一直是金属成形领域的一个重要而难以完美解决的问题。在有限元的模拟分析中,常根据不同的情况采用不同的方法。

7.9.1　没有分流线(点)的情况

没有分流线(点)意味着变形材料与工具间的相对运动方向是已知的,根据摩擦力总是阻碍相对运动的特点,在不同部位的界面上,可以容易地确定摩擦力的方向。摩擦力的大小通常由两种方法来确定。

1. 库仑摩擦定律

表面摩擦剪应力定义为

$$\tau_f = \mu p \tag{7.66}$$

其中,p 是表面接触正压力;μ 是表面摩擦系数。应用库仑摩擦定律求解时,由于通常表面压力未知,故常采用迭代解法。即先设定表面接触压力或摩擦力的分布,进行求解,然后根据解的结果再重新设定表面压力或摩擦力的分布,直到设定的摩擦力与求解得到的摩擦力接近为止。一般认为,当表面粗糙是产生摩擦的主要原因时,库仑摩擦定律是成立的。但当表面压力很大时,例如体积成形的挤压和模锻等,由式(7.66)计算得到的 τ_f 可能会超过材料的剪切屈服极限 K,这时再应用式(7.66)计算就会得到错误的结果,因为在任何情况下,材料承受的剪应力都不可能超过 K。因此,库仑摩擦定律在模拟金属体积成形时应用不太广泛。

2. 剪切摩擦模型

表面摩擦剪应力定义为

$$\tau_f = mK \tag{7.67}$$

其中,m 是摩擦因子,其取值范围是 $0 \le m \le 1$。$m=1$ 相当于金属"黏结"在工具表面上,此时金属相对于工具的流动与金属内部流动受到的阻力相同,因此常把这种摩擦情况称为内摩擦。但实际上,由于 τ_f 仅是金属表面质点的一个应力分量,而其他应力分量不可能都是 0,因此,当 $\tau_f = K$ 时,该质点的等效应力可能早已超过 σ_s,这在实际中是不可能的。因此,通常 m 应小于 1。有研究表明,取 $m \le 0.5$ 是合理的。当 $m > 0.5$ 时,计算有可能发生不稳定。

7.9.2 有分流线（点）的情况

在分流线（点）的两侧，金属与工具间的相对速度方向发生改变，摩擦力方向也随之发生变化，并且在分流线（点）上，由于没有相对运动趋势而导致摩擦力为 0，其分布如图 7.11 所示。

在分流线（点）位置事先未知的情况下，在描述摩擦力时，应设法根据相对运动方向自动确定摩擦剪应力的方向。常用摩擦模型有以下两种。

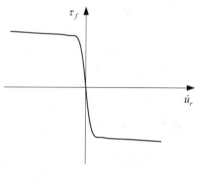

图 7.11　分流点附近的摩擦力突变

1. 反正切函数摩擦模型

将摩擦剪应力定义为

$$\tau_f = -|\tau| \left(\frac{2}{\pi} \arctan \frac{|\dot{u}_r|}{A} \right) \frac{\dot{u}_r}{|\dot{u}_r|} \tag{7.68}$$

其中，τ 仍取式（7.66）或式（7.67）。而 $\dot{u}_r$ 是金属相对于工具的运动速度，负号表示 τ_f 永远与相对速度方向相反。A 为一微小常数，其物理意义是接触体之间发生相对滑动的临界相对速度，它的大小决定了这个数学模型与实际分流点附近摩擦力分布的接近程度。A 值越小，越能精确描述分流点附近的摩擦力突变，但太小的 A 值会导致收敛性很差；而 A 值越大，有效摩擦力和分流点附近的摩擦力突变越小，但迭代收敛性一般会相对较好。式（7.68）给出的分流点附近摩擦力分布如图 7.12（a）所示。实用中一般取接触面平均相对滑动速度的 1% 到 10% 作为 A 值。

由该表达式可知，在分流线（点）上由于 $|\dot{u}_r| = 0$，因此 $\tau_f = 0$，而在分流线（点）两侧，摩擦剪应力可以随着相对速度方向的变化而平滑地改变符号。

2. 指数函数摩擦模型

定义摩擦剪应力为

$$\tau_f = -|\tau| \left[1 - \exp\left(-\frac{|\dot{u}_r|}{A} \right) \right] \frac{\dot{u}_r}{|\dot{u}_r|} \tag{7.69}$$

该式与式（7.68）性质相同，实现了摩擦力方向在分流线（点）两侧的平滑过渡，摩擦力分布如图 7.12（b）所示。

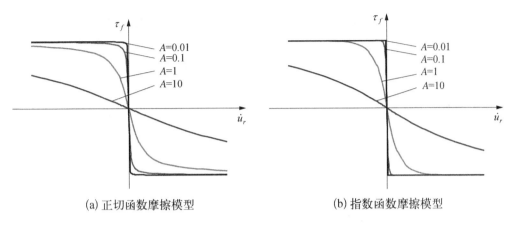

(a) 正切函数摩擦模型　　　　　　　　(b) 指数函数摩擦模型

图 7.12　A 值对分流点附近摩擦力分布的影响

7.9.3　摩擦边界对于能量泛函的贡献

摩擦力会消耗外力功，导致系统内能增加。考虑到摩擦力总与相对速度方向相反，因而摩擦表面的能量泛函是

$$\pi_f = - \int_{S_f} \tau_f \dot{u}_r \mathrm{d}S \qquad (7.70)$$

将式（7.70）加到 7.2 节介绍的各能量泛函中，便得到考虑边界摩擦的相应能量泛函表达式，根据这样的泛函进行变分，即可得到考虑边界摩擦的有限元方程式。下面以采用反正切函数的剪切摩擦模型为例，介绍具体的方法。

在与模具表面接触的工件单元表面上建立局部坐标系 $s-t-z$，其中 z 向指向模具表面的法线方向，$s-t$ 是模具表面两个相互垂直的切向，如图 7.13 所示。工件表面任意点相对于模具表面的滑动速度是 $\dot{u}_{rs}$ 和 $\dot{u}_{rt}$，可表示为

$$\{\dot{u}_r\} = \begin{Bmatrix} \dot{u}_{rs} \\ \dot{u}_{rt} \end{Bmatrix} = [N^*]\{\dot{u}_r^e\} \qquad (7.71)$$

其中，$[N^*]$ 是与工件单元表面节点对应的形函数矩阵；$\{\dot{u}_r^e\}$ 是单元接触面上节点与模具表面的相对滑动速度，例如对于 8 节点块体单元，与模具表面接触的面上有 4 个节点，则

$$\{\dot{u}_r^e\} = \begin{bmatrix} \dot{u}_{1rs}^e & \dot{u}_{1rt}^e & \cdots & \dot{u}_{4rs}^e & \dot{u}_{4rt}^e \end{bmatrix}^{\mathrm{T}}$$

$$[N^*] = \begin{bmatrix} N_1 & 0 & N_2 & 0 & N_3 & 0 & N_4 & 0 \\ 0 & N_1 & 0 & N_2 & 0 & N_3 & 0 & N_4 \end{bmatrix}$$

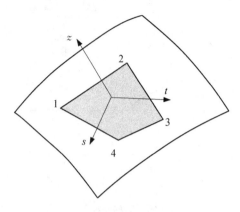

图 7.13 与模具表面接触的工件
上一点的速度分解

其中，$\{\dot{u}_r^e\}$ 是在局部坐标系下度量的，根据局部坐标系与总体坐标系间的变换规则，可以写出：

$$\{\dot{u}_r^e\} = [T]\{\dot{u}_e\}$$

其中，$[T]$ 是坐标系变换矩阵。

若记

$$[G_e] = [T]^T [N^*]^T [N^*][T]$$

则单元 e 与模具表面接触的任意点的相对滑动速度可表示为

$$\dot{u}_r = \sqrt{\{\dot{u}_r\}^T\{\dot{u}_r\}} = \sqrt{\{\dot{u}_e\}^T [G_e]\{\dot{u}_e\}} \tag{7.72}$$

注意到式（7.68）和式（7.69）中的 $\dfrac{\dot{u}_r}{|\dot{u}_r|}$ 仅用来表示方向，当相对速度用式（7.72）表示为绝对值时，式（7.70）的摩擦能量泛函就可以表示为

$$\pi_f = \int_{S_f} \frac{2}{\pi} mK\left(\arctan\frac{\dot{u}_r}{A}\right)\dot{u}_r \mathrm{d}S \tag{7.73}$$

该泛函的一次变分为

$$\delta\pi_f = \delta\{\dot{u}_e\}^T \frac{\partial \pi_f}{\partial\{\dot{u}_e\}^T}$$

由于 A 是一个很小的常数，$\arctan(|\dot{u}_r|/A)$ 仅为描述分流线附近摩擦剪应力的平缓过渡，因此在对式（7.73）变分时可忽略这一项中的 $\dot{u}_r$，即

$$\frac{\partial \pi_f}{\partial\{\dot{u}_e\}^T} = \int_{S_f} \frac{2}{\pi} mK\arctan\left(\frac{\dot{u}_r}{A}\right)\frac{\partial \dot{u}_r}{\partial\{\dot{u}_e\}^T}\mathrm{d}S = \int_{S_f} \frac{2}{\pi} mK\arctan\left(\frac{\dot{u}_r}{A}\right)\frac{1}{\dot{u}_r}[G_e]\{\dot{u}_e\}\mathrm{d}S \tag{7.74}$$

实际上，式（7.74）即克服摩擦力所需的节点载荷，将其加入基于变分原理得到的单元平衡方程［例如式（7.33）或式（7.55a）］中的左端项，即得到相应的考虑摩擦的平衡方程。需要注意的是，式（7.74）是非线性的。采用 Newton - Raphson 求解时，假设 $\{\dot{u}_e\}_{n-1}$ 为速度场的一个近似解，在第 n 次迭代时，对式（7.74）在 $\{\dot{u}_e\}_{n-1}$ 处进行 Taylor 展开：

$$\frac{\partial \pi_f}{\partial \{\dot{u}_e\}^{\mathrm{T}}}\bigg|_n = \frac{\partial \pi_f}{\partial \{\dot{u}_e\}^{\mathrm{T}}}\bigg|_{n-1} + \frac{\partial^2 \pi_f}{\partial \dot{u}_e \partial \{\dot{u}_e\}^{\mathrm{T}}}\bigg|_{n-1} \{\Delta \dot{u}_e\}_n \qquad (7.75)$$

经过整理得到:

$$\frac{\partial \pi_f}{\partial \{\dot{u}_e\}^{\mathrm{T}}}\bigg|_{n-1} = \int_{S_f} \frac{2}{\pi} mK \arctan\left(\frac{\dot{u}_r}{A}\right) [G_e]\left(\frac{1}{\dot{u}_r}\{\dot{u}_e\}\right)\bigg|_{n-1} \mathrm{d}S$$

$$= \{R_{ef}\}_{n-1}$$

$$\frac{\partial^2 \pi_f}{\partial \{\dot{u}_e\}\partial \{\dot{u}_e\}^{\mathrm{T}}}\bigg|_{n-1} = \int_{S_f} \frac{2}{\pi} mK \arctan\left(\frac{\dot{u}_r}{A}\right)[G_e]\frac{1}{\dot{u}_r}\bigg|_{n-1}\mathrm{d}S$$

$$- \int_{S_f} \frac{2}{\pi} mK \arctan\left(\frac{\dot{u}_r}{A}\right)\frac{1}{\dot{u}_r^3}[G_e]\{\dot{u}_e\}\{\dot{u}_e\}^{\mathrm{T}}[G_e]\bigg|_{n-1}\mathrm{d}S$$

$$= [S_{ef}]_{n-1}$$

于是,式(7.75)可写成

$$\frac{\partial \pi_f}{\partial \{\dot{u}_e\}^{\mathrm{T}}}\bigg|_n = \{R_{ef}\}_{n-1} + [S_{ef}]_{n-1}\{\Delta \dot{u}_e\}_n \qquad (7.76)$$

其中,$-\{R_{ef}\}_{n-1}$ 是摩擦泛函对单元节点力的贡献,而 $[S_{ef}]_{n-1}$ 是摩擦泛函对单元刚度矩阵的贡献,将这两项分别合并到线性化的单元平衡方程中,即得到包含摩擦边界条件的有限元方程式。作为示范,考虑摩擦后,式(7.39)修改为

$$([S_e]_{n-1} + [S_{ef}]_{n-1}) \cdot \{\Delta \dot{u}_e\}_n = \{F_e\}_{n-1} - \{R_{ef}\}_{n-1}$$

需要指出的是,若对摩擦力采用迭代法求解,也可将摩擦剪应力作为边界外力,直接代入 7.2 节介绍的能量泛函表达式。

§7.10 应用实例

为了使有限元能够得到可靠的计算结果,要特别注意三个方面的问题。① 材料的本构方程与力学性能参数必须要反映材料自身的变形特性,特别是高温变形条件下必须要有能够反映温度和应变速率影响规律的材料流变应力曲线。② 离散方式必须能够描述变形的变化趋势,并照顾到问题的计算成本。例如,在变形比较剧烈的位置宜划分细小的网格或者采用高阶单元以提高精度,在变形比较小的位置宜采用稀疏单元以减小计算量,对于带有显著转动的问题无论其是否属于大应变情况,都应采用大应变描述以避免"寄生"应变。③ 边界条件必

须能够反映真实物理问题的特点，例如，摩擦边界条件将显著影响材料的流动模式，温度边界条件将显著影响变形体的温度分布，并进而影响材料的流动规律。因此，一个好的有限元模型必须以对变形体力学问题的认识、材料变形性能测试和边界条件测试为基础。另外，对于计算结果的解释也需要力学理论为基础，例如，考察变形体是否有破坏的趋势，不能以等效应力作为判断依据，而要以第一主应力、应力三轴度以及变形过程的拉应变等要素综合评判。

刚塑性有限元方法可以用于分析体积成形问题，这方面的应用不胜枚举。本节先通过对挤压问题的分析介绍有限元分析方法，并把计算结果与前一章的上限法计算结果进行对比，以观察有限元法和上限法的计算精度。然后通过一个叉件的锻造问题，介绍有限元模拟在工艺制定中的应用。

7.10.1 挤压问题的刚塑性有限元模拟

假设材料为理想刚塑性（实际上应用有限元分析时，可以根据材料的实验数据设定其流动应力曲线），流动应力为 200 MPa。为了与第 6 章的上限法计算结果进行对比，考虑平面应变和轴对称两种挤压方式。平面应变问题中，来料厚度为 20 mm，挤出厚度为 10 mm。轴对称问题中，来料直径为 20 mm，挤出直径为 10 mm。分别用平底模具和锥形模具进行挤压，挤压推杆的速度为 1 mm/s。根据对称性，可取一半的材料作为分析模型，以平面 4 节点等参元离散模型材料。在初始模型中，沿一半厚度（或轴对称子午面上的半径）划分了 16 个单元，纵向单元数则根据单元尺寸的匀称要求来确定。为了避免单元畸变引起的数值误差，计算过程中采用了网格自动重划分技术。

算例 1：平底模具的平面应变挤压。

图 7.14 是该问题的初始网格。

设挤压材料与模具间光滑接触，忽略摩擦的影响。图 7.15 给出了挤压过程的速度场等值线图和矢量图，可见在平底模的 45°三角区内确实存在着刚性区，并且出口处的刚性区与变形区的夹角也基本上是 45°，这个速度场的分布与滑移线法设定的速度场是很相似的。另外，横向宽度为 1 个单位时，应用有限元法得到的单位宽度挤压力大约为

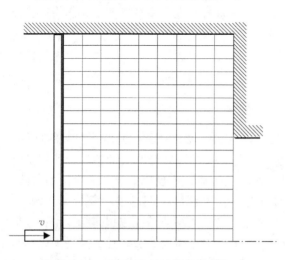

图 7.14　平面应变挤压的初始网格

7.28×10^3 N，折算成 $p/2K = 1.143$，比滑移线法的解（$p/2K = 1.29$）和上限法解（$p/2K = 1.32$）略小。

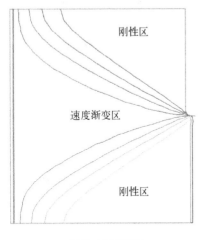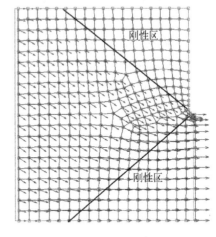

(a) 速度场等值线　　　　　　　　(b) 速度场矢量图

图 7.15　平底模挤压时的速度场

算例 2：30°与 45°锥角凹模腔内的平面应变挤压。

仍然忽略摩擦作用。图 7.16 给出了挤压达到稳态时的等效应变速率分布，可见仍然有近似刚性块出现，并且有两条应变速率比较大的滑移带，其分布类似于上限法的假设速度场，滑移带近似于刚性块的边界线。横向宽度为 1 个单位时，对于锥角为 30°和 45°的锥形模挤压，有限元法得到的单位宽度挤压力分别约为 3.56×10^3 N 和 4.25×10^3 N，折算成 $p/2K = 0.77$ 和 $p/2K = 0.92$，仍略小于上限法解（30°时 $p/2K = 0.778$，45°时 $p/2K = 0.945$）。

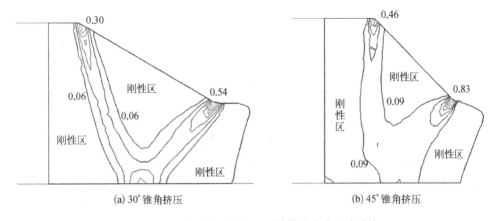

(a) 30°锥角挤压　　　　　　　　(b) 45°锥角挤压

图 7.16　锥角凹模腔内挤压时的等效应变速率分布

考虑摩擦力时，挤压载荷会有所增加。图 7.17 给出了摩擦因子为 0.3 时的 30°锥角凹模内挤压的等效应变速率场，与图 7.16（a）对比可见，出口处的应变速率梯度更大一些，表明摩擦的作用使变形集中。仍假设横向宽度为 1 个单位，有限元计算得到的单位宽度挤压力为 4.57×10^3 N，折算成 $p/2K = 0.99$，比上限法的解（$p/2K = 0.98$）略大，这是因为上限法只考虑了锥形模面的摩擦，而有限元模型中在模具内表面上都设置了摩擦因子。

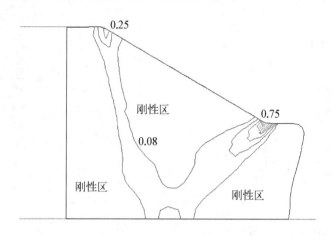

图 7.17 有摩擦时（$m = 0.3$）的等效应变速率分布

算例 3：30°锥角凹模腔内的轴对称挤压。

假设摩擦因子为 0.3。图 7.18 给出了挤压达到稳态变形时的等效应变速率场和等效应变场，图中的网格线是材料的流线。可见材料在锥形变形区内，其流向基本指向锥形模的聚焦点，而一旦到达出口，则指向水平方向，这一点也与第 6 章上限法的假设是一致的。

有限元计算得到的挤压力约为 533 kN，折算成 $p/\sigma_s = 2.12$。上限法给出的解答为 $p/\sigma_s = 2.22$，可见两者仍然有很好的吻合度。

图 7.19 给出了稳态变形时挤压力在模具上的分布，以及从挤压开始到稳态变形的过程中挤压力随时间的变化曲线。

以上仅针对简单的挤压问题介绍了有限元模拟方法。一般来说，通过有限元模拟能够给出材料的变形流动过程，成形力及其在模具上的分布与变化，材料的应力、应变、应变速率的分布与变化过程，考虑热力耦合时还可以给出温度场分布及其变化过程。若将材料微观组织与缺陷演化的数学模型与热力耦合有限元模拟方法相结合，还可以预报材料在成形过程中微观组织与缺陷的变化过程。因此，有限元方法在材料加工领域有非常广泛的应用，是推动材料成形技术由经验主导走向科学引领的重要工具。

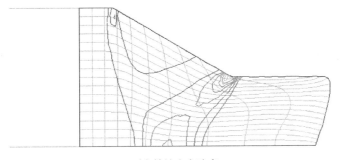

(a) 等效应变速率

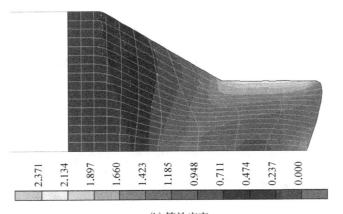

(b) 等效应变

图 7.18　轴对称锥形模挤压时的等效应变速率与等效应变分布

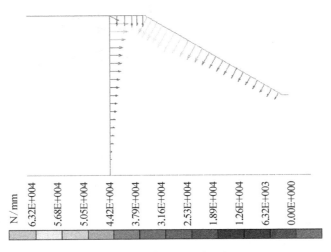

(a) 模具接触压力的分布

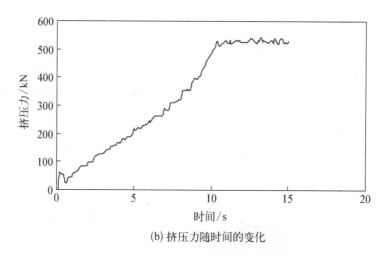

(b) 挤压力随时间的变化

图 7. 19　挤压力在模具上的分布及其随时间的变化

7.10.2　叉件锻造工艺的有限元模拟

图 7. 20 是某铝合金叉件的锻件图。该锻件具有"一头大一头小"的特点，且带有窄而长的外凸缘，成形中材料的流动情况比较复杂。模具材料为 5CrNiMo 钢，锻造过程中几乎不发生变形。在建立有限元分析模型时，将模具假设为刚体，且工件的弹性变形相比于塑性变形可以忽略不计，因而采用刚黏塑性计算模型。

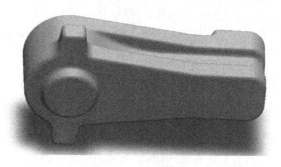

图 7. 20　叉形锻件图

1. 计算模型

根据锻件体积和飞边余量，确定圆柱形坯料尺寸，初始坯料被划分为 8 万个四面体单元。图 7. 21 给出了坯料的初始网格和上下模型面，为保证材料能够填满型腔，模具上设计了飞边槽，仓部开在上模。由于成形中材料流动复杂，数值模拟过程会出现严重的网格变形，为保证计算能够顺利进行，当出现严重的网格变形或网格穿透模具表面时，将自动进行网格重划分。锻件材料为 6082 铝合金，成形温度为 480℃，流动应力与温度和应变速率相关，如图 7. 22 所示。

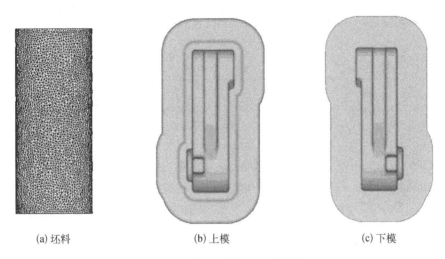

(a) 坯料　　　　　　(b) 上模　　　　　　(c) 下模

图 7.21　坯料有限元模型及刚性模具型腔

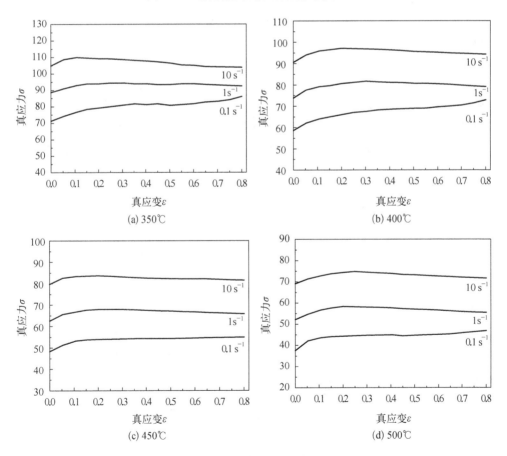

(a) 350℃　　　　　　　　　　　　　　(b) 400℃

(c) 450℃　　　　　　　　　　　　　　(d) 500℃

图 7.22　铝合金 6082 的真应力-真应变曲线

有限元模型的热物性参数和摩擦因子设置如表 7.1 所示。

表 7.1　模拟中的参数设置

参 数 项	数值	参 数 项	数值
坯料初始温度/℃	480	模具热容/ [kJ/(kg·℃)]	0.45
环境温度/℃	20	模具热传导率/ [W/(m·℃)]	24.5
坯料热容/ [kJ/(kg·℃)]	0.88	模具热辐射系数	0.7
坯料热传导率/ [W/(m·℃)]	140	坯料与模具热交换系数/ [N/(mm·s·℃)]	5
坯料热辐射系数	0.6	坯料与空气热交换系数/ [N/(mm·s·℃)]	0.02
摩擦因子	0.3		

2. 数值模拟结果及其分析

整个锻造过程中，模具的载荷随行程的变化如图 7.23 所示。由图可见，从模具接触工件开始至成形结束，模具的总行程为 51.9 mm。整个行程中模具载荷变化可分成三段：当行程小于 35.1 mm（图示 "1" 点）时，模具载荷增加缓慢，这个阶段为模锻成形过程的镦粗变形阶段，材料流动的阻力小；当行程介于35.1 mm 与 41.5 mm 时，模具载荷增速提高，这个阶段为模锻成形过程的模腔充满阶段，材料流动受到了模腔侧壁和飞边槽的阻碍而导致载荷有了明显增加；当行程大于 41.5 mm（图示 "2" 点）时，模具载荷急剧攀升，这个阶段为外凸缘形成及模具打靠阶段，飞边的厚度进一步减小而导致桥口流出阻力很大。锻造过

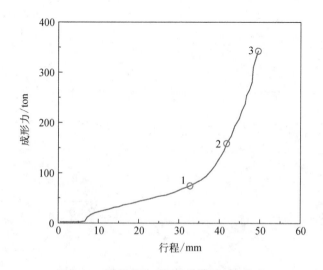

图 7.23　模锻成形过程中载荷随行程变化

程的最大模具载荷为 $3.42×10^6$ N（图示"3"点）。

为了直观描述模锻成形过程中的材料流动情况，与图 7.23 中"1""2"和"3"点相对应的模具与工件的最小距离分布如图 7.24 所示，其中蓝色区域表示材料表面已与模具表面接触（贴模）或即将接触，红色区域表示材料表面与模具表面尚有较大距离。由图可知，材料流动情况与图 7.23 中的载荷行程曲线相一致。

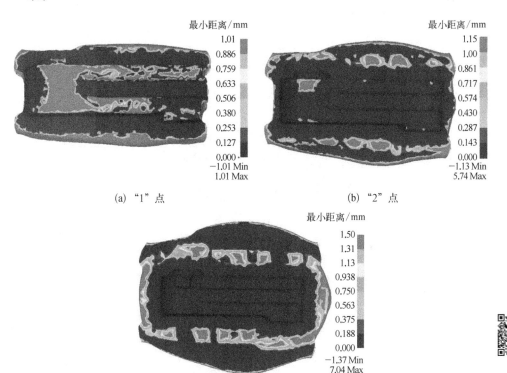

(a)"1"点

(b)"2"点

(c)"3"点

图 7.24　材料表面与模具表面的距离分布（贴模状态）

锻造结束时工件的等效应变、等效应力及温度分布分别如图 7.25（a）、（b）和（c）所示。可见工件的等效应变分布不均匀，工件边缘飞边处应变量最大，最大值达到 2.8。工件的最大等效应力发生在外凸缘位置，其次是工件边缘飞边处。同样，工件的温度场分布也不均匀，与模具接触较早的部位温度稍有降低，最低温度为 437℃，而在变形较剧烈的飞边处，由于变形热效应导致温度最高，最大值达 514℃。

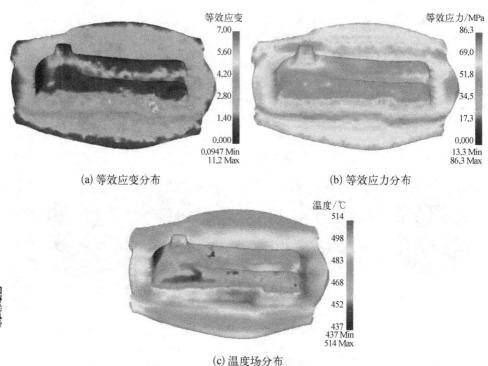

(a) 等效应变分布　　　　　(b) 等效应力分布

(c) 温度场分布

图 7.25　模锻结束时工件的等效应变、等效应力及温度场分布

思考与练习

1. 为什么不能根据 Markov 变分原理构造刚塑性有限元列式？试论证 Lagrange 乘子法和罚函数法的能量泛函表达式，并指出各自的优缺点。

2. 图示是简单的拉压超静定结构。试根据弹性问题的最小势能原理求解该问题，以体会变分原理与应力平衡方程和力边界条件的等价性（即只需要令 A 点位移使势能泛函取最小值，而无须求解平衡方程即可得到正确解）。

势能泛函：$\pi_p = \int_V \dfrac{1}{2}\sigma\varepsilon \mathrm{d}V - P\Delta l$

3. 单元形函数的完备性与协调性是指什么？为什么要求形函数满足完备性和协调性的要求？

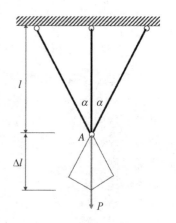

第 2 题图

4. 证明平面四节点等参元的形函数满足完备性和协调性的要求。

5. 以平面四节点等参元为例，证明母单元和实际单元的一对一映射关系。

6. 试证明：平面 8 节点等参数单元体的速度场在单元边界上是连续的。

7. 已知一个平面 4 节点单元体的顶点坐标分别是：

1 点 (-2, 1)、2 点 (-1, -1)、3 点 (2, 1)、4 点 (0, 2)

(1) 试在实际单元上确定与母单元 $(\xi, \eta) = (0, 0)$ 点对应的点的坐标；

(2) 若单元节点速度向量是 $\{2.0 \quad 0 \quad 2.1 \quad 0 \quad 2.2 \quad 0 \quad 2.05 \quad 0\}^T$，在实际单元上确定第 (1) 题中该点的速度分量、应变速率分量、等效应变速率、体积应变速率。

8. 应用刚塑性有限元法求解塑性成形问题时，为什么要构造初始速度场？

9. 以罚函数法泛函式 (7.61) 为例，证明满足该泛函的初始速度场必然满足应力平衡微分方程和力边界条件，且同时近似满足体积不变条件。

10. 以刚塑性有限元求解塑性加工过程时，包含了哪些迭代？

11. 影响有限元计算精度的主要因素有哪些？针对这些影响因素，该怎样提高有限元计算精度？

第 8 章
金属热变形特性的力学基础

金属材料热变形时，一方面会因变形导致位错密度增加而发生硬化，另一方面也会因为动态回复和动态再结晶而消耗位错密度，导致硬化程度降低甚至软化。热变形条件下，位错的增殖与湮灭速度既和温度相关，又和时间相关，因此材料的流动应力是温度、应变和应变速率的函数。建立能够反映这三个要素影响的流动应力表达式，是热成形过程理论计算和数值模拟的基础。热变形时还会因为温度、变形和位错间的相互作用，使得材料在软化阶段更容易发生变形集中，产生局部绝热剪切而导致变形失稳，这种现象如果发生在成形过程中，则会导致材料损伤或流线紊乱，从而形成可见裂纹或组织缺陷。另外，应力状态和变形历史是导致材料发生损伤的外部因素。研究材料的稳定变形条件是成形制造的重要基础。

§8.1 热变形条件下动态回复与动态再结晶对流动应力的影响

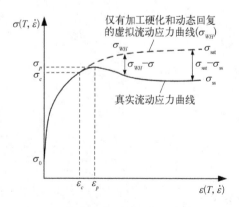

图 8.1 包含动态回复和动态再结晶的
热变形流动应力曲线

在 1.5 节中已经介绍了动态回复和动态再结晶的概念。动态回复对应着位错的湮灭或钉扎位错变成可动位错的过程，位错密度降低但晶粒形貌无显著变化。而动态再结晶则表现为晶粒的重组，位错密度降低到无变形状态。一般来说，动态回复仅降低材料的硬化速度，而动态再结晶则导致材料软化。图 8.1 中的实线是典型的金属热变形流动应力曲线。

图中 ε_c 是材料发生动态再结晶的临界应变。应变低于 ε_c 时，材料仅发生动态回复，流动应力表现为硬化状态。应变达到 ε_c 时，材料开始发生动态再结晶，硬化速度明显放缓，并在应变达到 ε_p 时，流动应力达到峰值 σ_p，随后材料开始软化。当再结晶趋于完成时，材料的软化能力也达到极限，流动应力趋于稳定值 σ_{ss}。图 8.1 的虚线是假设材料仅发生动态回复而不发生动态再结晶时的"虚拟"流动应力曲线。对于一般金属材料，其塑性变形的主要机制是位错滑移，至少在温度处于 $(0.1{\sim}0.6)\,T_m$ 时如此。当温度更低时，有可能发生孪晶。而当温度更高时，有可能发生晶界滑移（特别是在晶粒细小条件下）和扩散蠕变。但在塑性成形的一般条件下，位错滑移仍然是主要变形机制。另外，位错攀移也是一种位错运动方式，通过位错攀移使得部分异号金属湮灭，材料发生动态回复，这种位错运动机制通常对塑性变形量贡献不大。

　　在位错滑移过程中，有一部分位错可能不会运动到晶界，而是在晶内运动过程中与其他位错纠缠在一起，形成阻碍位错运动的"结"，这部分位错称为障碍位错。与一般位错有利于塑性变形不同，这部分位错增大了塑性变形阻力，并且会形成位错的增殖点，导致在进一步塑性变形中位错密度增加，从而形成更多的位错结。这个过程体现为材料的硬化，即随着塑性变形的继续，材料的变形抗力（流动应力）增加。

　　如以 ρ 表示单位滑移面积上障碍位错的根数，即位错密度，基于位错滑移机制，由硬化导致的流动应力增加可表示为

$$\sigma = \lambda Gb\sqrt{\rho} \tag{8.1}$$

其中，λ 是比例系数，通常认为 $\lambda \leqslant 1$；G 是单晶体材料的剪变模量，通常也视作多晶体材料的剪变模量，一般是温度的函数；b 是柏氏向量的模。如果把材料的初始屈服应力也视作初始障碍位错的作用效果，则在整个变形过程中，材料的流动应力都可以表达为式（8.1）。

8.1.1　硬化过程的位错密度变化

　　在变形硬化过程中，位错密度的变化可以表示为

$$\mathrm{d}\rho = \mathrm{d}\rho_{\text{stor}} - \mathrm{d}\rho_{\text{recov}} \tag{8.2}$$

其中，$\mathrm{d}\rho_{\text{stor}}$ 是存储位错增量；$\mathrm{d}\rho_{\text{recov}}$ 是被回复湮灭的位错。

　　$\mathrm{d}\rho_{\text{stor}}$ 是可动位错 ρ_m 运动过程中产生的增殖，而增殖一般是遇到障碍位错或者颗粒钉扎作用时产生的。位错 ρ_m 滑动距离 Δs 后产生的增殖量为

$$\mathrm{d}\rho_{\text{stor}} = \rho_m \cdot \frac{\Delta s}{\Lambda} \tag{8.3}$$

其中，Λ 是可动位错平均自由程。当晶粒比较粗大且可忽略材料内部增强颗粒

（以及析出相）对位错的钉扎作用时，平均自由程可以用统计方法定义为障碍位错之间的距离，则其大小与位错密度的平方根成正比。因此有

$$\Lambda = \beta / \sqrt{\rho} \tag{8.4}$$

其中，β 是与材料相关的参数。当晶粒比较细小或者晶内存在一定的增强颗粒或者析出相时，位错可能会滑移到晶界或者受到"钉扎"作用时才遇到阻力，此时的位错平均自由程可能取决于晶粒大小或者钉扎效应的相对距离，障碍位错的作用则被弱化。

$\mathrm{d}\rho_{\mathrm{recov}}$ 则取决于障碍位错的减少。在回复过程中，障碍位错总数减少，导致可动位错的滑移变得容易，流动应力下降。取一个包含滑移面的单位体积代表体元，其尺寸为 l_x、l_y、l_z，且 $V = l_x \cdot l_y \cdot l_z = 1$，$A = l_x \cdot l_y$ 是滑移面的面积。假设在面积 A 上障碍位错数量为 ρA，代表体元内因湮灭而消失的位错平均长度是 L_R。则在体积 V 中，位错长度的总改变为

$$V \cdot \mathrm{d}\rho_{\mathrm{recov}} = L_R \cdot \rho A \quad \text{或} \quad \mathrm{d}\rho_{\mathrm{recov}} = \frac{L_R \cdot \rho}{l_z} \tag{8.5}$$

根据位错滑移理论，滑移面上的位错运动使得滑移面产生一个柏氏向量的位移 b，相应的剪应变为

$$\mathrm{d}\gamma = \frac{b}{l_z} \tag{8.6}$$

若第 i 个可动位错扫过的面积是 S_i，则该位错引起的滑移量为

$$\delta_i = \frac{S_i}{A} \cdot b$$

N 个位错同时运动时，相应地引起滑移量为

$$\delta = \frac{\sum S_i}{A} \cdot b$$

设位错平均长度为 l，在平均移动距离为 Δs 时，扫过的总面积为

$$\sum_{i=1}^{N} S_i = N \cdot l \cdot \Delta s$$

引起的总剪应变为

$$\mathrm{d}\gamma = \frac{N \cdot l \cdot \Delta s}{A \cdot l_z} \cdot b$$

考虑到 $A \cdot l_z = 1$，且 Nl 是单位体积内的可动位错总长度，即位错密度 ρ_m，于是

$$\mathrm{d}\gamma = \rho_m b \Delta s \tag{8.7}$$

由式（8.6）和式（8.7）得到：

$$\frac{\mathrm{d}\gamma}{b} = \frac{1}{l_z}, \quad \frac{\mathrm{d}\gamma}{b\Delta s} = \rho_m \tag{8.8}$$

将式（8.5）和式（8.8）代入式（8.2），不难得到：

$$\frac{\mathrm{d}\rho}{\mathrm{d}\gamma} = \frac{\sqrt{\rho}}{b\beta} - \frac{L_R \cdot \rho}{b}$$

此即常见的 Kocks - Mecking（K - M）模型，写成一般形式为

$$\frac{\mathrm{d}\rho}{\mathrm{d}\varepsilon} = k_1\sqrt{\rho} - k_2\rho \tag{8.9}$$

从模型的推导中可见，该模型适用于变形过程中的硬化主要源于晶内产生障碍位错的情况。

如果晶粒尺寸小于位错运动平均自由程，或者材料的硬化主要由增强颗粒（也可以是析出相）来引起时，障碍位错的作用退为次要，位错增殖则主要取决于晶粒大小或者增强颗粒之间的距离，而这两个因素在硬化过程中可视为常数。于是，上式第一项与位错无关，可视作常数，K - M 模型退化为

$$\frac{\mathrm{d}\rho}{\mathrm{d}\varepsilon} = \Omega - k_2\rho \tag{8.10}$$

在热变形情况下，k_1、k_2、Ω 都是温度和应变速率的函数。

常温变形条件下，金属通常不发生动态回复，在可以忽略孪晶的条件下，其硬化过程也可由式（8.9）或式（8.10）来表示，只是代表回复贡献的 $k_2 = 0$。

8.1.2　动态回复过程的饱和应力

材料实验表明，一般金属材料有两个共性现象。① 温度和应变速率对材料变形的初始硬化速率影响有限，但对于初始硬化状态的持续时间有明显影响。当应变较大时，硬化行为显著依赖于温度和应变速率；② 随着应变增大，材料的流动应力会趋近于一个有限的饱和应力，除非在达到饱和应力之前材料已破坏或失稳。

如定义硬化率为

$$\theta = \frac{\mathrm{d}\sigma}{\mathrm{d}\varepsilon}\bigg|_{\dot{\varepsilon}, T} \tag{8.11}$$

则对于给定的应变速率 $\dot{\varepsilon}$ 和温度 T，将式（8.1）和式（8.9）代入式（8.11），有

$$\theta = \frac{\mathrm{d}\sigma}{\mathrm{d}\varepsilon} = \frac{\mathrm{d}\sigma}{\mathrm{d}\rho}\frac{\mathrm{d}\rho}{\mathrm{d}\varepsilon} = \frac{1}{2}\lambda Gb(k_1 - k_2\sqrt{\rho})$$

可见，在初始变形状态下，障碍位错密度 ρ 很小，若将此时的硬化率定义为初始硬化率 θ_0，则 θ_0 接近于常数，且随影响 k_1 大小的温度和应变速率而不同。这就解释了金属材料的第一个共性现象。一般情况下，$\theta_0 = (1/20 \sim 1/15)G$。

如令式（8.9）或式（8.10）的左端等于零，则得到障碍位错密度的极限值：

$$\rho_{\mathrm{sat}} = \left(\frac{k_1}{k_2}\right)^2, \quad \text{或者} \quad \rho_{\mathrm{sat}} = \frac{\Omega}{k_2} \tag{8.12}$$

ρ_{sat} 称为饱和位错密度。再由式（8.1）可见，金属的流动应力也有极限值：

$$\sigma_{\mathrm{sat}} = \lambda Gb\sqrt{\rho_{\mathrm{sat}}} \tag{8.13}$$

称为饱和应力（saturated stress）。

当材料有饱和应力时，其应力应变关系一般可以用带极限值的指数函数形式来描述，即

$$\sigma = \sigma_{\mathrm{sat}} - (\sigma_{\mathrm{sat}} - \sigma_1)\exp\left(- k\frac{\varepsilon - \varepsilon_1}{\varepsilon_c}\right) \tag{8.14}$$

其中，σ_1 是退火态材料的初始屈服应力（对应的 $\varepsilon_1 = 0$），或者是前一个加载循环过程中的最大应力（如果有过加载循环的话），也是在该点卸载后再加载对应的屈服应力，ε_1 是对应的塑性应变。ε_c 是特征应变，与初始硬化速率相对应。k 是与状态有关的材料常数。在应用式（8.14）时，一般需要根据足够大的应变数据，采用回归方法确定方程中的常数。如果仅有应变比较小时的应力应变曲线，则难以得到对应大应变时可靠的流动应力计算值。

8.1.3 动态再结晶对流动应力的影响

动态再结晶是金属晶格发生重排并基本消除障碍位错的过程，该过程中金属的流动应力曲线一般如图 8.1 的实线所示。再结晶完成后，材料的硬化几乎完全消失，流动应力接近于常数 σ_{ss}，称为稳态应力（steady stress）。$\sigma_{\mathrm{sat}} - \sigma_{\mathrm{ss}}$ 代表了再结晶对流动应力的最大软化能力。如果定义再结晶过程材料的软化率为

$$X_{\mathrm{drx}} = \frac{\sigma_{WH} - \sigma}{\sigma_{\mathrm{sat}} - \sigma_{\mathrm{ss}}} \tag{8.15}$$

其中，σ 是对应任意应变 ε 的流动应力，则

$$\sigma = \sigma_{WH} - X_{\text{drx}}(\sigma_{\text{sat}} - \sigma_{\text{ss}}) \tag{8.16}$$

§8.2　热变形金属的两段式流动应力模型

很显然，在图 8.1 中，以应变 ε_c 为分界点，伴随材料流动应力的位错演化机制不同，宜分段描述流动应力的变化规律。

8.2.1　两段式流动应力模型

针对变形硬化叠加动态回复的阶段（$\varepsilon < \varepsilon_c$），根据式（8.9）可以得到此阶段的位错密度与应变的关系：

$$\rho = \left(\frac{k_1}{k_2} - \frac{k_1}{k_2}e^{-\frac{k_2}{2}\varepsilon} + \sqrt{\rho_0}\, e^{-\frac{k_2}{2}\varepsilon} \right)^2 \tag{8.17}$$

其中，ρ_0 是初始位错密度，对应位错未增殖时的初始应力 σ_0。代入式（8.1），并考虑到式（8.12），得到：

$$\sigma_{WH} = \sigma_{\text{sat}} + (\sigma_0 - \sigma_{\text{sat}})e^{-\frac{k_2}{2}\varepsilon} \qquad (\varepsilon < \varepsilon_c) \tag{8.18}$$

针对动态再结晶阶段（$\varepsilon \geqslant \varepsilon_c$），其流动应力由式（8.16）描述，其中 σ_{WH} 是仅考虑加工硬化和动态回复机制的"虚拟"的硬化流动应力，是公式（8.18）在 $\varepsilon \geqslant \varepsilon_c$ 情况下的延续。而通常情况下，钢的动态再结晶分数可以表达成 Avrami 公式的形式：

$$X_{\text{drx}} = 1 - \exp\left[-k_d\left(\frac{\varepsilon - \varepsilon_c}{\varepsilon_p} \right)^{n_d} \right] \qquad (\varepsilon \geqslant \varepsilon_c) \tag{8.19}$$

其中，ε_p 是峰值应力对应的应变，是已经发生动态再结晶的最直观表现；k_d 和 n_d 为材料相关常数。

至此便得到描述材料流动应力的两段式模型，这种描述方法最早由 Laasraoui 和 Jonas 于 1991 年提出，即

$$\begin{cases} \sigma_{WH} = \sigma_{\text{sat}} + (\sigma_0 - \sigma_{\text{sat}})\exp\left(-\frac{k_2}{2}\varepsilon \right) & \varepsilon < \varepsilon_c \\[3mm] \sigma = \sigma_{WH} - (\sigma_{\text{sat}} - \sigma_{\text{ss}})\left\{ 1 - \exp\left[-k_d\left(\frac{\varepsilon - \varepsilon_c}{\varepsilon_p} \right)^{n_d} \right] \right\} & \varepsilon \geqslant \varepsilon_c \end{cases} \tag{8.20}$$

8.2.2　模型参数的实验辨识

　　方程（8.20）包含的待定参数有 σ_{sat}、σ_{ss}、σ_0、k_2、k_d、n_d、ε_c、ε_p，确定这些参数需要以金属的流动应力曲线为依据，而这些曲线一般可以通过热压缩实验来获取。大多数钢的高温流变应力都明显受温度和应变速率影响。以核电用钢 SA508 Gr. 3 为例，图 8.2 给出了该材料在不同的温度和应变速率下获得的流动应力曲线。

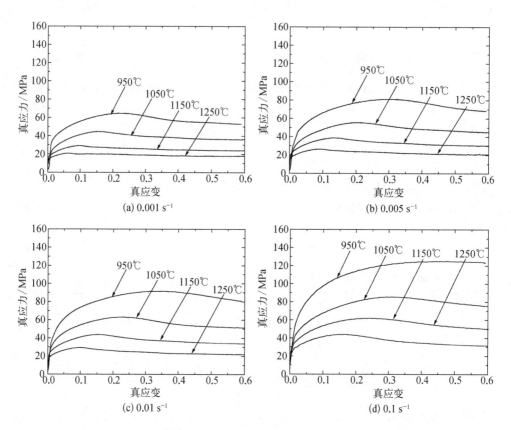

图 8.2　不同温度和应变速率下 SA508 Gr. 3 钢应力-应变曲线

　　首先，σ_{sat}、σ_{ss}、σ_0、ε_c、ε_p 均是直接或间接体现在流动应力曲线上，根据动态回复和再结晶对位错密度和流动应力的影响机制，可以进行识别。根据式（8.11），可以得到每条流动应力实验曲线对应的 $\theta - \sigma$ 曲线，如图 8.3 所示。需注意，因实验测定的流动应力曲线不可避免会有波动，如果直接在实验曲线上以差分方法计算硬化率 θ，会产生较大误差。为此一般需要对流动应力曲线做光顺拟合处理，再求导得到 θ。

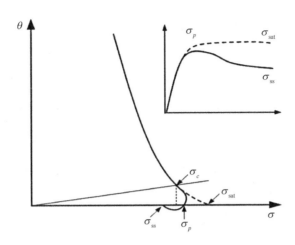

图 8.3　与流动应力曲线对应的 θ - σ 曲线

在图 8.3 中，硬化率随应力增加而下降，其第一个拐点表明硬化效应的减弱发生了质的变化，也即材料正在由动态回复转变为动态再结晶，与该点应力 σ_c 对应的应变 ε_c 即动态再结晶临界应变。如果在 σ_c 处按照之前的软化趋势顺势外延，这段虚拟的外延线将不包含动态再结晶的软化效应，其与 σ 轴的交点对应着硬化率为零、即应力达到极限值的状态，该点的 "应力" 即饱和应力 σ_{sat}。实际上，在应力 σ_c 之后，因动态再结晶对流动应力的软化能力远大于动态回复，硬化率将急剧下降，并在硬化率为零时，应力达到峰值 σ_p，即变形硬化与软化的 "平衡点"，其对应应变为 ε_p。之后材料进一步软化，硬化率为负，直到流动应力达到新的稳定状态 σ_{ss}。

图 8.3 尽管提供了材料特征点的识别方法，但需要指出的是，一般常用金属材料硬化率曲线拐点并不明显，无论是直接标识还是经拟合后求导，都可能产生很大误差。实用中经常不去辨识 σ_c，而将其作为 σ_p 的缩比。对于钢铁材料，一般认为 $\sigma_c = (0.8 \sim 0.85)\sigma_p$，或者取 $\varepsilon_c = (0.6 \sim 0.8)\varepsilon_p$。$\sigma_{sat}$ 由虚拟外延得到，也难以精确给出，实用中一般取 $\sigma_{sat} = (1.05 \sim 1.1)\sigma_p$。另外，$\sigma_0$ 是硬化之前的初始应力，理论上是发生屈服时对应的应力，热变形时 σ_0 一般很小。

8.2.3　动态回复阶段模型参数的确定

建立热变形金属的流动应力模型时，需要确定式（8.20）中的待定参数表达式，而这些参数一般都与温度和应变速率有关。

变形温度决定了原子的扩散能力和位错移动的驱动力，是主要的软化因素。应变速率决定了位错密度的累积速度，是主要的强化因素。两者的综合作用效果可以用 Zener – Hollomon 参数（简称 Z 参数）来表示：

$$Z = \dot{\varepsilon}\exp\left(\frac{Q_{act}}{RT}\right) \tag{8.21}$$

其中，Q_{act} 是热变形激活能；R 是气体常数，即 $R = 8.314 \, \mathrm{J/(mol \cdot K)}$。

热成形时，当应力达到饱和应力或者稳态应力时，都体现为材料不再硬化，即使不用增大应力也能继续变形，也即处于蠕变状态。许多研究工作都认为，高温蠕变状态下，材料的流动应力和温度与应变速率有关，且可以用 Z 参数表达为 Arrhenius 型方程形式：

$$Z = A[\sinh(\alpha\sigma)]^n \tag{8.22}$$

其中，A、α 和 n 都是材料参数，其中 α 是应力折算系数，旨在使 $\ln[\sinh(\alpha\sigma)]$ 与 $1/T$ 存在某种线性关系，从而确定热变形激活能 [见式 (8.25)]。在应力达到峰值即 $d\sigma/d\varepsilon = 0$ 时，同样无须增大应力即可持续变形，因此也是蠕变的一个特例，式 (8.22) 也成立。

直接应用式 (8.22) 确定材料参数时，会遇到 α 与 n 构成非线性问题的困难。实际上根据双曲正弦函数的特点，可做如下近似：

当 $\alpha\sigma < 0.8$ 时，$\sinh(\alpha\sigma) \approx \alpha\sigma$，$Z \approx A(\alpha\sigma)^n = A_1\sigma^n$；

当 $\alpha\sigma > 1.2$ 时，$\sinh(\alpha\sigma) \approx (1/2)\exp(\alpha\sigma)$，$Z \approx A[(1/2)\exp(\alpha\sigma)]^n = A_2\exp(\beta\sigma)$。

图 8.4 给出了该简化后近似程度的对比。

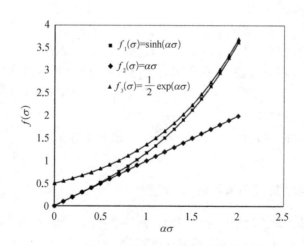

图 8.4 双曲正弦函数的简化

根据以上近似，式 (8.22) 可以简化为低应力($\alpha\sigma < 0.8$) 时，$\dot{\varepsilon}\exp\left(\dfrac{Q_{\mathrm{act}}}{RT}\right) = A_1\sigma^n$ 　　　　　(8.23)

高应力($\alpha\sigma > 1.2$) 时，$\dot{\varepsilon}\exp\left(\dfrac{Q_{\mathrm{act}}}{RT}\right) = A_2\exp(\beta\sigma)$ 　　　　　(8.24)

且 $n\alpha = \beta$。

由于稳态应力和峰值应力都是可以直接从实验曲线中获得的，这两组数据通常被用来确定材料参数。例如，基于峰值应力计算材料参数时，根据式（8.23）得到：

$$\ln\dot{\varepsilon} + \frac{Q_{\mathrm{act}}}{RT} \approx \ln A_1 + n\ln\sigma_p$$

$$n = \frac{\partial\ln\dot{\varepsilon}}{\partial\ln\sigma_p}\bigg|_{T=\mathrm{const}}$$

根据式（8.24），得到：

$$\ln\dot{\varepsilon} + \frac{Q_{\mathrm{act}}}{RT} \approx \ln A_2 + \beta\sigma_p$$

$$\beta = \frac{\partial\ln\dot{\varepsilon}}{\partial\sigma_p}\bigg|_{T=\mathrm{const}}$$

再根据 $n\alpha = \beta$，便得到 α。

以上过程中，n 值是通过部分数据（即低应力）得到的，如直接用于式（8.22），会有明显的误差。为此需要用式（8.22）进一步修正 n 值。将 α 应用于式（8.22），并对两端取对数，得到：

$$\ln\dot{\varepsilon} + \frac{Q_{\mathrm{act}}}{RT} = \ln A + n\ln[\sinh(\alpha\sigma_p)]$$

进一步得到：

$$n = \frac{\partial\ln\dot{\varepsilon}}{\partial\ln[\sinh(\alpha\sigma_p)]}\bigg|_T$$

$$Q_{\mathrm{act}} = nR\frac{\partial\ln[\sinh(\alpha\sigma_p)]}{\partial(1/T)}\bigg|_{\dot{\varepsilon}}$$
　　　　　(8.25)

计算 Q_{act} 时要用到 $\ln[\sinh(\alpha\sigma_p)] - 1/T$ 的关系图，该图通常称为 Arrhenius 图，具有的典型形式如图 8.5 所示。

式（8.22）的 A 值可以由下式得到：

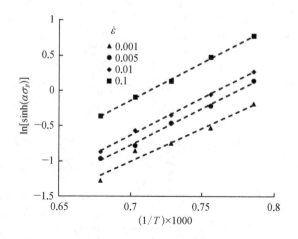

图 8.5　典型的 Arrhenius 图

$$\ln A = \frac{1}{N}\left\{\sum \ln \dot{\varepsilon}_i + \frac{Q_{\text{act}}}{R}\sum\frac{1}{T_i} - n\sum\ln\left[\sinh(\alpha\sigma_p)_i\right]\right\} \tag{8.26}$$

式中，N 是所用到的 σ_p 的个数。

至此得到了式（8.22）的所有参数，并由该式得到峰值应力和温度与应变速率的关系：

$$\sigma_p = \frac{1}{\alpha}\sinh^{-1}\left[\left(\frac{Z}{A}\right)^{\frac{1}{n}}\right] \tag{8.27}$$

与峰值应力相对应的应变 ε_p 也被视作 Z 参数的函数。假设

$$\varepsilon_p = k_\varepsilon Z^{n_\varepsilon} \tag{8.28}$$

则有

$$\ln\varepsilon_p = \ln k_\varepsilon + n_\varepsilon\ln Z$$

根据实验数据做出 $\ln\varepsilon_p - \ln Z$ 的曲线图，便可得到：

$$n_\varepsilon = \frac{\partial\ln\varepsilon_p}{\partial\ln Z}$$

$$k_\varepsilon = \exp\left[\frac{1}{N}\left(\sum\ln\varepsilon_p - n_\varepsilon\sum\ln Z\right)\right]$$

而初始应力 σ_0 是材料硬化之前固有的变形抗力，理论上应取决于温度，而与应变速率无关。假设

$$\sigma_0 = k_\sigma\exp(A_\sigma/T) \tag{8.29}$$

则

$$\ln \sigma_0 = \ln k_\sigma + \frac{A_\sigma}{T}, \quad A_\sigma = \frac{\partial \ln \sigma_0}{\partial (1/T)}, \quad k_\sigma = \exp\left[\frac{1}{N}\left(\sum \ln \sigma_{0i} - A_\sigma \sum \frac{1}{T_i}\right)\right]$$

式（8.20）中的 k_2 是根据实验曲线中 $\varepsilon < \varepsilon_c$ 的部分计算的，为此，需要首先识别每根实验曲线的 k_2。由式（8.22）得到：

$$k_2 = -\frac{2}{\varepsilon}\ln\left(\frac{\sigma - \sigma_{sat}}{\sigma_0 - \sigma_{sat}}\right)$$

其中，以实测 σ 代替了 σ_{WH}。理论上，对于每根实验曲线，一定存在一个 k_2，使上式在所有点近似满足。应用中，一般在变形初始阶段即 ε 很小时，由于上式计算得到的 k_2 较分散，这个阶段的应力也比较小，可以忽略这些点，采用后面的点以平均值方法得到与该根曲线的实验条件相对应的 k_2 值。在采集到不同实验条件下的 k_2 后，可建立 k_2 的表达式如下：

$$k_2 = B Z^{n_k} \tag{8.30}$$

其中，

$$n_k = \frac{\partial \ln k_2}{\partial \ln Z}, \quad B = \exp\left[\frac{1}{N}\left(\sum \ln k_2 - n_k \sum \ln Z\right)\right]$$

8.2.4　动态再结晶阶段模型参数的确定

根据峰值应力计算得到的 Q_{act} 和 α，也可以用于建立稳态应力的方程，但需要重新确定 A 和 n 值。同样地，若根据稳态应力计算 Q_{act} 和 α，也可以用于建立峰值应力方程，同样需要重新计算 A 和 n 值。将式（8.22）应用于稳态应力，得到：

$$\ln Z = \ln A_s + n_s \ln[\sinh(\alpha \sigma_{ss})]$$

于是

$$n_s = \frac{\partial \ln Z}{\partial \ln[\sinh(\alpha \sigma_{ss})]}$$

$$\ln A_s = \frac{1}{N}\left\{\sum \ln Z_i - n_s \sum \ln[\sinh(\alpha \sigma_{ss})_i]\right\}$$

其中，N 是所用到的 σ_{ss} 的个数。于是，稳态应力和温度与应变速率的关系为

$$\sigma_{\text{ss}} = \frac{1}{\alpha}\sinh^{-1}\left[\left(\frac{Z}{A_s}\right)^{\frac{1}{n_s}}\right] \tag{8.31}$$

式（8.20）中的 k_d 和 n_d 是根据动态再结晶软化率 X_{drx} 确定的。为此，需要首先根据式（8.15）识别不同条件下的软化率，在 $\varepsilon > \varepsilon_c$ 的范围内得到 $X_{\text{drx}} \sim \varepsilon$ 的对应关系。对于一般热变形金属，由式（8.15）得到的再结晶软化率通常如图 8.6 所示。为了消除散点带来的误差，一般需要对数据进行回归，再应用于参数的确定。

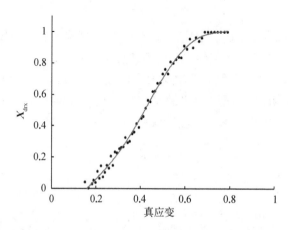

图 8.6　典型的热变形金属动态再结晶软化分数曲线

由式（8.19）得到：

$$\ln\left[-\ln(1 - X_{\text{drx}})\right] = \ln k_d + n_d\ln\left(\frac{\varepsilon - \varepsilon_c}{\varepsilon_p}\right)$$

因此，

$$n_d = \frac{\partial \ln\left[-\ln(1 - X_{\text{drx}})\right]}{\partial \ln\left[(\varepsilon - \varepsilon_c)/\varepsilon_p\right]}$$

$$k_d = -\frac{\ln(1 - X_{\text{drx}})}{\left[(\varepsilon - \varepsilon_c)/\varepsilon_p\right]^{n_d}}$$

根据流动应力应变实测数据，代入这两个公式可以得到对应的 k_d 和 n_d 值。不同变形条件下得到的参数值可能不同，这就需要以误差最小为目标对参数进行优化选取。图 8.7 给出了核电用钢 SA508 Gr. 3 钢的 $\ln\left[-\ln(1 - X_{\text{drx}})\right]$ 和 $\ln\left[(\varepsilon_c - \varepsilon_p)/\varepsilon_p\right]$ 的关系数据，从中可以确定适用于较宽变形参数范围的 n_d 值。

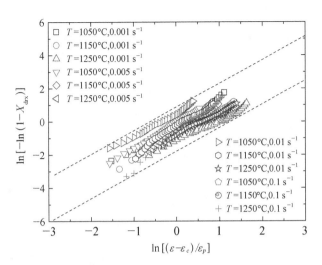

图 8.7　SA508 Gr. 3 钢 ln［-ln（1-X_{drx}）］和
ln［（ε_c-ε_p）/ε_p］的关系图

　　至此，根据实测应力曲线数据已完全可以确定两段式流动应力模型的所有参数。作为应用，以下给出核电用钢 SA508 Gr. 3 的流动应力模型：

$$\sigma_{WH} = \sigma_{sat} + (\sigma_0 - \sigma_{sat})e^{-\frac{k_2}{2}\varepsilon} \quad (\varepsilon < \varepsilon_c)$$

$$\sigma = \sigma_{WH} - (\sigma_{sat} - \sigma_{ss})\left\{1 - \exp\left[-k_d\left(\frac{\varepsilon - \varepsilon_c}{\varepsilon_p}\right)^{n_d}\right]\right\} \quad (\varepsilon \geqslant \varepsilon_c)$$

$$\sigma_0 = 0.398\,6\exp(5671.2/T)$$

$$\varepsilon_p = 0.001\,384 \times Z^{0.172}$$

$$\varepsilon_c = 0.65\varepsilon_p$$

$$\sigma_{sat} = 52.687 \times \sinh^{-1}(0.003\,65Z^{0.209})$$

$$\sigma_{ss} = 52.687 \times \sinh^{-1}(0.002\,805Z^{0.207})$$

$$k_2 = 319.185Z^{-0.079}$$

$$k_d = 0.695$$

$$n_d = 1.792$$

$$Z = \dot{\varepsilon}\exp\left(\frac{376\,088}{RT}\right)$$

将模型计算结果与图 8.2 的实测曲线作对比，见图 8.8。

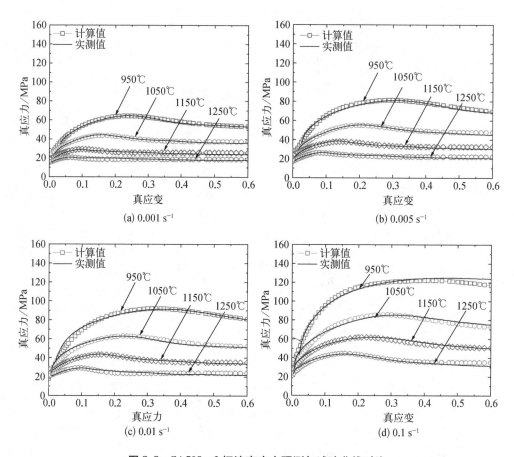

图 8.8　SA508-3 钢流变应力预测与试验曲线对比

§8.3　热变形金属的 Arrhenius 型流动应力模型

8.2 节认为 Arrhenius 型方程式（8.22）仅在蠕变状态下成立，且蠕变时材料流动应力仅取决于温度和应变速率。如果扩大该公式的适用范围，即认为在给定应变条件下，材料的流动应力取决于温度和应变速率，也可以建立流动应力的表达式，只不过需要将由此得到的材料参数视作应变的函数。根据式（8.22），可以得到：

$$\sigma = \frac{1}{\alpha}\ln\left\{\left(\frac{Z}{A}\right)^{\frac{1}{n}} + \left[\left(\frac{Z}{A}\right)^{\frac{2}{n}} + 1\right]^{\frac{1}{2}}\right\} \tag{8.32}$$

当固定应变为某一特定值时，经过与式（8.23）~式（8.26）相同的推导，可以得到与之对应的材料参数 α、Q、n 和 A；如果在实验应变范围内取多个应变分别计算对应的各参数，则得到各参数随应变变化的曲线。例如，应用于 Ti2AlNb 合金的高温变形，得到这 4 个材料参数随应变的变化，如图 8.9 所示。

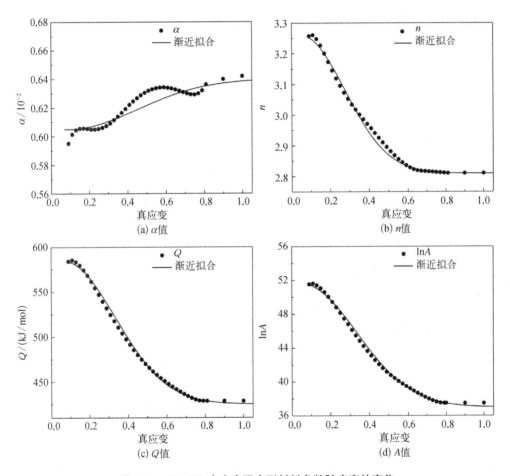

图 8.9 Ti2AlNb 合金高温变形材料参数随应变的变化

很显然，如果把材料参数表达为应变的函数，则代入式（8.32）则可以得到任意温度、应变速率和应变下对应的流动应力。一些研究工作往往用高次多项式回归的方法建立材料参数与应变的函数关系，这种方法在实际应变不超过实验应变范围的条件下一般会得到较高精度的预测值。但考虑到高次多项式的波动性，一个 m 次多项式有 $m-1$ 个峰值点，也即有 $m-1$ 个拐点，当实际应变超出实验应变的范围时，函数的波动性往往导致流动应力的预测结果出现非常显著的误差，如果用于数值模拟则会严重影响变形的预测结果。例如，用 5 次多项式回归 Ti2AlNb 合金热变形材料参数，得到的流动应力模型计算结果如图 8.10 所示，其中热压缩实验的压下率是 60%，即最大真应变为 0.92。但压缩变形到高径比较小时，端部摩擦效应造成的死区将显著影响变形的均匀性，并使得实测应力曲线上扬，此时实测应力应变数据已失真。为保证建模精度，图 8.10 中将可信应变范围取为 0.79。由图可见，在建模所采用的应变范围内，流动应力的计算结果与实测值非常接近，图 8.10（b）给出了这一段误差的统计分布。但在应变超过建模采用的应变范围后，流动应力的计算结果迅速变差，这是由高次多项式回归函数的波动性造成的。

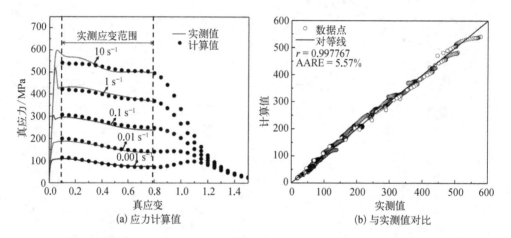

（a）应力计算值 （b）与实测值对比

图 8.10 使用五阶多项式拟合材料参数的式（8.32）应力计算值与实测值对比

实际上，在不考虑材料发生断裂的情况下，任何材料的变形抗力都应该随着变形增加而趋向于稳定，即真应力曲线趋近于该变形条件下的恒定值。为此，在回归式（8.32）的材料参数时，可以采用带有渐近线的函数形式：

$$\theta = A'\exp[-k'(\varepsilon - \varepsilon_r)^2] + B' \quad (\theta = \alpha,\ n,\ Q,\ \ln A) \tag{8.33}$$

其中，ε_r 是变形初始阶段材料参数开始出现变化时对应的参考应变，一般很小或近似为 0，A'、B' 和 k' 是待回归的参数，其中 B' 是材料参数的渐进值，通常可以直接从函数的变化曲线上确定。例如图 8.9 中的实线即带有渐近线的回归函数。经过回归后得到的 Ti2AlNb 合金高温变形流动应力模型为

$$\sigma = \frac{1}{\alpha(\varepsilon)}\ln\left\{\left(\frac{Z}{A(\varepsilon)}\right)^{\frac{1}{n(\varepsilon)}} + \left[\left(\frac{Z}{A(\varepsilon)}\right)^{\frac{2}{n(\varepsilon)}} + 1\right]^{\frac{1}{2}}\right\}$$

$$\alpha(\varepsilon) = -3.50 \times 10^{-4}\exp[-3.86(\varepsilon - 9.01 \times 10^{-2})^2] + 6.41 \times 10^{-3}$$

$$n(\varepsilon) = 0.450\exp[-9.99(\varepsilon - 5.10 \times 10^{-2})^2] + 2.81$$

$$Q(\varepsilon) = 1.59 \times 10^5\exp[-7.07(\varepsilon - 7.05 \times 10^{-2})^2] + 431\,000$$

$$\ln A(\varepsilon) = 14.6\exp[-6.21(\varepsilon - 5.10 \times 10^{-2})^2] + 37.0$$

图 8.11 给 出 了 以 上 表 达 式 在 950℃下的流动应力计算值与实测值的对比，可见，除了在实验应变范围内两者吻合良好外，在外延部分保持为恒定，这符合材料流动应力随变形的变化规律，因此该模型可应用于材料变形的数值模拟。

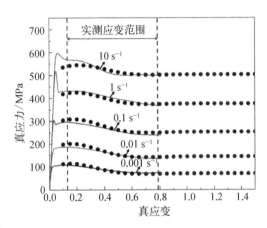

图 8.11　950℃下 Ti2AlNb 合金流动应力计算值与实测值的对比

与两段式流动应力模型相比，Arrhenius 型流动应力模型形式简单，建模方便。但应当指出，对某些动态再结晶软化严重的材料，很难找到既有较高精度又能保证大应变下趋于稳定值的拟合函数，因而造成应用上的困难。一般来说，对于高层错能金属（如铝合金、钛合金等），热变形时的主要软化机制是动态回复，流动应力曲线相对比较平缓，采用 Arrhenius 型流动应力模型是可以的。对于低层错能金属，热变形一般伴随有强烈的动态再结晶软化，更适合用两段式流动应力模型描述。

§8.4　热加工图理论

在力和温度的作用下，当应力超过屈服极限时，材料会发生位错滑移、攀移、孪晶和原子扩散等，这些微观运动造成宏观的塑性变形，并导致材料硬化甚至损伤。同时在温度和变形储能的作用下，材料也可能发生动态回复和再结晶，修复损伤并使材料恢复变形能力，宏观上可体现为变形能力增强，材料硬化速度减慢甚至软化。这些微观层面的变化都会体现在材料的本构关系上，而材料的流动应力曲线则是本构关系的外在表现。在塑性加工中，人们会关心在什么样的工艺参数下，材料能够具备完成零件成形所需的变形能力，因而需要研究材料变形能力与工艺参数间的内在关系。这种关系也称为材料的可加工性，显然，它是由材料损伤与修复之间的博弈决定的，而应变速率和温度是影响损伤和修复速度的主要因素。

8.4.1 加工图的概念

Ashby（1972）提出了变形机理图的概念。他们认为，晶体在变形后仍能保持为晶体，存在着至少6种"可辨别的独立的"变形机制，分别是：① 超过理论剪切强度的应力可以导致金属发生无须缺陷辅助的流动，Ashby 称之为 defect-less flow，以与有缺陷（如位错）金属流动相区别；② 位错滑移可导致明显塑性变形；③ 高温下位错攀移与滑移共存的塑性变形，Ashby 称之为位错蠕变；④ 点缺陷在晶内扩散运动，称为 Nabarro‐Herring 蠕变；⑤ 点缺陷在晶界上扩散运动，称为 Coble 蠕变；⑥ 孪晶，它导致的塑性变形一般较小。在不同的应力和温度下，这六种机制相互竞争。对具体材料而言，可在应力‐温度空间上，将不同机制（或几个机制联合作用）发生的范围区分出来，不同的分区内对应着不同的本构关系，这种图形称为变形机理图。Ashby 是从材料服役的角度来研究变形条件对变形机理的决定性作用的，因此所对应的应变速率都十分小。

Raj 为了解释材料在加工过程中出现的失效，首次提出了加工图概念（Raj，1981）。塑性加工过程中常见的失效形式有三种：韧性断裂、晶界间楔形裂纹、绝热剪切带。失效的发生将导致表象上的流动应力下降，称为流动失稳。这些失效形式与材料微观力学行为的关系如下。

（1）韧性断裂。一般金属材料中总会有夹杂或二次相等异质相，异质相的硬度一般远高于基体，在塑性变形中基体比异质相要承受大得多的变形，从而在基体与异质相的界面处形成不协调变形，并产生应力集中、位错增殖和硬化。当应力足够大时，界面可能脱粘，形成初始空洞。另一方面，热变形时伴随的回复现象将降低硬化速率，而原子扩散也将使材料从受压位置转移到受拉位置，释放异质相与基体间的界面应力，使变形材料得到一定的修复。如果应变速率足够小，则扩散导致的应力释放可能会弥补或超过因变形导致的异质相与基体间的应力集中，从而抑制空洞的萌生。但当修复机制不足以弥补空洞损伤时，则在后续变形中，空洞可能会经历萌生—长大—聚合的过程，从而形成宏观的韧性断裂。因此韧性断裂一般和应变速率与异质相的分布及尺寸有关。

（2）三叉晶界楔形断裂。等轴晶材料形成大量三叉交汇晶界，当晶粒间产生相对滑动时，三叉晶界就可能因变形的不协调而产生楔形裂纹。如果成形过程在材料内部形成这样的裂纹，则会严重影响产品的服役性能。晶界的滑动一般只有在较高温度下才能发生，如果应变速率足够小，扩散对晶界的修复作用可能抵消晶界滑移带来的损伤，从而抑制楔形裂纹的产生。

（3）绝热剪切带。塑性变形功绝大部分转化为热量，当材料局部产生比周边更大的塑性变形时，如果应变速率足够快，热量来不及散发，便在局部形成较高温度，而温度升高又导致材料流动应力下降，使之更容易变形，从而有可能产生剧烈的局部流动并导致材料破坏。动态再结晶也会导致材料流动应力快速下降。如果变形不均匀而导致局部达到了动态再结晶的临界应变，也可能形成局部剪切带。因此，在热成形过程中，除了利用动态再结晶细化晶粒以外，也需要避免因动态再结晶产生局部剪切带，为此需要控制金属的流动过程，使之尽可能均匀，以使得材料整体而不是局部地发生动态再结晶。

理论上，根据材料的变形机理和流动曲线，能够在温度-应变速率空间上确定发生以上三种损伤时所对应的参数范围，以及能够避免损伤而使材料处于安全加工区域的范围，这样的图形即称为加工图。

Raj 提出的加工图概念清晰，搭建了材料变形能力-损伤机制-工艺参数之间的桥梁。但在绘制加工图时，需要用到一些难以实测的材料参数，使其应用受到限制。

为了避开对材料参数的依赖和简化加工图的做法，在 Ashby 以及 Raj 等的基础上，Prasad 等提出了基于动态材料模型（dynamic material model，DMM）的热加工图（Prasad et al.，1984）。其中动态材料模型可以根据材料的本构方程或流动应力曲线获得，据此把材料变形功率"定义"为两部分，即热耗散功率和材料修复耗散功率，从而在应变速率和温度空间上，建立了功率耗散效率图和流动失稳图，给出了材料安全加工区域的判断方法。由于该模型用宏观塑性流动特征概括了材料的微观演变，便于作为制定和优化加工工艺参数的依据，因而得到了比较广泛的工程应用。本节着重介绍这种加工图的做法。

8.4.2 功率耗散效率

塑性流动过程中，应力的作用效果在本质上是产生应变速率。动态材料模型描述了应力与应变速率之间的关系：

$$\sigma = K\dot{\varepsilon}^m \tag{8.34}$$

该式之所以称为动态材料模型，是因为 K 与应变速率敏感指数 m 都受温度和应变的影响，甚至也受应变速率的影响，在变形过程中是变化的。在一定的温度和应变条件下，有

$$m = \frac{\partial \ln \sigma}{\partial \ln \dot{\varepsilon}} \tag{8.35}$$

对于大多数材料，热变形时动态材料模型对应的曲线如图 8.12 所示。

根据该图形，单位体积材料在热变形时吸收的总功率可以表达为两个互余函数的和：

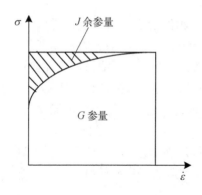

图 8.12　动态材料模型示意图

$$P = \sigma\dot\varepsilon = G + J \qquad (8.36)$$

$$G = \int_0^{\dot\varepsilon} \sigma \mathrm{d}\dot\varepsilon \qquad (8.37)$$

$$J = \int_0^{\sigma} \dot\varepsilon \mathrm{d}\sigma \qquad (8.38)$$

其中，G 代表了动态材料模型曲线的下面部分；J 则代表了上面部分。在给定应变和温度条件下，J 与 G 的变化率就构成了应变率敏感性指数 m 的定义式，即

$$\frac{\mathrm{d}J}{\mathrm{d}G} = \frac{\dot\varepsilon \mathrm{d}\sigma}{\sigma \mathrm{d}\dot\varepsilon} = \frac{\mathrm{d}\ln \sigma}{\mathrm{d}\ln \dot\varepsilon} = \left|\frac{\partial(\ln \sigma)}{\partial(\ln\dot\varepsilon)}\right|_{\varepsilon,\,T} \equiv m$$

宏观上，m 值反映了材料对变形均匀性的调节能力。当变形不均匀时，如果 m 值比较大，应变速率大的位置材料流动应力也大，材料继续变形时会比周边应变速率小的位置更困难，因此有利于变形趋于均匀。微观上，m 值反映了材料微观变化对变形损伤的修复可能性。塑性变形时，变形功率大部分用于克服材料流动的内摩擦，并转化为变形热量，同时变形对材料造成损伤。小部分变形功率则用于改变材料的微观结构，促进材料回复，使损伤得到一定程度的修复。在一定应力作用下，m 值越大，材料变形速度越慢，就越有机会通过回复或再结晶修复损伤。例如，多数金属材料在常温变形时，流动应力与应变速率没有显著关联，$m \approx 0$，此时材料没有修复机制。而随着温度升高，$m>0$ 时则发生回复甚至再结晶来消除变形造成的材料缺陷，因此材料高温变形能力一般显著高于常温状态，甚至实现超塑性。从这个意义上，J 部分与材料微观组织修复存在一定的关联，而 G 部分则与材料损伤速度存在关联。另外，材料的塑性变形能力不可能随着变形而得到增强，因此 J 部分总是小于 G 部分，最多是等于 G 部分，即应有 $m \leqslant 1$。当 $m = 1$ 时，理论上 J 的最大值为

$$J_{\max} = \frac{1}{2}\sigma\dot\varepsilon$$

为反映材料微观组织变化对塑性变形的修复，定义一个功率耗散效率：

$$\eta = J/J_{\max} \qquad (8.39)$$

在 m 不随应变速率发生变化时，由式（8.34）和式（8.38）可得到：

$$J = \frac{m}{1+m}\sigma\dot\varepsilon \qquad (8.40)$$

因此

$$\eta = \frac{2m}{m+1} \tag{8.41}$$

显然，η 与 m 成正相关，其值越大，变形材料越有机会得以修复。

8.4.3　流动失稳判据

如前所述，流动失稳对应着材料空洞萌生与聚合、局部绝热剪切或者晶界间楔形断裂，是塑性成形时需要避免的。塑性变形是不可逆的能量耗散过程，Ziegler 根据热力学第二定律曾证明，一个变形系统当功率耗散函数 D 与耗散状态变量 R 之间满足如下关系时，变形将失稳：

$$dD/dR < D/R \tag{8.42}$$

Prasad 将这个表达式应用于塑性耗散功率的 J 部分，在温度和应变为确定值时，其对应的状态变量是 $\dot\varepsilon$，则发生流动失稳的条件表达为

$$dJ/d\dot\varepsilon < J/\dot\varepsilon \tag{8.43}$$

因此

$$\frac{d\ln J}{d\ln \dot\varepsilon} < 1 \tag{8.44}$$

再对式（8.40）取对数，有

$$\ln J = \ln\left(\frac{m}{m+1}\right) + \ln\sigma + \ln\dot\varepsilon$$

对此式取微分并代入式（8.44），得到：

$$\frac{\partial\ln[m/(m+1)]}{\partial\ln\dot\varepsilon} + m < 0 \tag{8.45}$$

式（8.45）称为 Ziegler 失稳判据。为了表达温度、应变速率和应变对材料流动能力的影响，通常在一定的应变下，根据本构方程和式（8.41）计算温度和应变速率空间下的 η 值（一般以百分比给出），并做出等值线图，称为功率耗散图；同时把满足式（8.45）的区域范围，称为失稳区。叠加了失稳区的功率耗散图即为材料的加工图。在制定变形工艺时，应避开失稳区，并尽可能选择高功率耗散效率对应的工艺参数。

除了 Ziegler 失稳判据，还有其他类型的失稳判据。例如，Murthy 注意到式

（8.40）的缺陷，即当 m 值也随 $\dot{\varepsilon}$ 变化时，该式积分结果是不对的。根据定义式（8.38）和表达式（8.35），有

$$\frac{\partial J}{\partial \dot{\varepsilon}} = \frac{\partial \sigma}{\partial \dot{\varepsilon}} \dot{\varepsilon} = \sigma \frac{\partial \ln \sigma}{\partial \ln \dot{\varepsilon}} = m\sigma$$

由定义式（8.39），有

$$\frac{J}{\dot{\varepsilon}} = \frac{1}{2} \eta \sigma$$

根据失稳判别式（8.43），得到：

$$2m < \eta \tag{8.46}$$

此式称为 Murthy 失稳判据。由于该判据是直接根据定义给出的，避开了积分时把 m 值作为常数的限制，因而适用于任何的流变应力曲线。

应当指出，热加工图理论尚未成熟，特别是对于塑性变形功率耗散的 J 部分和 G 部分是否具有明确的物理意义，有许多争议（Montheillet et al.，1996）。但大量的工程应用证明，依据热加工图制定变形工艺参数窗口通常是可靠的，因此热加工图被广泛应用于热成形工艺窗口的制定。

也正是因为理论的不成熟，高的功率耗散效率也有时会造成材料的断裂，特别是在功率耗散效率急速升高的区域，有可能因应变速率的不协调引起材料过度损伤。因此，有时需要与微观组织观测实验相结合，才能识别出合适的变形参数窗口。

§8.5 热加工图应用案例

热加工图在工程上有很多应用。为了保持本章内容的连贯性，这里以 Ti2AlNb 材料为例，介绍其工程应用方法。

8.5.1 二维加工图

当流动应力达到稳态时，应变不再影响应力的大小，此时材料流动应力完全取决于温度和应变速率，因而可以用二维空间来描述材料的可加工性。但当考虑应变对流动应力的影响时，则需要在不同应变下分别作出温度-应变速率空间下的加工图。

为了得到 m 值，首先在给定应变下，根据本构方程或者材料流动应力曲线，得到 $\lg \sigma - \lg \dot{\varepsilon}$ 关系曲线，如图 8.13 所示。

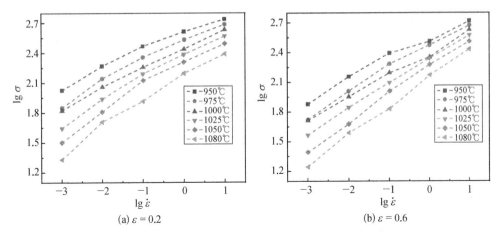

(a) $\varepsilon = 0.2$　　　　　　　　　(b) $\varepsilon = 0.6$

图 8. 13　应力与应变速率的关系

可见，$\lg(\sigma) - \lg(\dot{\varepsilon})$ 并不是严格的直线关系，表明 m 值随应变速率发生变化。为反映这个变化趋势，用三次曲线对不同曲线进行回归：

$$\lg \sigma = A(\lg \dot{\varepsilon})^3 + B(\lg \dot{\varepsilon})^2 + C\lg \dot{\varepsilon} + D$$

根据式（8.35）可得到 m 的表达式：

$$m = 3A(\lg \dot{\varepsilon})^2 + 2B\lg \dot{\varepsilon} + C$$

将 m 值代入式（8.41）便可得到不同变形参数下的功率耗散效率 η，代入式（8.45）的左端项还可以得到流动失稳判据：

$$\xi(\dot{\varepsilon}) = \frac{\partial \ln\left(\dfrac{m}{m+1}\right)}{\partial \ln \dot{\varepsilon}} + m = \frac{6A \cdot \lg \dot{\varepsilon} + 2B}{m(m+1)\ln 10} + m$$

在 $T - \lg \dot{\varepsilon}$ 空间上，将功率耗散效率做成等值线图，并用阴影区标识出满足 $\xi(\dot{\varepsilon}) < 0$ 的失稳区域，即得到不同应变下的加工图，如图 8.14 所示。

根据加工图可以确定合适的工艺参数范围。由图可见，存在两个功率耗散效率的峰值区域，即温度为 960 ~ 990℃以及 1 020 ~ 1 060℃，当应变增加时，整个加工图呈现以下规律：① 在应变较小时，功率耗散峰值区对应的应变速率很小，表明开始变形时加工速度宜慢；② 随着应变增加，功率耗散峰值区向着应变速率增大的方向发展，因而可以逐步增大加工速度；③ 在应变达到 0.9 时，两个峰值耗散高峰区逐步联通，表明加工的温度范围变宽；④ 高的应变速率容易导致塑性流动失稳，随着应变增加，失稳区逐步由高应变速率区向低应变速率区发展，此时就需要逐步降低应变速率。

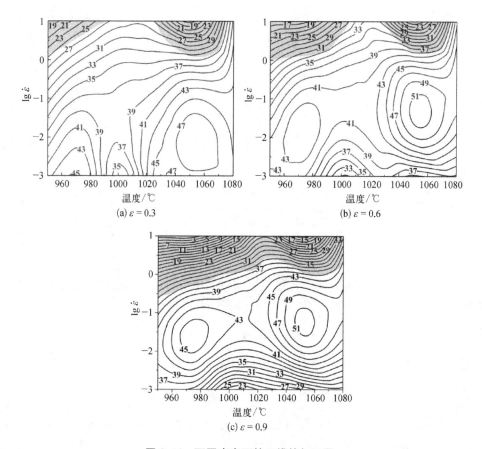

图 8.14   不同应变下的二维热加工图

8.5.2   三维加工图

对于多数材料，应变对于材料的流动应力有显而易见的影响，而二维加工图难以全面再现这种影响。三维加工图是在二维加工图的基础上增加应变维度，并以不同应变下的二维加工图堆砌而成，应用时可以在温度、应变速率和应变三个因素中，确定其中一个因素后，评估另外两个因素对材料加工性的影响。

图 8.15 为 Ti2AlNb 材料在不同变形参数下的三维功率耗散效率图。

从图中可以看出不同参数的影响特点，例如，当变形温度较低时，低应变速率区的功率耗散效率比高应变速率区的要大，表明此时变形速度宜慢；但当变形温度和应变都较高时，高应变速率区的功率耗散效率高于低应变速率区，此时可适当增大变形速度。当应变速率为 0.01 s⁻¹ 左右时，在 950~1 100℃ 的加工温度区间内，变形自始至终都有很高的功率耗散效率，因而这是一个适宜的应变速率。但在应变速率提升到 0.1 s⁻¹ 时，则需要在较高的温度范围内加工。

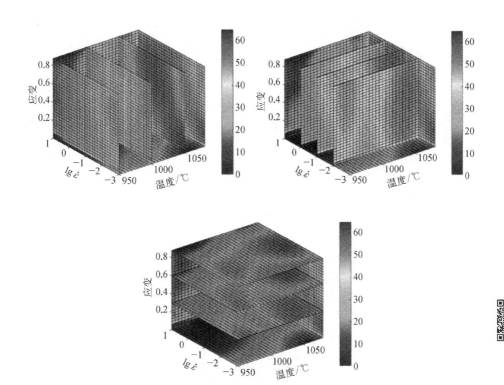

图 8.15　不同变形参数下的三维功率耗散图

图 8.16 是三维失稳图，其中白色区域为安全区，黑色区域为失稳区。

根据失稳图，失稳区主要发生在应变速率大于 $1\ s^{-1}$ 的区域，随着温度增加，失稳区域先缩小后扩大。随着应变速率的增加，失稳区域首先发生在低温区，当应变速率大于 $1\ s^{-1}$ 后，高温区也会发生失稳。对于温度处于 1 010～1 030℃以及温度大于 1 070℃的区间，在应变速率较低时，只在应变量高于 0.8 时才会发生失稳现象，这同二维加工图反映的失稳现象相吻合。

8.5.3　加工图与微观组织变化的相互印证

微观组织变化会影响到材料的流动应力，从而在加工图中体现出来。图 8.14 所展现的温度为 960～990℃以及 1 020～1 060℃的两个功率耗散效率峰值区，实际上对应着两个动态再结晶易发生区间，同时也表明该材料动态再结晶的难易程度并不是随着温度上升而单调提高的。图 8.17 是不同温度下 Ti2AlNb 合金的微观组织。温度为 950℃时，B2 基体（B2 matrix）中密集分布着板条状的 O 相（lath O）。温度升高到 975℃时，O 相大量溶解，并有部分球化，板条 O 相比例急剧下降。温度达到 1 000℃时，B2 晶界处率先析出非连续或长条状硬质 α_2 相（discontinuous α_2 GB），同时 B2 基体中还散布着少量残余的球化 O 相。温度升高

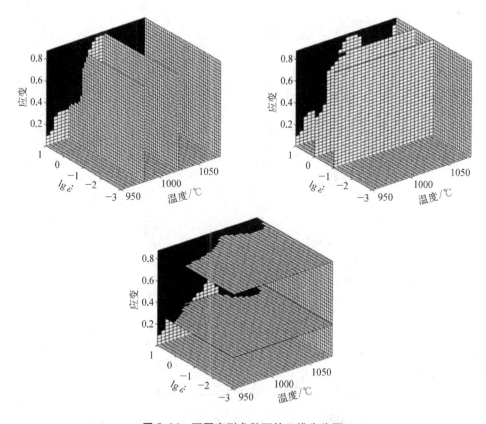

图 8.16　不同变形参数下的三维失稳图

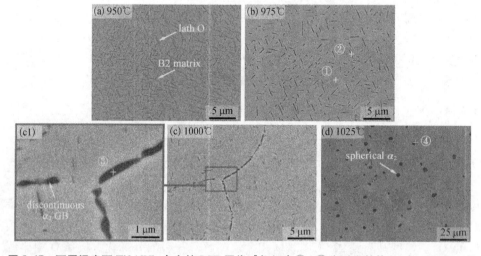

图 8.17　不同温度下 **Ti2AlNb** 合金的 **BSE** 图像［标记点①~④分别为基体 B2 相、O 相、晶界 α_2 相和晶内 α_2 相；图（c1）是图（c）的局部放大］

至 $T=1\,025\,℃$ 时，B2 基体内部逐渐析出球状 α_2 颗粒（spherical α_2）。因此，在上述的两个功率耗散效率峰值区，前一个温度区间对应 B2+O 相，且 O 相逐渐溶解或球化；后一个温度区间对应 B2+α_2 相，且 α_2 相是逐渐球化的。

研究表明，第二相粒子既可能促进也可能抑制再结晶过程，这取决于第二相的体积分数、尺寸、形貌及分布。粗大且弥散的第二相对位错运动起到阻碍作用，使得越来越多的位错堆积在析出相周围，导致亚晶界取向差不断累积从而生成大角度晶界，此时粗粒子诱发了再结晶形核，称为粒子刺激形核（particle stimulated nucleation，PSN）机制。然而，大量细小密集分布的第二相往往会钉扎晶界，从而阻碍晶界凸出形核及晶粒长大，这种现象被称为 Zener 钉扎效应（pinning effect）。由此可见，$950\,℃$ 时的高密度板条 O 相通过 Zener 钉扎效应抑制了再结晶行为，再加上低温时再结晶驱动力不足，以致 $950\,℃$ 时很难发生再结晶。当温度升高至 $975\,℃$ 时，随着板条 O 相大量溶解，Zener 钉轧效应大幅度减弱甚至消失，而剩余弥散的 O 相粒子还可能通过 PSN 机制在一定程度上促进再结晶。$1\,000\,℃$ 时 O 相进一步溶解，PSN 机制逐渐减弱直至消失，而最早沿晶界析出的 α_2 相阻碍了晶界迁移，从而抑制以晶界凸出为特征的不连续动态再结晶（discontinuous dynamic recrystallization，DDRX）形核机制。当温度为 $1\,025\,℃$ 时，除了温度对再结晶的驱动力提高外，B2 晶粒内析出的硬质 α_2 相诱发 PSN 机制，

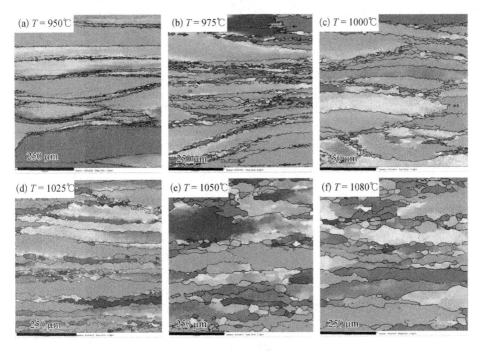

图 8.18　不同温度下以 $0.01\,\mathrm{s^{-1}}$ 的应变速率压缩 60% 后的晶粒状态

也促进了再结晶。图 8.18 给出了不同温度下以 0.01 s⁻¹ 的应变速率压缩 60% 后实测的晶粒状态，可见与加工图给出的功率耗散效率有很好的对应性。

8.5.4 失稳区的材料破坏现象

同样以 Ti2AlNb 的高温变形为例。由图 8.14 可见，变形失稳都发生在高应变速率区。该材料高温变形抗力大，变形产生的热量多，但材料热传导系数低，散热慢，因此高应变速率变形时的实际温度会随着应变增大而高于设定温度。例如，当圆柱体试样以 10 s⁻¹ 的应变速率压缩 45%（真应变约为 0.6）时，如忽略压缩过程的热量散失，设定温度 900℃、925℃、975℃ 和 1 025℃，经换算得到的实际温度分别为 1 005℃、1 020℃、1 052℃、1 085℃，在图 8.19 的热加工图中分别对应 A、B、C、D 点。可以看出在 1 005℃ 时，变形参数对应失稳区 A 点，试样表面已观察到 45° 裂纹，表明试样已发生绝热剪切。当温度为 1 020℃ 时，对应于 B 点，处于安全区域，此时未观察到试样破坏，但是变形已不均匀，表面出现微细裂纹，预示着进一步变形时会出现开裂，从而对应了压缩 60%（真应变约为 0.9）的图 8.14（c）中的失稳区。当温度为 1 052℃ 时，对应于失稳区 C 点，试样表面观察到裂纹扩展。当温度为 1 085℃ 时，对应于安全区域 D，试样与 B 点相同，虽未出现剪切裂纹，但在进一步变形时会发生局部塑性流动。以上分析表明，可以通过热加工图预测变形失稳发生的趋势。

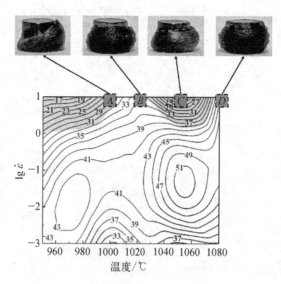

图 8.19 应变速率为 10 s⁻¹ 时压缩 45% 的
试样与加工图的对应

思考与练习

1. 什么是饱和应力？什么是稳态应力？两者的区别是什么？

2. 式（8.9）和式（8.10）的区别体现了什么物理机制的不同？

3. 由式（8.15）定义的再结晶软化率与真实发生的再结晶百分比有什么不同？

4. 试描述图 8.3 中各关键点代表的物理意义。在建立流动应力方程时，如果直接采用材料的热压缩实验数据绘制图 8.3，可能会带来哪些问题？

5. 建立 Arrhenius 形式的流动应力模型时，为什么不提倡用高阶多项式回归材料参数与应变的关系？

6. 为什么说超塑性变形一般都是发生在应变速率敏感系数 m 比较大的条件下？

7. 根据热加工图理论，如果金属热变形时发生局部动态再结晶，可能对成形过程带来哪些不利影响？

8. 热变形的流动失稳一般体现为哪几种现象？判断其发生的条件判据有哪些？

9. 试根据 8.2 节中建立的 SA508 Gr.3 钢的热变形流动应力方程，建立该钢种的热加工图，并判断适合加工的工艺参数窗口。

参考文献

陈文，2011. 增量体积成形数值模拟技术及其在多道次拔长工艺设计中的应用［D］.
　　上海：上海交通大学.

董定乾，2016. 核电用钢SA508-3热锻全流程晶粒演变数学模型及其在封头成形中
　　的应用［D］. 上海：上海交通大学.

黄克智，黄永刚，1999. 固体本构关系［M］. 北京：清华大学出版社.

匡振邦，1989. 非线性连续介质力学基础［M］. 西安：西安交通大学出版社.

李国琛，M. 耶纳，1998. 塑性大变形微结构力学［M］. 北京：科学出版社.

李锡夔，郭旭，段庆林，2015. 连续介质力学引论［M］. 北京：科学出版社.

刘娟，2008. 镁合金锻造成形性研究及数值模拟［D］. 上海：上海交通大学.

吕曼乾，2021. Ti2AlNb合金热成形行为与双性能整体叶盘锻造工艺研究［D］. 上
　　海：上海交通大学.

孟凡中，1985. 弹塑性有限变形理论和有限元方法［M］. 北京：清华大学出版社.

王祖唐，关廷栋，肖景容，等，1989. 金属塑性成形理论［M］. 北京：机械工业出
　　版社.

徐秉业，1988. 塑性力学［M］. 北京：高等教育出版社.

徐秉业，1995. 应用弹塑性力学［M］. 北京：清华大学出版社.

张冬娟. 2006. 板料冲压成形回弹理论及有限元数值模拟研究［D］. 上海：上海交
　　通大学.

张金玲，2010. 中厚板多道次热轧过程的复合解析数值法研究与有限元连续模拟
　　［D］. 上海：上海交通大学.

赵青，2022. Ti2AlNb合金再结晶行为及机匣件环轧工艺研究［D］. 上海：上海交通
　　大学.

Belytschko T, Liu W K, Moran B, 2002. 连续体和结构的非线性有限元［M］. 庄茁
　　译. 北京：清华大学出版社.

Kopp R, Wiegels H, 2009. 金属塑性成形导论［M］. 康永林，洪慧平译. 北京：高等
　　教育出版社.

Ashby M F, 1972. A first report on deformation-mechanism maps［J］. Acta Metallurgica,
　　20（7）：887-897.

Barlat F, Lian J, 1989. Plastic behavior and stretchability of sheet metals Part I: A yield function for orthotropic sheets under plane stress conditions [J]. International Journal of Plasticity, 5 (1): 51-66.

Bhadeshia H K D H, Honeycombe R, 2006. Steels: Microstructure and properties [M]. 3rd edition. Oxford: Elsevier Ltd.

Estrin Y, Mecking H, 1984. A unified phenomenological description of work-hardening and creep based on one-parameter models [J]. Acta Metallurgica, 32 (1): 57-70.

Hill R, 1950. The mathematical theory of plasticity [M]. Oxford: Oxford Press.

Kocks U F, 1976. Laws for work-hardening and low-temperature creep [J]. Journal of Engineering Materials and Technology, 98 (1): 76-85.

Laasraoui A, Jonas J J, 1991. Prediction of steel flow stresses at high temperatures and strain rates [J]. Metallurgical Transactions A, 22 (7): 1545-1588.

Lin J, 2015. Fundamentals of materials modelling for metals processing technologies: Theories and applications [M]. London: Imperial College Press.

Mat N L, Beynon J H, Ponter A R S, et al. , 1994. Thermomechanical modelling of aluminum alloy rolling [J]. Journal of Materials Processing Technology , 45 (1-4): 631-636.

McQueen H J, 2004. Development of dynamic recrystallization theory [J]. Materials Science and Engineering A, 387-389: 203-208.

McQueen H J, Ryan N D, 2002. Constitutive analysis in hot working [J]. Materials Science and Engineering A, 322 (1-2): 43-63.

Mecking H, Kocks U F, 1981. Kinetics of flow and strain-hardening [J]. Acta Metallurgica, 29 (11): 1865-1875.

Montheillet F, Jonas J J, Neale K W, 1996. Modeling of dynamic material behavior: A critical evaluation of the dissipator power co-content approach [J]. Metallurgical and Materials Transactions A, 27 (1): 232-235.

Osakada K, 2010. History of plasticity and metal forming analysis [J]. Journal of Materials Processing Technology, 210 (11): 1436-1454.

Prasad Y V R K, Gegel H L, Doraivelu S M, et al. , 1984. Modeling of dynamic material behavior in hot deformation: Forging of Ti-6242 [J]. Metallurgical Transactions A, 15 (10): 1883-1892.

Raj R, 1981. Development of a processing map for use in warm-forming and hot-forming processing [J]. Metallurgical Transactions A, 12 (6): 1089-1097.

Tomlinson A, Stringer J D, 1959. Spread and elongation in flat tool forging [J]. Journal of the Iron and Steel Institute, 193: 157-162.